21 世纪高等院校教材
国家理科基地教材

波谱分析教程

（第二版）

邓芹英　刘　岚　邓慧敏　编著

U0200521

科学出版社

北京

内 容 简 介

　　本书主要介绍紫外光谱、红外光谱、核磁共振氢谱、核磁共振碳谱、质谱的基础知识及其在解析化合物结构中的应用。全书前五章主要介绍各种波谱法的基本原理、图谱的信息与化合物结构的关系及解析谱图的方法，最后一章结合实例介绍综合运用多种波谱解析化合物的结构。书中收录了较多的谱图和数表，并配有一定数量的习题供读者练习。

　　本书可作为高等院校化学、化工、生物、药物、医学、卫生、食品、商检等专业的本科生和研究生教材，也可供上述专业的技术人员参考。

图书在版编目(CIP)数据

波谱分析教程/邓芹英，刘岚，邓慧敏编著.—2版.—北京：科学出版社，2007

（21世纪高等院校教材·国家理科基地教材）

ISBN 978-7-03-019211-0

Ⅰ.波… Ⅱ.①邓…②刘…③邓… Ⅲ.波谱分析-高等学校-教材

Ⅳ.O657.61

中国版本图书馆CIP数据核字(2007)第101861号

责任编辑：杨向萍　赵晓霞　吴伶伶　丁　里/责任校对：刘小梅
责任印制：赵　博/封面设计：耕者设计工作室

科学出版社 出版
北京东黄城根北街16号
邮政编码：100717
http://www.sciencep.com

三河市春园印刷有限公司印刷
科学出版社发行　各地新华书店经销

*

2003年8月第　一　版　开本：B5（720×1000）
2007年8月第　二　版　印张：21 1/2
2025年1月第三十四次印刷　字数：408 000

定价：59.00元
（如有印装质量问题，我社负责调换）

第二版前言

包括紫外光谱、红外光谱、核磁共振谱和质谱的波谱分析具有样品用量少、结构信息丰富的特点,在化合物结构测定方面得到了极为广泛的应用。近年来,随着生命科学研究的发展,用波谱技术在分子水平上研究生命过程的分子运动和变化规律成为前沿领域的热门课题,波谱法测定生物分子的技术也得到快速的发展,如核磁共振的二维(多维)谱、基体辅助激光解吸电离飞行时间质谱和电喷雾电离质谱、色谱-波谱联用技术的发展使许多复杂样品和复杂化合物的结构分析得以解决,极大地促进了化学和生物化学等学科的发展。与此同时,波谱学在理论、仪器、方法和应用各方面都取得了很大进步,化合物结构分析的水平也得到相应的提高。为使本书能更好地反映学科前沿的发展,立足本科教学,我们参考近年来国内外出版的相关教材,对第一版教材进行了相应的修订。

本书第一版自 2003 年发行以来,被许多高等学校采用,作为化学及相关学科的本科生或研究生课程的教材或参考书,五次印刷印数达 19 000 册,在使用过程中受到任课教师的普遍好评。修订后的教材保持了原书的体系和特色,对部分内容进行了精简,补充了上述反映学科发展的新内容。大部分读者最主要的是要掌握图谱分析和应用,因此书中增加了一些例题和习题,并对推导结构的题目给出参考答案,以便读者自学和练习。

限于编者水平,书中难免存在错误和不当之处,敬请读者批评指正。

编　者

2007 年 5 月于中山大学

第一版前言

波谱法是化合物结构测定和成分分析的重要手段。近 30 年来，由于科学技术的发展，波谱学与电子学、计算机科学的紧密结合，波谱法取得了极大的发展，从根本上改变了化学研究的方法，特别是有机化合物结构分析的方法。紫外光谱、红外光谱、核磁共振谱（氢谱和碳谱）、质谱等波谱方法已迅速取代或部分取代了传统的结构鉴定方法，成为化学研究强有力的工具。波谱法的应用，大大缩短了复杂化合物结构测定的时间，也使许多过去难以解决的问题，如生命科学中蛋白质、核酸、多糖的结构测定等迎刃而解，促进了学科的发展。目前，波谱法已迅速渗透到生物化学、植物化学、药物学、医学、农业、商业等各个研究领域，在科学研究和国民经济各个部门得到广泛应用。因此，波谱法也成为从事化学及相关学科的科技人员必须掌握的基本知识和基本技能。在国内外各类高等学校中，波谱学已成为化学及与化学有关专业的学生的必修课程。

为了满足高等学校教学用书的需求，我们在多年教学工作的基础上，根据自编讲义《有机波谱分析》和研究生课程"有机结构分析"的教学内容，并参考近年出版的国内外有关教材，立足本科课程，编写了《波谱分析教程》这本书。本书力求简明扼要地论述紫外光谱、红外光谱、核磁共振氢谱、核磁共振碳谱、质谱的原理和方法，波谱的特征数据和化合物结构的关系及在化合物结构鉴定中的应用。本书还力求反映波谱学领域的新成就和新技术。书中收录了较多的谱图和数表，以帮助读者学习，还选择了一定数量的习题，供学生练习使用。

本书共分 6 章，第 1、2 章由刘岚博士编写，第 3、4、6 章由邓芹英教授编写，第 5 章由邓慧敏副教授编写。全书由邓芹英教授作统一的编排。博士研究生何建峰、张珍英和周丽华在本书书稿的打印、谱图和结构式的绘制方面做了许多工作。在本书编写和出版过程中，得到中山大学化学与化学工程学院领导的鼓励和大力支持，在此表示衷心感谢。

由于编者水平有限，书中难免存在不当甚至错误之处，殷切希望读者多提意见，以利于进一步改进和提高。

编　者

2003 年 1 月于中山大学

目　　录

第1章 紫外光谱

紫外和可见光谱（ultraviolet and visible spectroscopy，UV-Vis）是由分子吸收能量激发价电子或外层电子跃迁而产生的电子光谱。电子光谱的波长范围为10~800nm，该波段又可分为：可见光区（400~800nm），有色物质在此区域有吸收；近紫外区（200~400nm），芳香族化合物或具有共轭体系的物质在此区域有吸收，该波段是紫外光谱研究的主要对象；远紫外区（10~200nm），由于空气中的 O_2、N_2、CO_2 和水蒸气在此区域也有吸收，对测定有干扰，远紫外光谱的操作必须在真空条件下进行，因此这段光谱又称为真空紫外光谱，通常所说的紫外光谱是指 200~400nm 的近紫外光谱。现在市售紫外分光光度仪的测试波段通常较宽，包括紫外和可见光谱范围。

由于分子中价电子能级跃迁的同时伴随着振动能级和转动能级的跃迁，电子光谱通常不是尖锐的吸收峰，而是一些平滑的峰包。与其他的光谱测定方法相比，紫外光谱具有仪器价格较低，操作简便的优点，在有机化学领域应用广泛，历史也很长久，主要应用于有机化合物共轭发色基团的鉴定、成分分析、平衡常数测定、相对分子质量测定、互变异构体测定、氢键强度测定等，是一种有力的分析测试手段。

1.1 紫外光谱基本原理

1.1.1 紫外吸收的产生

光是电磁波，其能量（E）高低可以用波长（λ）或频率（ν）来表示

$$E = h\nu = h \times \frac{c}{\lambda} \tag{1.1}$$

式中：c——光速（3×10^8 m/s）；

h——普朗克（Planck）常量（6.626×10^{-34} J·s）。

频率与波长的关系为

$$\nu = \frac{c}{\lambda} \tag{1.2}$$

光子的能量与波长成反比，与频率成正比，即波长越长，能量越低；频率越高，能量越高。

表 1-1 列出了不同电磁波段的相应波长范围以及分子吸收不同能量电磁波所能激发的分子能级跃迁。如紫外和可见光引起分子中价电子的跃迁，红外光引起分子振动能级的跃迁；因此紫外-可见光谱又称为电子光谱，而红外光谱又称为分子振动光谱。

表 1-1 电磁波谱

区　　域	波　　长	原子或分子的跃迁
γ 射线	$10^{-3} \sim 0.1 \text{nm}$	核跃迁
X 射线	$0.1 \sim 10 \text{nm}$	内层电子跃迁
远紫外	$10 \sim 200 \text{nm}$	中层电子跃迁
紫外	$200 \sim 400 \text{nm}$	外层（价）电子跃迁
可见	$400 \sim 800 \text{nm}$	
红外	$0.8 \sim 50 \mu\text{m}$	分子转动和振动跃迁
远红外	$50 \sim 1000 \mu\text{m}$	
微波	$0.1 \sim 100 \text{cm}$	
无线电波	$1 \sim 100 \text{m}$	核自旋取向跃迁

紫外光谱是分子在入射光的作用下发生价电子的跃迁而产生的。当以一定波长范围的连续光波照射样品时，其中特定波长的光子被吸收，使透射光强度发生改变，于是产生了以吸收谱线组成的吸收光谱，以波长为横坐标，百分透光率（$T\%$）或吸光度（A）为纵坐标即可得被测化合物的吸收光谱。当照射光的波长范围处于紫外光区时，所得的光谱称为紫外吸收光谱。吸收光谱又称吸收曲线，最大吸收值所对应的波长称最大吸收波长（$\lambda_{\max}$），曲线的谷所对应的波长称最低吸收波长（$\lambda_{\min}$）；在峰旁边一个小的曲折称为肩峰；在吸收曲线的波长最短一端，吸收相当大但不成峰形的部分称为末端吸收。整个吸收光谱的位置、强度和形状是鉴定化合物的标志。

1.1.2 朗伯-比尔定律

朗伯-比尔定律是吸收光谱的基本定律，也是吸收光谱定量分析的理论基础。定律指出：被吸收的入射光的分数正比于光程中吸光物质的分子数目；对于溶液，如果溶剂不吸收，则被溶液所吸收的光的分数正比于溶液的浓度和光在溶液中经过的距离。朗伯-比尔定律可用式（1.3）表示

$$A = \lg \frac{I_0}{I_1} = \lg \frac{1}{T} = \varepsilon c l \tag{1.3}$$

式中：A——吸光度（absorbance），表示单色光通过试液时被吸收的程度，为入

射光强度 I_0 与透过光强度 I_1 的比值的对数；

　　T——透光率（transmittance）也称透射率，为透过光强度 I_1 与入射光强度 I_0 之比值；

　　l——光在溶液中经过的距离，一般为吸收池厚度；

　　ε——摩尔吸光系数（molar absorptivity），它是浓度为 $1\mathrm{mol \cdot L^{-1}}$ 的溶液在 1cm 的吸收池中，在一定波长下测得的吸光度。

　　ε 表示物质对光能的吸收程度，是各种物质在一定波长下的特征常数，因而是鉴定化合物的重要数据，其变化范围从几到 10^5。从量子力学的观点来看，若跃迁是完全"允许的"，则 ε 大于 10^4；若跃迁概率低时，ε 小于 10^3；若跃迁是"禁阻的"，则 ε 小于几十。在一般文献资料中，紫外吸收中最大吸收波长位置及摩尔吸光系数，表示为

$$\lambda_{max}^{EtOH} 204nm(\varepsilon 1120)$$

即样品在乙醇溶剂中，最大吸收波长为 204nm，摩尔吸光系数为 1120。

　　吸光度具有加和性，即在某一波长 λ，当溶液中含有多种吸光物质时，该溶液的吸光度等于溶液中每一成分的吸光度之和，这一性质是紫外光谱进行多组分测定的依据。

　　理论上，朗伯-比尔定律只适用于单色光，而实际应用的入射光往往有一定的波长宽度，因此要求入射光的波长范围越窄越好。朗伯-比尔定律表明在一定的测定条件卜，吸光度与溶液的浓度成正比，但通常样品只在一定的低浓度范围才成线性关系，因此，定量测定时必须注意浓度范围。温度、放置时间、pH 等因素也会对样品的光谱产生影响，测定时也必须注意。

1.1.3　溶剂的选择

　　测定化合物的紫外吸收光谱时一般均配成溶液，故选择合适的溶剂很重要。选择溶剂的原则是：

　　（1）样品在溶剂中应当溶解良好，能达到必要的浓度（此浓度与样品的摩尔吸光系数有关）以得到吸光度适中的吸收曲线。

　　（2）溶剂应当不影响样品的吸收光谱，因此在测定的波长范围内溶剂应当是紫外透明的，即溶剂本身没有吸收，透明范围的最短波长称透明界限，测试时应根据溶剂的透明界限选择合适的溶剂。常用溶剂的透明界限如表 1-2 所示。

　　（3）为降低溶剂与溶质分子间作用力，减少溶剂对吸收光谱的影响，应尽量采用低极性溶剂。

　　（4）尽量与文献中所用的溶剂一致。

　　（5）溶剂挥发性小、不易燃、无毒性、价格便宜。

　　（6）所选用的溶剂应不与待测组分发生化学反应。

表 1-2　紫外光谱测量常用溶剂的透明界限

溶剂	透明界限/nm	溶剂	透明界限/nm	溶剂	透明界限/nm	溶剂	透明界限/nm
水	205	正己烷	195	环己烷	205	乙腈	190
异丙醇	203	乙醇	205	乙醚	210	二氧六环	211
氯仿	245	乙酸乙酯	254	乙酸	255	苯	278
吡啶	305	丙酮	330	甲醇	202	石油醚	297

1.1.4　紫外光谱中常用的名词术语

（1）发色团（chromophore）或称生色团，是指在一个分子中产生紫外吸收带的官能团，一般为带有 π 电子的基团。有机化合物中常见的发色团有：羰基、硝基、双键、叁键以及芳环等。

发色团的结构不同，电子跃迁类型也不同，通常为 n →π*，π →π* 跃迁，最大吸收波长大于 210nm。常见发色团的紫外吸收如表 1-3 所示。

表 1-3　常见发色团的紫外吸收

发色团	化合物	溶剂	λ_{max}/nm	ε_{max}
$>$C=C$<$	CH_2=CH_2	气态	165	10 000
—C≡C—	HC≡CH	气态	173	6000
—C≡N	CH_3C≡N	气态	167	—
$>$C=O	CH_3COCH_3	环己烷	166 / 276	15
—COOH	CH_3COOH	水	204	40
$>$C=S	CH_3CSCH_3	水	400	—
—N$\overset{O}{\underset{O}{\diagup\diagdown}}$	CH_3NO_2	水	270	14
—O—N=O	$CH_3(CH_2)_7ON$=O	正己烷	230 / 370	2200 / 55
—C=C—C=C—	H_2C=CH—CH=CH_2	正己烷	217	21 000
⬡	甲苯	正己烷	261 / 206.5	225 / 7000
	苯	正己烷	254 / 203.5	205 / 7400

（2）助色团（auxochrome）。有些原子或原子团单独在分子中存在时，吸收波长小于 200nm，而与一定的发色团相连时，可以使发色团所产生的吸收峰位置红移，吸收强度增加，具有这种功能的原子或原子团称为助色团。助色团一般为带有孤电子对的原子或原子团。常见的助色团有—OH、—OR、—NHR、—SH、—SR、—Cl、—Br、—I 等。在这些助色团中，由于具有孤电子对的原子或原子团与发色团的 π 键相连，可以发生 p-π 共轭效应，结果使电子的活动范围增大，容易被激发，使 π →π* 跃迁吸收带向长波方向移动，即红移。例如，苯环 B 带吸收出现在约 254nm 处，而苯酚的 B 带由于苯环上连有助色团—OH，而红移至 270nm，强度也有所增加。

（3）红移（red shift）也称向长波移动（bathochromic shift）。当有机物的结构发生变化（如取代基的变更）或受到溶剂效应的影响时，其吸收带的最大吸收波长（λ_{max}）向长波方向移动的效应。

（4）蓝移（blue shift）也称向短波移动（hypsochromic shift）。与红移相反的效应。

（5）增色效应（hyperchromic effect）或称浓色效应。使吸收带的吸收强度增加的效应，反之称为减色效应（hypochromic effect）或浅色效应。

（6）强带。在紫外光谱中，凡摩尔吸光系数大于 10^4 的吸收带称为强带。产生这种吸收带的电子跃迁往往是允许跃迁。

（7）弱带。凡摩尔吸光系数小于 1000 的吸收带称为弱带。产生这种吸收带的电子跃迁往往是禁阻跃迁。

1.1.5　电子跃迁的类型

紫外吸收光谱是由价电子能级跃迁而产生的，在有机化合物中的价电子，根据在分子中成键电子的种类不同可分为 3 种：①形成单键的 σ 电子；②形成不饱和键的 π 电子；③氧、氮、硫、卤素等杂原子上的未成键的 n 电子。这 3 种类型的电子可以醛基为例，如图 1-1 所示。

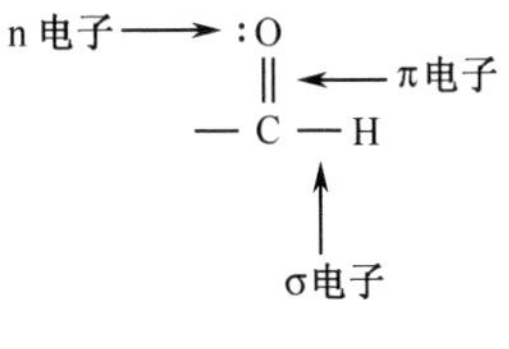

分子中电子跃迁的方式与化学键的性能有关，根据光谱资料和分子结构理论的分析，各种电子能级的能量高低的顺序为：σ<π<n<π*<σ*，电子跃迁共有 4 种

图 1-1　醛基中价电子类型

类型，即σ →σ*，n →σ*，π →π*，n →π*，各种跃迁所需能量（ΔE）的大小如图 1-2 所示。各种跃迁所需能量（ΔE）的大小次序为

$$\sigma \to \sigma^* > n \to \sigma^* > \pi \to \pi^* > n \to \pi^*$$

讨论如下：

（1）电子从基态（成键轨道）向激发态（反键轨道）的跃迁，也称为 N →V

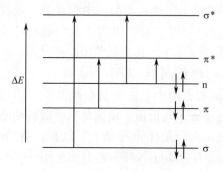

图 1-2　电子能级和跃迁示意图

跃迁。包括 $\sigma \to \sigma^*$ 跃迁和 $\pi \to \pi^*$ 跃迁。

$\sigma \to \sigma^*$ 跃迁是指处于成键轨道上的 σ 电子吸收光子后被激发跃迁到 σ^* 反键轨道，由于 σ 键键能高，使 σ 电子跃迁需要很高能量，因此其吸收位于远紫外区，如乙烷的最大吸收波长为 λ_{max} 135nm。因饱和碳氢化合物在近紫外区是透明的，可作紫外测量的溶剂。

$\pi \to \pi^*$ 跃迁是指不饱和键中的 π 电子吸收光波能量后跃迁到 π^* 反键轨道。由于 π 键的键能较低，跃迁的能级差较小，对于孤立双键来说吸收峰大都位于远紫外区末端或 200nm 附近，ε 值很大，一般大于 10^4，属于强吸收峰。

当分子中两个或两个以上双键共轭时，$\pi \to \pi^*$ 跃迁能量降低，吸收波长红移，共轭烯烃分子如 1,3-丁二烯的这类吸收在光谱学上称为 K 带（取自德文：共轭谱带，konjuierte）。K 带出现的区域为 210～250nm，$\varepsilon_{max} > 10^4$（$\lg\varepsilon > 4$），随着共轭链的增长，吸收峰红移，并且吸收强度增加。共轭烯烃的 K 带不受溶剂极性的影响，而不饱和醛酮的 K 带吸收随溶剂极性的增大而红移。

芳香族化合物的 $\pi \to \pi^*$ 跃迁，在光谱学上称为 B 带（benzenoid band，苯型谱带）和 E 带（ethylenic band，乙烯型谱带），是芳香族化合物的特征吸收。所谓 E 带指在封闭的共轭体系中（如芳环），因 $\pi \to \pi^*$ 跃迁所产生的较强或强的吸收谱带，E 带又分为 E_1 和 E_2 带，两者的强度不同，E_1 带的摩尔吸光系数 ε 大于 10^4（$\lg\varepsilon > 4$），吸收出现在 184nm；而 E_2 带的摩尔消光吸收 ε 约为 10^3，吸收峰在 204nm。两种跃迁均为允许跃迁。B 带指在共轭的封闭体系（芳烃）中，由 $\pi \to \pi^*$ 跃迁产生的强度较弱的吸收谱带，苯 B 带的摩尔吸光系数 ε 约为 200，吸收峰出现在 230～270nm 之间，中心在 256nm，在非极性溶剂中芳烃的 B 带为一具有精细结构的宽峰，但在极性溶剂中时精细结构消失。当苯环上有发色基团取代并和苯环共轭时，E 带和 B 带均发生红移，此时的 E_2 带又称为 K 带。

（2）杂原子未成键电子被激发向反键轨道的跃迁，又称为 N→Q 跃迁。包括 $n \to \sigma^*$ 和 $n \to \pi^*$ 跃迁。

$n \to \sigma^*$ 跃迁是指分子中处于非键轨道上的 n 电子吸收光波能量后向 σ^* 反键轨道的跃迁。当分子中含有下列基团如：—NH_2、—OH、—S、—X 等时，杂原子上的 n 电子可以向反键轨道跃迁。$n \to \sigma^*$ 跃迁所需能量比 $\sigma \to \sigma^*$ 跃迁的小，波长较 $\sigma \to \sigma^*$ 长，由于取代基团的不同，吸收峰可能位于近紫外区和远紫外区，如甲胺的紫外吸收为 λ_{max} 213nm（ε600）。

n →π* 跃迁是指分子中处于非键轨道上的 n 电子吸收能量后向 π* 反键轨道的跃迁。如连有杂原子的不饱和化合物$\left(\text{如}\ \text{\Large\diagdown}\hspace{-1.5em}\text{C}{=}\text{O}\ 、—\text{C}{=}\text{N}\right)$中杂原子上的 n 电子跃迁到 π* 轨道。这种跃迁在光谱学上称为 R 带（取自德文：基团型，radikalartig），跃迁所需能量比 n →σ* 的小，一般在近紫外或可见光区有吸收，其特点是在 270～350nm，ε 值较小，ε 值通常在 100 以内，为弱带，该跃迁为禁阻跃迁。随着溶剂极性的增加，吸收波长向短波方向移动（蓝移）。例如，甲基乙烯基丙酮的 n →π* 跃迁紫外吸收为 $\lambda_{max}324nm$（ε20）。

1.1.6　影响紫外吸收波长的因素

1. 共轭体系的形成使吸收红移

共轭体系的形成使分子的最高已占轨道能级升高，最低空轨道能级降低，π →π* 跃迁的能量降低，如图 1-3 所示，共轭体系越长，π →π* 能量差越小，紫外光谱的最大吸收越移向长波方向，甚至到可见光部分，随着吸收的红移，吸收强度也增大，并且出现多个吸收谱带，如图 1-4 所示。

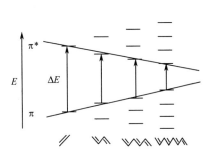

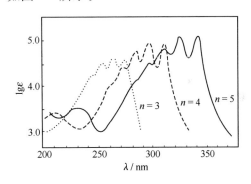

图 1-3　共轭系统的能级示意图　　　图 1-4　$H(CH{=}CH)_n H$ 的紫外吸收光谱图

2. 超共轭效应

当烷基与共轭体系相连时，可以使波长产生少量红移。这是因为烷基的 C—H 的 σ 电子与共轭体系的 π 电子云发生一定程度的重叠，扩大了共轭范围，从而使 π →π* 跃迁能量降低，吸收红移。

3. 溶剂效应

在 π →π* 跃迁中，因激发态的极性大于基态，所以在极性溶剂中，极性溶剂对电荷分散体系的稳定能力使激发态和基态的能量都有所降低，但程度不同，前者大于后者，这就导致跃迁吸收能量较在非极性溶剂中减小，故吸收带红移。

在 $n \rightarrow \pi^*$ 跃迁中，极性溶剂对它的影响与 $\pi \rightarrow \pi^*$ 跃迁相反，$n \rightarrow \pi^*$ 跃迁的吸收带随着溶剂极性增加而蓝移，如图 1-5 所示。

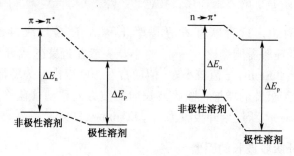

图 1-5　溶剂对电子跃迁能量的影响

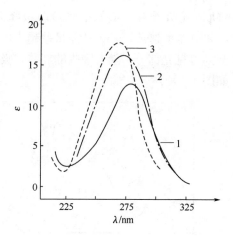

图 1-6　溶剂效应对丙酮紫外吸收的影响
1. 己烷；2. 95%乙醇；3. 水

图 1-6 表示溶剂对丙酮紫外吸收的影响。这种位移较 $\pi \rightarrow \pi^*$ 跃迁的吸收带的位移大。这是因为在极性溶剂中，强极性键中的氢原子能和孤电子对生成氢键，使得分子的非键轨道能量有较大程度的降低。一旦发生了 $n \rightarrow \pi^*$ 跃迁，孤电子对遭到破坏，轨道上留下来一个电子，失去了生成氢键的能力，所以极性溶剂仅仅使得 π 反键轨道能量稍微降低，结果在极性溶剂中跃迁需要增加克服一个氢键的能量，故吸收带蓝移。

4. 立体效应

立体效应是指因空间位阻、构象、跨环共轭等影响因素导致吸收光谱的红移或蓝移，立体效应常常伴随增色或减色效应。

空间位阻妨碍分子内共轭的发色基团处于同一平面，使共轭效应减小或消失，从而影响吸收带波长的位置。如果空间位阻使共轭效应减小，则吸收峰发生蓝移，吸收强度降低；如果位阻完全破坏了发色基团间的共轭效应，则只能观察到单个发色基团各自的吸收谱带。如下面三个 α-二酮，除 $n \rightarrow \pi^*$ 跃迁产生的吸收带（275nm）外，存在一个由羰基间相互作用引起的弱吸收带，该吸收带的波长位置与羰基间的二面角（ψ）有关，因为二面角的大小影响了两个羰基之间的有效共轭的程度。当 ψ 越接近 0°或 180°时，两个羰基双键越接近处于共平面，吸收波长越长；当 ψ 越接近 90° 时，双键的共平面性越差，波长越短。

$\psi/(°)$	0~10	90	180
λ_{max}/nm	466	370	490

另外，苯环上取代有发色基团或助色基团时，如果 2 位或 2、6 位有另外的取代基，取代基的空间位阻削弱了发色基团或助色基团与苯环间的有效共轭，ε 值将减少，这种现象又称为邻位效应。

K 带 ε_{max}	8900	6070	5300	640

跨环效应指两个发色基团虽不共轭，但由于空间的排列，它的电子云仍能相互影响，使 λ_{max} 和 ε_{max} 改变。如下列两个化合物，化合物 1 的两个双键虽然不共轭，由于在环状结构中，C=C 双键的 π 电子与羰基的 π 电子有部分重叠，羰基的 $n \rightarrow \pi^*$ 跃迁吸收发生红移，吸收强度也增加。

	1	**2**
λ_{max}/nm	300.5	280
ε_{max}	292	~150

5. pH 对紫外光谱的影响

pH 的改变可能引起共轭体系的延长或缩短，从而引起吸收峰位置的改变，对一些不饱和酸、烯醇、酚及苯胺类化合物的紫外光谱影响很大。如果化合物溶液从中性变为碱性时，吸收峰发生红移，表明该化合物为酸性物质；如果化合物溶液从中性变为酸性时，吸收峰发生蓝移，表明化合物可能为芳胺。例如，在碱性溶液中，苯酚以苯氧负离子形式存在，助色效应增强，吸收波长红移［图 1-7

（a）］，而苯胺在酸性溶液中，NH$_2$ 以 NH$_3^+$ 存在，p-π 共轭消失，吸收波长蓝移
［图 1-7（b）］。

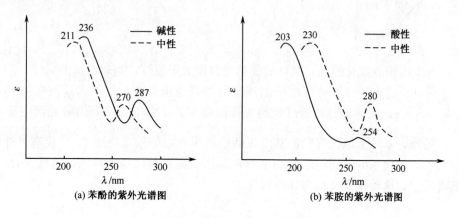

(a) 苯酚的紫外光谱图　　　　(b) 苯胺的紫外光谱图

图 1-7　溶液酸碱性对紫外光谱的影响

又如酚酞在酸性介质中，分子中只有一个苯环和羰基形成共轭体系，吸收峰
位于紫外区，为无色；在碱性介质中，整个酚酞阴离子构成一个大的共轭体系，
其吸收峰红移到可见光区，为红色。

酸性介质　无色　　　　　　　碱性介质　红色

1.2　紫外光谱仪

紫外光谱仪一般又称为紫外分光光度计，其组成主要包括光源、分光系统、
吸收池、检测系统和记录系统五个部分。现分别介绍如下：

1. 光源

理想的紫外光谱仪光源应当能提供所用的光谱区内所有波长的连续辐射光，
强度足够大，并且在整个光谱区内，强度随波长的改变没有明显的变化。但实际
的光源往往只能在一定的波长内强度稳定，因此紫外光谱仪的光源在不同的波长

范围内使用不同的光源，在检测过程中自动切换光源。紫外区的连续光谱由氢灯或氘灯提供，其光谱范围为 160～390nm。由于玻璃对紫外光有吸收，灯管用石英玻璃制成，灯管内充几十帕的高纯氢（或同位素氘）气体。当灯管内的一对电极受到一定的电压脉冲后，自由电子被加速穿过气体，电子与气体分子碰撞，引起气体分子电子能级、振动能级、转动能级的跃迁，当受激发的分子返回基态时，既发出相应波长的光。氘灯的辐射光强度大于氢灯，寿命也长于氢灯。

可见光的连续光谱可由白炽的钨丝灯（普通电灯泡）提供，其波长范围为 350～800nm，其光谱分布与灯丝的工作温度有关。由于钨灯提供的光谱主要为可见光谱，提高灯丝的工作温度可以使光谱向短波方向移动，但提高温度则会增大灯丝的蒸发速度而降低灯的寿命，通常在灯泡中会充有惰性气体，以提高灯泡的寿命。为提高灯丝的寿命，在钨灯中充入适量的卤素或卤化物，可制成卤钨灯。卤钨灯具有比钨灯更长的寿命和更高的发光强度。

2. 分光系统

分光系统（或单色器）是指能将来自光源的复色光按波长顺序分解为单色光，并能任意调节波长的装置。这是紫外光谱仪的关键部件，由入射狭缝、准直镜、色散元件和出射狭缝组成。其中色散元件通常为棱镜或衍射光栅。

来自光源的入射光，通过入射狭缝，成为一条细的光束，照射到准直镜上，经准直镜反射成为平行光，通过棱镜或衍射光栅分解为单色光，通过改变转动棱镜或光栅使单色光依次通过出射狭缝得到单色光束。调节出射狭缝的宽度可以控制出射光束的光强和波长纯度。

3. 吸收池

紫外光谱仪常用的吸收池通常有石英和玻璃两种。石英池可用于紫外光区和可见光区，玻璃池用于可见光区，可见光区有时也可以用有机玻璃吸收池。吸收池的光程有 0.1～10cm 多种规格，其中以 1cm 吸收池最常用。从用途上看，有液体吸收池、气体吸收池、可装拆吸收池、微量吸收池以及流动池等。

用于定量分析时，参比光路和样品光路中的吸收池必须严格匹配，以保证两只空吸收池的吸收性能与光程长度严格一致。吸收池与窗口之间的距离应准确，窗口应垂直于光路。吸收池不能加热或烘烤，以防止吸收池变形。使用时，吸收池必须保持彻底清洁，操作时手指不能触摸窗口。

4. 检测系统

检测系统的作用是将光信号转变成电信号，并检测其强度。紫外光谱仪常用的检测器有光电池、光电管、光电倍增管三种。其中光电倍增管灵敏度高，不易疲劳，许多紫外光谱仪都采用这一种检测器。近年来有些仪器采用了自扫描光敏二极管阵列检测器，具有性能稳定、扫描准确、光谱响应宽的特点。

5. 记录系统

紫外光谱仪中常用的记录系统有检流计、微安表、电位计、数字电压表、x-y记录仪、示波器及数据台等，近年来生产的仪器多采用后四种。随着计算机技术的发展，现在的紫外光谱仪可以通过仪器配用的数据台，直接进行数据处理，显示器可立刻显示紫外光谱图，操作者通过键盘输入指令，可对谱图进行修正、扣除或平滑等操作。数据可通过曲线形式或以数据表格输出，通过打印机可立刻打印出谱图曲线或峰值数据。操作者也可直接用软盘拷贝数据，然后根据需要通过不同的数据处理软件对数据进行进一步的处理。

6. 日立 340 型紫外可见分光光度计

以日立 340 型紫外可见分光光度计为例介绍紫外光谱仪的工作原理（图 1-8）。来自光源（钨灯或氘灯）的光束，经凹面反射镜 M_1 反射，通过入射狭缝 S_1 被平面反射镜 M_2 反射于准直镜 M_3 形成近平行光束，通过第一单色器棱镜 P 色散后，光束再经 M_3 汇合由 M_4 和 M_5 反射经过中间狭缝 S_2，到达由 M_6 和光栅 G_1 和 G_2 组成的第二单色器，由狭缝 S_3 射出单色光，被扇形旋转镜 Se_1 分解为交替

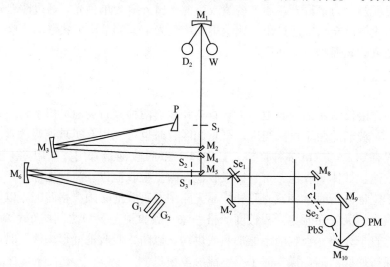

图 1-8　日立 UV340 型紫外可见分光光度计

W. 钨灯；D_2. 氘灯；M_1. 凹面反射镜；S_1. 入射狭缝；M_2，M_4，M_5，M_6，M_7，M_8，M_9. 平面反射镜；M_3，M_{10}. 准直镜；P. 棱镜；G_1，G_2. 光栅；S_2，S_3. 中间狭缝；Se_1，Se_2. 扇形旋转镜；PM. 光电倍增管；PbS. PbS 管

照射于样品和参比的两个光束，这两个光束被与 Se_1 同步旋转的扇形镜 Se_2 重新合为同一光路，经反射镜 M_9 反射、M_{10} 聚焦于检测器。紫外-可见区用光电倍增管，近红外区用 PbS 管做检测器。样品光束和参比光束分别通过样品池和参比池后交替照射于光电倍增管上，信号通过前置放大器输入计算机，经数据处理于 x-y 记录仪上随波长记录下谱图。

在微型计算机控制下，光源在 350nm 处自动切换，并可进行波长扫描、狭缝宽度控制、光电倍增管的灵敏度控制等操作，并具有数据平均、基线校正、透射率和吸光度计算等功能，还可进行一至四级微分扫描。

采用双重色散系统，使经过第一套棱镜色散后的光束在经光栅重复色散一次，可以加强色散效果和减少杂散光，使得到的单色光更纯净。

1.3　各类化合物的紫外吸收光谱

1.3.1　饱和烃化合物

饱和烃类化合物只含有单键（σ 键），只能产生 σ→σ* 跃迁，由于电子由 σ 成键轨道跃迁至 σ* 反键轨道所需的能量高，吸收带位于真空紫外区，如甲烷和乙烷的吸收带分别在 125nm 和 135nm。C—C 键的强度比 C—H 键的强度低，所以乙烷的波长比甲烷的波长要长一些。由于真空紫外区在一般仪器的使用范围外，故这类化合物的紫外吸收在有机化学中应用价值很小。

环烷烃由于环张力的存在，降低了 C—C 键的强度，实现 σ→σ* 跃迁所需要的能量也相应要减小，其吸收波长要比相应直链烷烃大许多，环越小，吸收波长越大。例如，环丙烷的 $\lambda_{max}=190nm$，而丙烷的 λ_{max} 仅为 150nm。

对于含有杂原子的饱和化合物，如饱和醇、醚、卤代烷、硫化物等，由于杂原子有未成键的 n 电子，因而可产生 n→σ* 跃迁，n 轨道能级比 σ 轨道能级高，因而 n→σ* 跃迁所吸收的能量比 σ→σ* 小，吸收带的波长也相应红移，有的移到近紫外区，但因为这种跃迁为禁阻的，吸收强度弱，应用价值小。吸收带的波长与杂原子的性质有关，杂原子的原子半径增大，化合物的电离能降低，吸收带波长红移，如在卤代烷中，吸收带的波长和强度按 F<Cl<Br<I 依次递增，溴代烷或碘代烷的 n→σ* 跃迁波长在近紫外区。在卤代烷烃中，由于超共轭效应的作用，吸收带波长随碳链的增长及分支的增多而红移。卤代烃的紫外吸收如表 1-4 所示。

烷烃和卤代烷烃的紫外吸收用于直接分析化合物的结构的意义并不大，通常这些化合物作为紫外分析的溶剂，其中由于四氟化碳的吸收特别低，$\lambda_{max}=105.5nm$，是真空紫外区的最佳溶剂。

表 1-4　某些卤代烃的紫外特征吸收

化合物	溶剂	λ_{max}/nm	ε_{max}
CF_4	蒸气	105.2	—
CH_3F	蒸气	173	—
		160	
		153	
		169	370
$CHCl_3$	蒸气	175	—
		175.5	950
CH_3Br	蒸气	204	200
		175	
CH_2Br_2	异辛烷	200.5	1050
		198	970
$CHBr_3$	异辛烷	223.4	1980
CH_3I	蒸气	257	230
	异辛烷	257.5	370
CHI_3	异辛烷	349.4	2140
		307.2	830
		274.9	1310

1.3.2　简单的不饱和化合物

不饱和化合物由于含有 π 键而具有 $\pi \rightarrow \pi^*$ 跃迁，$\pi \rightarrow \pi^*$ 跃迁能量比 $\sigma \rightarrow \sigma^*$ 小，但对于非共轭的简单不饱和化合物跃迁能量仍然较高，位于真空紫外区。最简单的碳-碳双键化合物为乙烯，在 165nm 处有一个强的吸收带，一个 π 电子跃迁至 π 反键轨道，在 200nm 附近还有一个弱吸收带，此跃迁的概率小，吸收强度弱。

当烯烃双键上引入助色基团时，$\pi \rightarrow \pi^*$ 吸收将发生红移，甚至移到近紫外光区。原因是助色基团中的 n 电子可以产生 p-π 共轭，使 $\pi \rightarrow \pi^*$ 跃迁能量降低，烷基可产生超共轭效应，也可使吸收红移，不过这种助色作用很弱，如 $(CH_3)_2C\!=\!C(CH_3)_2$ 的吸收峰位于 197nm（ε11 500）。不同助色基团对乙烯吸收位置的影响如表 1-5 所示。

表 1-5　助色基团对乙烯吸收位置的影响

取代基	NR_2	OR	SR	Cl	CH_3
红移距离/nm	40	30	45	5	5

最简单的叁键化合物为乙炔，其吸收带在 173nm，$\varepsilon = 6000$，无实用价值，

与双键化合物相似，烷基取代后可使吸收带向长波移动。炔类化合物除 180nm 附近的吸收带外，在 220nm 处有一个弱吸收带 ε 为 100。

简单羰基的分子轨道 C—O 之间除 σ 键的电子外，有一对 π 电子，氧原子上还有两对未成键电子。可以发生 n →σ*、n →π* 和 π →π* 跃迁，能量最低的分子未占有轨道为 C—O 的 π* 反键。羰基有三个吸收带，一个弱带在 270～300nm 处，ε<100，为 R 带；一个带于 180～200nm 处，ε=104，谱带略宽，为 n →σ* 跃迁产生；另一个强带于 150～170nm 处，ε>104，为 π →π* 跃迁产生。羰基的 n →π* 波长较长（270～300nm），其跃迁为禁阻的，故吸收强度很弱，但在结构的鉴定上有一定的应用价值。羰基的 n →π* 波长随溶剂的极性增加向短波方向移动。

酮类化合物的 α 碳上有烷基取代后使 π →π* 吸收带（K 带）向长波移动，可能是烷基诱导效应所引起。环酮吸收带的波长与环的大小有关，其中环戊酮的吸收波长最长为 300nm，这个特征在结构测定中可以协助其他波谱测试手段，用于鉴别环的大小。非环酮的 α 位若有卤素、羟基或烷氧等助色基团取代，吸收带红移且强度增强，如 α-溴代丙酮在己烷中的吸收带为 λ_{max}311nm（ε=83），而丙酮在己烷中的吸收带为 λ_{max}274（ε=22）。醛、酮紫外特征吸收如表 1-6 所示。

表 1-6　某些脂肪族醛和酮的吸收特征

化合物	溶剂	n →π*		n →σ*	
		λ_{max}/nm	ε	λ_{max}/nm	ε
甲醛	蒸气	304	18	175	18 000
乙醛	蒸气	310	5		
丙酮	蒸气	289	12.5	182	10 000
2-戊酮	己烷	278	15	—	—
4-甲基-2-戊酮	异辛烷	283	20	—	—
环戊酮	异辛烷	300	18	—	—
环己酮	异辛烷	291	15	—	—
环辛酮	异辛烷	291	14	—	—

1.3.3　共轭双烯

当两个生色基团在同一个分子中，间隔有一个以上的亚甲基，分子的紫外光谱往往是两个单独生色基团光谱的加和。若两个生色基团间只隔一个单键则成为共轭系统，共轭系统中两个生色基团相互影响，其吸收光谱与单一生色基团相比，有很大改变。共轭体系越长，其最大吸收越移向长波方向，甚至可达可见光部分，并且随着波长的红移，吸收强度也增大。下面介绍一些共轭体系中紫外吸收值的经验计算方法。

一些共轭体系的 K 带吸收位置可以通过经验公式计算得到，其计算值与实测值较为符合，共轭烯的最大吸收可通过 Woodward-Fieser 规则计算，计算所用的参数如表 1-7 所示。

表 1-7　共轭烯的紫外吸收位置计算规则（Woodward-Fieser 规则）

波长增加因素		λ_{max}/nm
1. 开链或非骈环共轭双烯	基本值	217
双键上烷基取代	增加值	+5
环外双键		+5
2. 同环共轭双烯或共轭多烯		
骈环异环共轭双烯	基本值	214
同环共轭双烯		253
延长一个共轭双键	增加值	+30
烷基或环残基取代		+5
环外双键		+5
助色基团		
—OAc		0
—OR		+6
—SR		+30
—Cl、—Br		+5
—NR$_2$		+60

计算举例，计算结果后的括号内为实测值：

(1) 共轭双烯基本值　　　　　　217
　　4 个环残基取代　　　　　　+5×4
　　计算值　　　　　　　　　　237(nm)(238nm)

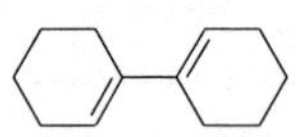

(2) 非骈环双烯基本值　　　　　217
　　4 个环残基或烷基取代　　　+5×4
　　环外双键　　　　　　　　　+5
　　计算值　　　　　　　　　　242(nm)(243nm)

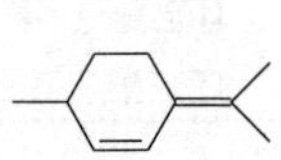

(3) 链状共轭双键　　　　　　　217
　　4 个烷基取代　　　　　　　+5×4
　　2 个环外双键　　　　　　　+5×2
　　计算值　　　　　　　　　　247(nm)(247nm)

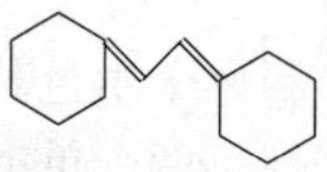

（4）同环共轭双烯基本值　　　　253

　　　5 个烷基取代　　　　　　$+5 \times 5$

　　　3 个环外双键　　　　　　$+5 \times 3$

　　　延长 2 个共轭双键　　　　$+30 \times 2$

　　　计算值　　　　　　　　　353（nm）（355nm）

1.3.4　α, β-不饱和羰基化合物

1. α, β-不饱和醛、酮紫外吸收计算值

由于 Woodward、Fieser、Scott 的工作，共轭醛、酮的 K 吸收带的 λ_{max} 也可以通过计算得到。计算所用的参数如表 1-8 所示。

表 1-8　α, β-不饱和醛、酮紫外 K 带吸收波长计算规则（乙醇为溶剂）

$$\overset{\beta}{C} - \overset{\alpha}{C} - C = O \qquad \overset{\delta}{C} - \overset{\gamma}{C} - \overset{\beta}{C} - \overset{\alpha}{C} - C = O$$

直链和六元或七元环 α, β-不饱和酮的基本值							215nm	
五元环 α, β-不饱和酮的基本值							202nm	
α, β-不饱和醛的基本值							207nm	

取代基位置	取代基位移增量/nm								
	烷基	OAC	OCH₃	OH	SR	Cl	Br	NR₂	苯环
α	10	6	35	35		15	25		
β	12	6	30	30	85	12	30	95	63
γ	18	6	17	30					
δ	18	6	31	50					

表 1-8 是以乙醇为溶剂的参数，如采用其他溶剂可以利用表 1-9 校正。

表 1-9　α, β-不饱和醛、酮紫外 K 吸收波长的溶剂校正

溶剂	甲醇	氯仿	二氧六环	乙醚	己烷	环己烷	水
$\Delta\lambda/nm$	0	+1	+5	+7	+11	+11	-8

计算举例，计算结果后的括号内为实测值：

（1）六元环 α, β-不饱和酮基本值　　　215

　　　2 个 β 取代　　　　　　　　　　$+12 \times 2$

　　　1 个环外双键　　　　　　　　　　$+5$

　　　计算值　　　　　　　　　　　　　244（nm）（251nm）

（2）六元环 α,β-不饱和酮基本值　215

　　1 个烷基 α 取代　　　　　　　＋10

　　2 个烷基 β 取代　　　　　　　＋12×2

　　2 个环外双键　　　　　　　　＋5×2

　　计算值　　　　　　259(nm)(258nm)

（3）直链 α,β-不饱和酮基准值　215

　　延长 1 个共轭双键　　　　　＋ 30

　　1 个烷基 γ 取代　　　　　　＋ 18

　　1 个烷基 δ 取代　　　　　　＋ 18

　　计算值　　　　　　281(nm)(281nm)

α,β-不饱和醛 $\pi \rightarrow \pi^*$ 跃迁规律与酮很相似，只是醛吸收带 λ_{max} 比相应的酮向蓝位移 5nm。

2. α,β-不饱和羧酸、酯、酰胺

α,β-不饱和羧酸和酯的计算方法与 α,β-不饱和酮相似，波长较相应的 α,β-不饱和醛、酮蓝移，α,β-不饱和酰胺的 λ_{max} 低于相应的羧酸，计算所用的参数如表 1-10 所示。

表 1-10　α,β-不饱和羧酸和酯的紫外 K 带吸收波长计算规则（乙醇为溶剂）

基准值/nm	烷基单取代羧酸和酯（α 或 β）	208
	烷基双取代羧酸和酯（α,β 或 β,β）	217
	烷基三取代羧酸和酯（α,β,β）	225
取代基增加值/nm	环外双键	＋5
	双键在五元或七元环内	＋5
	延长 1 共轭双键	＋30
	γ-位或 δ-位烷基取代	＋18
	α-位 OCH_3、OH、Br、Cl 取代	＋15—20
	β-OCH_3、OR 取代	＋30
	β 位 $N(CH_3)_2$ 取代	＋60

计算举例：$CH_3—CH=CH—CH=CH—COOH$

　　　β 单取代羧酸基准值　　208

　　　延长一个共轭双键　　　　30

　　　δ 烷基取代　　　　　　＋ 18

　　　计算值　　　　256（nm）（254nm）

以上介绍了几种常见共轭体系的紫外吸收带 λ_{max} 的计算方法，在实际应用中可以帮助确定共轭体系双键的位置。

1.3.5　芳香族化合物的紫外吸收光谱

芳香族化合物在近紫外区显示特征的吸收光谱，图 1-9 是苯在异辛烷中的紫外吸收光谱，吸收带为：184nm（ε68 000），203.5nm（ε8800）和 254nm（ε250）。分别对应于 E_1 带、E_2 带和 B 带。B 带吸收带由系列精细小峰组成，中心在 254.5nm，是苯最重要的吸收带，又称苯型带。B 带受溶剂的影响很大，在气相或非极性溶剂中测定，所得谱带峰形精细尖锐；在极性溶剂中测定，则峰形平滑，精细结构消失。取代基影响苯的电子云分布，使吸收带向长波移动，强度增强，精细结构变模糊或完全消失，影响的大小，与取代基的电负性和空间位阻有关。

硝基苯、乙酰苯和苯甲酸甲酯分别在庚烷中的紫外吸收光谱图如图 1-10 所示。

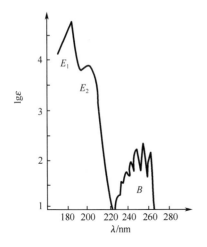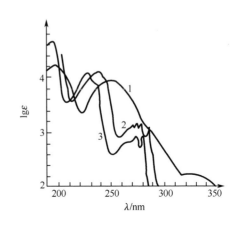

图 1-9　苯的紫外吸收光谱图　　　　图 1-10　紫外吸收光谱图
（溶剂：异辛烷）　　　　　　　1. 硝基苯；2. 乙酰苯；3. 苯甲酸甲酯
　　　　　　　　　　　　　　　　（溶剂：庚烷）

1. 取代苯

苯环上有一元取代基时，一般引起 B 带的精细结构消失，并且各谱带的 λ_{max} 发生红移，ε_{max} 值通常增大（表 1-11）。当苯环引入烷基时，由于烷基的 C—H 与苯环产生超共轭效应，使苯环的吸收带红移，吸收强度增大。对于二甲苯来说，取代基的位置不同，红移和吸收增强效应不同，通常顺序为：对位＞间位＞邻位。

当取代基上具有的非键电子的基团与苯环的 π 电子体系共轭相连时，无论取代基具有吸电子作用还是供电子作用，都将在不同程度上引起苯的 E_2 带和 B 带的红移。另外，由于共轭体系的离域化，使 π^* 轨道能量降低，也使取代基的 $n \rightarrow \pi^*$ 跃迁的吸收峰向长波方向移动。

表 1-11　简单取代苯的紫外吸收谱带数据

取代基	E_2 带		B 带		溶剂
	λ_{max}/nm	ε_{max}	λ_{max}/nm	ε_{max}	
—H	203	7400	254	205	水
—OH	211	6200	270	1450	水
—O⁻	235	9400	287	2600	水
—OCH₃	217	6400	269	1500	水
—F	204	6200	254	900	乙醇
—Cl	210	7500	264	190	乙醇
—Br	210	7900	261	192	乙醇
—I	226	13 000	256	800	乙醇
—SH	236	10 000	269	700	己烷
—NHCOCH₃	238	10 500			水
—NH₂	230	8600	280	1430	水
—NH₃⁺	203	7500	254	160	水
—SO₂NH₂	218	9700	265	740	水
—CHO	244	15 000	280	1500	己烷
—COCH₃	240	13 000	278	1100	乙醇
—NO₂	252	10 000	280	1000	己烷
—CH═CH₂	244	12 000	282	450	乙醇
—CN	224	13 000	271	1000	2%甲醇水溶液
—COO⁻	224	8700	268	560	2%甲醇水溶液

当引入的基团为助色基团时，取代基对吸收带的影响大小与取代基的推电子能力有关。推电子能力越强，影响越大。其顺序为

$$—O^- > —NH_2 > —OCH_3 > —OH > —Br > —Cl > —CH_3$$

当引入的基团为发色基团时，其对吸收谱带的影响程度大于助色基团。影响的大小与发色基团的吸电子能力有关，吸电子能力越强，影响越大，如图 1-10 所示。其顺序为

$$—NO_2 > —CHO > —COCH_3 > —COOH > —CN^-、—COO—>$$
$$—SO_2NH_2 > —NH_3^+$$

取代苯的吸收波长情况较脂肪族化合物复杂，一些学者也总结出不同的计算方法，但其计算结果的准确性比脂肪族化合物的计算结果差，具有一定的参

考性。

　　Scott 总结了芳环羰基化合物的一些规律，提出了羰基取代芳环 250nm 带的计算方法（表 1-12）。

表 1-12　苯环取代对 250nm 带的影响（溶剂：乙醇）

基本发色基团 ϕ-COR	基本值 λ_{max}/nm
R＝烷基（或脂肪环）（苯甲酰酮）	246
R＝H（苯甲醛）	250
R＝OH，OR（苯甲酸及酯）	230

环上每个取代基对吸收波长的影响 $\Delta\lambda/nm$			
取代基	邻位	间位	对位
烷基或脂肪环	3	3	10
—OH、—OCH₃、—OR	7	7	25
—O⁻	11	20	18*
—Cl	0	0	10
—Br	2	2	15
—NH₃	13	13	58
—NHAc	20	20	45
—NHCH₃			73
—N(CH₃)₂	20	20	85

注：位阻可使 $\Delta\lambda$ 值显著降低。

【例 1.1】

基本值	246
邻位环残基	+3
对位—OCH₃ 取代	＋ 25
计算值	274（nm）
实验值	276nm（ε16 500）

【例 1.2】

基本值	246
邻位环残基	3
邻位—OH 取代	7
间位—Cl 取代	0
计算值	256（nm）
实验值	257nm（ε8000）

【例1.3】

基本值	246
邻位环残基	3
间位—OCH_3取代	7
对位—OCH_3取代	25
计算值	281（nm）
实验值	278nm（ε10 000）

2. 联苯

联苯由于两个苯环以单键相连，形成一个大的共轭体系，当两个苯环共平面时，共轭体系能量最低，紫外吸收波长最长。在苯环上引入体积大的基团，特别是在苯的邻位，将会破坏两个苯环的共平面性质，使有效的共轭减少，紫外吸收波长蓝移，吸收强度降低。例如：

249nm（ε19 000）   235nm（ε10 250）

3. 稠环芳烃

线型结构的稠环芳烃，他们的吸收曲线形状非常相似，随着苯环数目的增加，吸收波长红移。角型结构的稠环芳烃，如菲类，随着环的增加，吸收波长也出现红移，但红移的幅度比线型结构芳烃要小。由于稠环芳烃的紫外吸收光谱都比较复杂，且往往具有精细结构，因此可以用于化合物的指纹鉴定。

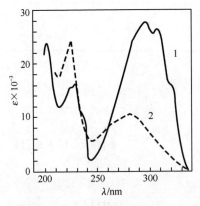

图1-11　二苯乙烯的紫外可见吸收光谱图
1. 反式；2. 顺式
（溶剂：庚烷）

4. 苯乙烯和二苯乙烯

苯乙烯在乙醇或烷烃溶剂中紫外吸收出现在248nm处，为具有精细结构的强吸收带，在270～290nm处有精细结构的弱峰。苯环邻位、烯的α位和顺式烯β位取代的衍生物显示出位阻的影响，使250nm的吸收带精细结构消失，强度降低，波长蓝移。对位和反式β位取代则使吸收带红移且强度增强。

二苯乙烯有顺式和反式，紫外吸收不相同，如图1-11所示，顺式的吸收峰没有精细结构，吸收波长比反式异构体的短，强度低；反式则有三个主要的吸收带，有精细结构。

224nm(ε 24 000)

280nm(ε 10 500)(乙醇)

228nm(ε 16 400)

296nm(ε 29 000)(乙醇)

5. 杂环化合物

当芳环上的—C—或—C＝C—被杂原子（如 O、S、N）取代，即得到杂环化合物，其紫外光谱可与相应的芳香烃相似。

含一个杂原子的五元杂环类似于带有 6 个 π 电子的苯，虽然吡咯、呋喃、噻吩的吸收曲线与苯并不特别相似，但在形式上与苯的 E_2 带和 B 带相似。吡啶与苯是等电子的，各个光谱几乎是重叠的，但吡啶在己烷溶液中在 270nm 出现一个吸收带，为氮原子上非键电子的 n → π* 跃迁。如图 1-12所示，喹啉的光谱，在乙醇溶

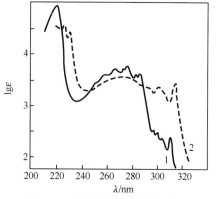

图 1-12　喹啉和萘的吸收光谱图

1. 喹啉；2. 萘

（溶剂：乙醇）

剂中，除了长波带的强度比较大以外，很类似萘的吸收光谱。

1.3.6　含氮化合物

最简单的含氮化合物是氨，它可产生 σ → σ* 跃迁和 n → σ* 跃迁，其中n→σ* 可产生两个谱带，分别位于 151.5nm，194.2nm。氨的衍生物也同样具有两个吸收谱带，烷基的取代使波长红移，如甲胺的 λ_{max}＝215nm，二甲胺的 λ_{max}＝220nm，三甲胺的 λ_{max}＝227nm。不饱和含氮化合物由于受 n-π，π-π 共轭作用的影响，波长红移，吸收强度增加。

硝基和亚硝基化合物由于 N、O 均含有未共用电子对和 π* 反键轨道，具有 n → π* 跃迁产生的 R 带。亚硝基化合物在可见光区有一弱吸收带，675nm，ε 为 20，为氮原子的 n → π* 跃迁产生；300nm 处有一强谱带，为氧原子的 n → π* 跃

迁产生。硝基化合物可以产生 $n \to \pi^*$ 和 $\pi \to \pi^*$ 跃迁，$\pi \to \pi^*$ 吸收 $<200nm$，$n \to \pi^*$ 吸收在 275nm 处，强度低。如有双键与硝基共轭，则吸收红移，强度增加，如硝基苯的 $n \to \pi^*$ 吸收位于 330nm（ε 为 125），$\pi \to \pi^*$ 吸收位于 260nm（ε 为 8000）。

1.3.7 无机化合物

无机化合物的紫外光谱通常是由两种跃迁引起的，即电荷迁移跃迁和配位场跃迁。

所谓电荷迁移跃迁，指在光能激发下，某一化合物（配合物）中的电荷发生重新分布，导致电荷可从化合物（配合物）的一部分迁移到另一部分而产生的吸收光谱。这种光谱产生的条件是分子中有一部分能作为电子给予体，而另一部分能作为电子接受体。由于在激发过程中，电子在分子中的分布发生了变化，因此有人认为电荷迁移的过程实际是分子内的氧化-还原过程。无机化合物的电荷迁移过程可以用下式表示

$$M{-}L \xrightarrow{h\nu} M^+{-}L^-$$

式中：M——中心离子；

L——配位体；

M^+——电子给体；

L^-——电子受体。

例如，Fe^{3+} 与硫氰酸盐生成的配合物为红色，在可见光区有强烈的电荷迁移吸收

$$\left[\overset{+3}{Fe}(SCN)^-\right]^{2+} \xrightarrow{h\nu} \left[\overset{+2}{Fe}(SCN)\right]^{2+}$$

式中：Fe^{3+}——电子受体；

$(SCN)^-$——电子给体。

过渡金属离子及其化合物除了电荷迁移跃迁以外，还可能发生配位场跃迁。配位场跃迁包括 $d \to d$ 跃迁和 $f \to f$ 跃迁。在配位场的影响下，处于低能态 d 轨道上的电子受激发后跃迁到高能态的 d 轨道，这种跃迁称为 $d \to d$ 跃迁。镧系和锕系元素含有 f 轨道，在配位场的影响下，处于低能态 f 轨道上的电子受激发后跃迁到高能态的 f 轨道，这种跃迁称为 $f \to f$ 跃迁。配体不同，同一中心离子产生跃迁所吸收的能量也不同，即吸收波长不同。由于 d 轨道跃迁易受外界的影响，$d \to d$ 跃迁的吸收谱带较宽；f 轨道属于较内层的轨道，吸收受外界影响小，吸收峰为尖锐的窄峰。镧系元素离子光谱的尖锐特征吸收峰常用来校正分光光度计的波长。

1.4　紫外光谱的应用

1.4.1　化合物的鉴定

利用紫外光谱可以推导有机化合物的分子骨架中是否含有共轭结构体系，如 $C=C-C=C$、$C=C-C=O$、苯环等。利用紫外光谱鉴定有机化合物远不如利用红外光谱有效，因为很多化合物在紫外没有吸收或者只有微弱的吸收，并且紫外光谱一般比较简单，特征性不强。利用紫外光谱可以用来检验一些具有大的共轭体系或发色官能团的化合物，可以作为其他鉴定方法的补充。鉴定化合物主要是根据光谱图上的一些特征吸收，特别是最大吸收波长 λ_{max} 即摩尔吸光系数 ε 值，来进行鉴定。

如果一个化合物在紫外区是透明的，则说明分子中不存在共轭体系，不含有醛基、酮基或溴和碘。可能是脂肪族碳氢化合物、胺、腈、醇等不含双键或环状共轭体系的化合物。

如果在 $210\sim250nm$ 有强吸收，表示有 K 吸收带，则可能含有两个双键的共轭体系，如共轭二烯或 α,β-不饱和酮等。同样在 $260nm$、$300nm$、$330nm$ 处有高强度 K 吸收带，在表示有三个、四个和五个共轭体系存在。

如果在 $260\sim300nm$ 有中强吸收（$\varepsilon=200\sim1000$），则表示有 B 带吸收，体系中可能有苯环存在。如果苯环上有共轭的生色基团存在时，则 ε 可以大于 $10\ 000$。

如果在 $250\sim300nm$ 有弱吸收带（R 吸收带），则可能含有简单的非共轭并含有 n 电子的生色基团，如羰基等。

如果化合物呈现许多吸收带，甚至延伸到可见光区，则可能含有一长链共轭体系或多环芳香性生色团。若化合物具有颜色，则分子中含有的共轭生色团或助色团至少有四个，一般在五个以上（偶氮化合物除外）。

但是物质的紫外光谱所反映的实际上是分子中发色基团和助色基团的特性，而不是整个分子的特性，所以，单独从紫外吸收光谱不能完全确定化合物的分子结构，必须与红外光谱、核磁共振、质谱及其他方法相配合，方能得出可靠的结论。但是紫外光谱在推测化合物结构时，也能提供一些重要的信息，如发色官能团，结构中的共轭关系，共轭体系中取代基的位置、种类和数目等。

鉴定的方法有两种：

（1）与标准物、标准谱图对照。将样品和标准物以同一溶剂配制相同浓度溶液，并在同一条件下测定，比较光谱是否一致。如果两者是同一物质，则所得的紫外光谱应当完全一致。如果没有标准样品，可以与标准谱图进行对比，但要求测定的条件要与标准谱图完全相同，否则可靠性较差。

(2) 吸收波长和摩尔消光吸收。由于不同的化合物，如果具有相同的发色基团，也可能具有相同的紫外吸收波长，但是它们的摩尔消光吸收是有差别的。如果样品和标准物的吸收波长相同，摩尔吸光吸收也相同，可以认为样品和标准物是具有相同的结构单元。

1.4.2 纯度检查

如果有机化合物在紫外-可见光区没有明显的吸收峰，而杂质在紫外区有较强的吸收，则可利用紫外光谱检验化合物的纯度。如果样品本身有紫外吸收，则可以通过差示法进行检验，即取相同浓度的纯品在同一溶剂中测定作空白对照，样品与纯品之间的差示光谱就是样品中含有的杂质的光谱。如生产无水乙醇时通常加入苯进行蒸馏，因此无水乙醇中常常带有少量的苯，而乙醇在紫外光谱中没有吸收，苯的 λ_{max} 为 256nm，利用苯的消光系数，即可计算乙醇的纯度。

1.4.3 异构体的确定

对于构造异构体，可以通过经验规则计算出 λ_{max} 值，与实测值比较，即可证实化合物是哪种异构体。对于顺反异构体，一般来说，某一化合物的反式异构体的 λ_{max} 和 ε_{max} 大于顺式异构体，如前所述的 1,2-二苯乙烯。另外还有互变异构体，常见的互变异构体有酮-烯醇式互变异构，如乙酰乙酸乙酯的酮-烯醇式互变异构。

$$CH_3-\overset{O}{\overset{\|}{C}}-\overset{H}{\overset{|}{C}}-\overset{O}{\overset{\|}{C}}-OC_2H_5 \rightleftharpoons CH_3-\overset{OH}{\overset{|}{C}}=CH-\overset{O}{\overset{\|}{C}}\overset{}{\underset{OC_2H_5}{}}$$

在酮式中，两个双键未共轭，$\lambda_{max}=204nm$，而在烯醇式中，双键共轭，吸收波长较长，$\lambda_{max}=243nm$。通过紫外光谱的谱峰强度可知互变异构体的大致含量。不同极性的溶剂中，酮式和烯醇式所占的比例不同，由图 1-13 可见，乙酰乙酸乙酯在己烷中烯醇式含量最高，而在水中的含量最低。

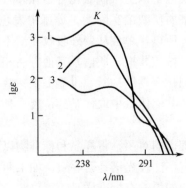

图 1-13　乙酰乙酸乙酯的紫外吸收曲线

溶剂：1. 己烷；2. 乙醇；3. 水

1.4.4　位阻作用的测定

由于位阻作用会影响共轭体系的共平面性质，当组成共轭体系的生色基团近似处于同一平面，两个生色基团具有较大的共振作用时，λ_{max}不改变，ε_{max}略为降低，空间位阻作用较小；当两个生色基团具有部分共振作用，两共振体系部分偏离共平面时，λ_{max}和ε_{max}略有降低；当连接两生色基团的单键或双键被扭曲得很厉害，以致两生色基团基本未共轭，或具有极小共振作用或无共振作用，剧烈影响其 UV 光谱特征时，情况较为复杂。在多数情况下，该化合物的紫外光谱特征近似等于它所含孤立生色基团光谱的"加合"。

1.4.5　氢键强度的测定

溶剂分子与溶质分子缔合生成氢键时，对溶质分子的 UV 光谱有较大的影响。对于羰基化合物，根据在极性溶剂和非极性溶剂中 R 带的差别，可以近似测定氢键的强度。以丙酮为例，当丙酮在极性溶剂如水中时，羰基的 n 电子可以与水分子形成氢键。$\lambda_{max}=264.5$nm，当分子受到辐射，n 电子实现 $n \rightarrow \pi^*$ 跃迁时，氢键断裂，所吸收的能量一部分用于 $n \rightarrow \pi^*$ 跃迁，一部分用于破坏氢键，而在非极性溶剂中，不形成氢键，吸收波长红移，$\lambda_{max}=279$nm。这一能量降低值应与氢键的能量相等。

$\lambda_{max}=264.5$nm，对应的能量为 452.53kJ $\cdot$ mol^{-1}，$\lambda_{max}=279$nm，对应的能量为 428.99kJ $\cdot$ mol^{-1}，因此，氢键的强度或键能为 $452.53-428.99=23.54$（kJ $\cdot$ mol^{-1}），这一数值与氢键键能的已知值基本符合。

1.4.6　成分含量测定

紫外光谱在有机化合物含量测定方面的应用比其在化合物定性鉴定方面具有更大的优越性，方法的灵敏度高，准确性和重现性都很好，应用非常广泛。只要对近紫外光有吸收或可能有吸收的化合物，均可用紫外分光光度法进行测定。定量分析的方法与可见分光光度法相同。

习　　题

1. 下列化合物对近紫外光能产生哪些电子跃迁？在紫外光谱中有何种吸收带？

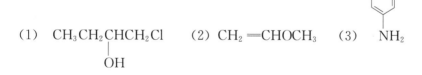

（1）$CH_3CH_2CHCH_2Cl$　　（2）$CH_2=CHOCH_3$　　（3）　NH_2
　　　　　　　|
　　　　　　 OH

$$CH=CHCHO$$

(4) 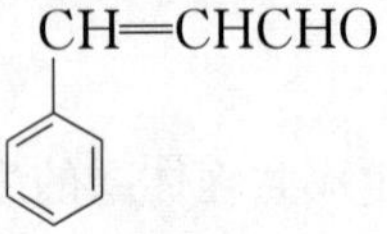 　　　　　(5) 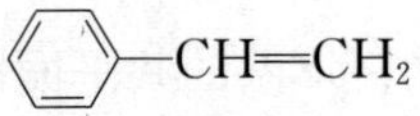 —CH=CH$_2$

(6)　$CH_3CH_2CH_2COCH_2CH_3$　　　(7)　$ClCH_2CH=CH—\overset{\overset{\displaystyle O}{\|}}{C}—C_2H_5$

2. 比较下列各组化合物的紫外吸收波长的大小（K 带）。

(1)　a. $CH_3(CH_2)_5CH_3$，　b. $(CH_3)_2C=CH—CH_2—CH=C(CH_3)_2$，
　　c. $CH_2=CH—CH=CH_2$

(2)　a.  　　b. 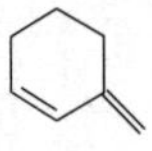 　　c.

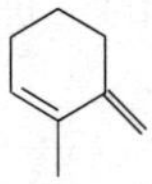

(3)　a. 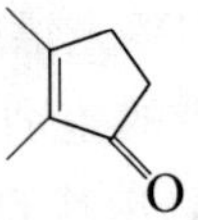 　　b. 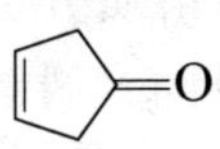 　　c.

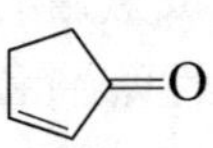

3. 用有关经验公式试计算下列化合物的最大吸收波长。

(1) 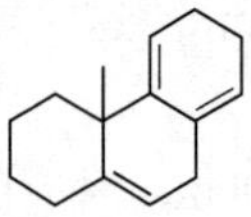 　　(2) 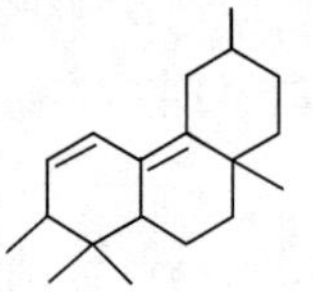 　　(3)

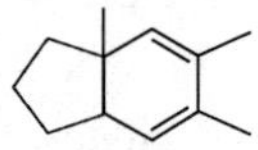

(4)　$CH_2=\overset{\overset{\displaystyle CH_3}{|}}{C}—\overset{\overset{\displaystyle O}{\|}}{C}—CH_3$　　(5) 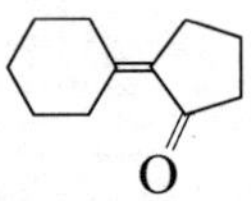 　　(6)

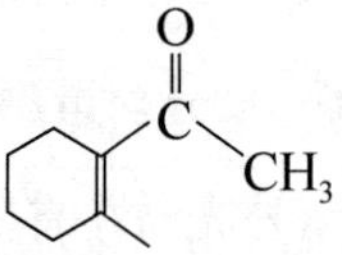

(7) 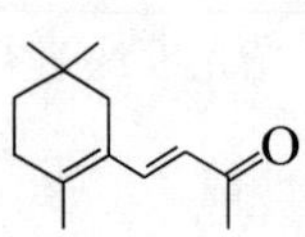 　　(8) 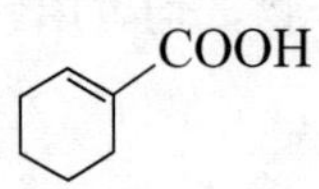 　　(9)　$CH_3\overset{\overset{\displaystyle N(CH_3)_2}{|}}{C}=CHCOOH$

(10) 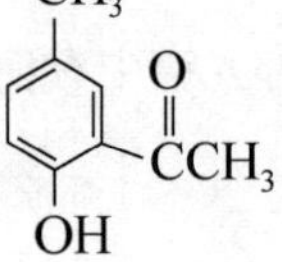 　　(11)

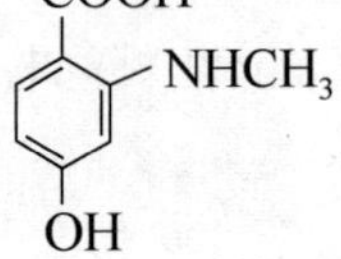

4. 能否用紫外光谱区别下列化合物？如何区别？

(1) a. ， b.

(2) a. ， b.

(3) a. ， b.

(4) a. ， b.

5. 异丙叉丙酮在 3 种溶剂中的 n→π* 跃迁的吸收波长如下：

溶剂	己烷	乙醇	水
n→π* 跃迁波长/nm	329	309	305

计算异丙叉丙酮在水中和乙醇中的氢键强度。

参 考 文 献

陈国珍，黄贤智，刘文远等. 1983. 紫外-可见光分光光度法. 北京：原子能出版社

黄量，于德泉. 1988. 紫外光谱在有机化学中的应用. 北京：科学出版社

宁永成. 2000. 有机化合物结构鉴定与有机波谱学. 北京：科学出版社

周名成，俞汝勤. 1986. 紫外与可见分光光度分析法. 北京：化学工业出版社

Joseph B Lambert，Herbert F Shruell，David A Lightner et al. 1998. Organic Structural Spectroscopy. New Jersey：Prentice-Hall Inc.

Williams D H，Fleming I. 1995. Spectroscopic Methods in Organic Chemistry. 5th Edition. Berkshire：McGraw-Hill Book Co.

第 2 章　红 外 光 谱

红外光谱（infrared spectroscopy，IR）是研究分子运动的吸收光谱，也称为分子光谱。通常红外光谱是指波长 $2\sim25\mu m$ 的吸收光谱，这段波长范围反映出分子中原子间的振动和变角运动。分子在振动运动的同时还存在转动运动，虽然转动运动所涉及的能量变化较小，处在远红外区，但转动运动影响到振动运动产生偶极矩的变化，因而在红外光谱区实际所测得的谱图是分子的振动与转动运动的加合表现，因此红外光谱又称为分子振转光谱。

由于每一种分子中各个原子之间的振动形式十分复杂，即使是简单的化合物，其红外光谱也是复杂而有其特征的，因此可以通过分析化合物的红外谱图获得许多反映分子所带官能团的信息，用于鉴定化合物的分子结构。

红外光谱可以应用于化合物分子结构的测定、未知物鉴定以及混合物成分分析。根据光谱中吸收峰的位置和形状可以推断未知物的化学结构；根据特征吸收峰的强度可以测定混合物中各组分的含量；应用红外光谱可以测定分子的键长、键角，从而推断分子的立体构型，判断化学键的强弱等。因此，对于化学工作者来说，红外光谱已经成为一种不可缺少的分析工具。

2.1　红外光谱的基本原理

2.1.1　红外吸收光谱

当用一束具有连续波长红外光照射物质时，该物质的分子就会吸收一定波长的红外光的光能，并转化为分子的振动能量和转动能量。以波长或波数为横坐标，以百分透过率或吸收率为纵坐标，记录其吸收曲线，即得到该物质的红外吸收光谱。

红外光波通常分为三个区域，即近红外区、中红外区和远红外区。近红外区主要用于研究 O—H、N—H 和 C—H 键的倍频吸收或组频吸收，此区域的吸收峰的强度一般比较弱；中红外区主要研究分子的振动能级的跃迁，绝大多数有机化合物和无机化合物的基频吸收都落在这一区域；远红外区主要用于研究分子的纯转动能级的跃迁及晶体的晶格振动。常用的红外光谱所涉及的区域主要为中红外区。这三个区域的波长和波数范围如表 2-1 所示。

表 2-1 红外区的分类

区 域		波长/μm	波数/cm^{-1}
近红外	照相区	0.78～1.3	12 820～7700
	泛音区	1.3～2	7700～5000
中红外	基本振动区	2～25	5000～400
远红外	转动区	25～300	400～33

中红外区的频率常用波数 $\bar{\nu}$ 表示，波数的单位是 cm^{-1}，标准红外谱图标有频率和波长两种刻度。波长和波数的关系是

$$\bar{\nu}(\text{cm}^{-1}) = \frac{10^4}{\lambda(\mu\text{m})} \tag{2.1}$$

以双原子分子为例，将分子看作是一个简单的谐振子，假设化学键为一个失重的弹簧，根据经典力学原理，简谐振动遵循胡克定律，即作用的恢复力和伸展力是同等的，力的大小与位移成正比，方向与位移方向相反。双原子分子只有沿化学键的一种振动方式，当分子振动时，化学键的电荷分布发生改变，若两个原子不同，分子的电荷中心与两个原子核同步振荡，分子仿佛一个振荡的电偶极子，当偶极受到波长连续的红外光照射时，分子可吸收某些波长的红外光从而发生共振，分子内能增加，所吸收的红外光频率与该分子的振动能级一致（图 2-1）。

图 2-1 双原子分子振动时原子的位移

由胡克定律有

$$F = -Kx \tag{2.2}$$

式中：K——弹簧的力常数；

x——谐振子位移的距离。

对分子来说，K 就是化学键的力常数。x 是原子位移的距离。根据牛顿第二定律有

$$F = ma = m\frac{\text{d}^2x}{\text{d}t^2} \tag{2.3}$$

将式 (2.2) 代入式 (2.3)，得

$$m \frac{\mathrm{d}^2 x}{\mathrm{d}t^2} = - Kx \tag{2.4}$$

解此微分方程，得

$$x = A\cos(2\pi\nu t + \phi) \tag{2.5}$$

式中：A——振幅；

  ν——振动频率。

将式（2.4）对 t 微分两次再代入式（2.3），可解出

$$\nu = \frac{1}{2\pi} \sqrt{\frac{K}{m}} \tag{2.6}$$

对于双原子分子来说，用折合质量代替 m，得

$$\nu = \frac{1}{2\pi} \sqrt{\frac{K}{\mu}} \tag{2.7}$$

$$\bar{\nu} = \frac{1}{2\pi c} \sqrt{\frac{K}{\mu}} \tag{2.8}$$

式中：μ——折合质量，$\mu = \frac{m_1 m_2}{m_1 + m_2}$，单位为 kg；

  K——化学键的力常数（相当于弹簧的胡克常数），单位为 N·m^{-1}；

  ν——频率；

  $\bar{\nu}$——波数。

力常数是衡量价键性质的一个重要参数，力常数与化学键的键能是成正比的，对于质量相近的基团，力常数有以下规律：

叁键＞双键＞单键

复杂分子可以通过振动光谱来计算价键的力常数，另外也可以通过力常数计算简单分子振动基频的吸收位置。

当分子振动伴随着偶极矩的改变时，偶极子的振动会产生电磁波，当与入射电磁波发生相互作用时，发生吸收，所吸收的光的频率即分子的振动频率。由式（2.6）可看出，分子的折合质量越小，振动频率越高；化学键力常数越大，即键强度越大，振动频率越高。分子的振动频率有如下规律：

（1）因 $K_{C\equiv C} > K_{C=C} > K_{C-C}$，红外频率 $\nu_{C\equiv C} > \nu_{C=C} > \nu_{C-C}$。

（2）与碳原子成键的其他原子，随着其原子质量的增大，折合质量也增大，则红外波数减小。

（3）与氢原子相连的化学键的折合质量都小，红外吸收在高波数区。如 C—H 伸缩振动在 ~3000cm^{-1}、O—H 伸缩振动在 3000~3600cm^{-1}、N—H 伸缩振动在 ~3300cm^{-1}。

（4）弯曲振动比伸缩振动容易，弯曲振动的 K 均较小，故弯曲振动吸收在低波数区。如 C—H 伸缩振动吸收位于 ~3000cm^{-1}，而弯曲振动吸收位

于～1340cm^{-1}。

从量子力学的观点看，简谐振动体系的势能为

$$V = \frac{1}{2}Kx^2 \tag{2.9}$$

求解体系能量的薛定谔方程为

$$\left(\frac{-h}{8\pi^2\mu}\frac{\mathrm{d}^2}{\mathrm{d}q^2} + \frac{1}{2}Kx^2\right)\psi = E\psi \tag{2.10}$$

求解得

$$E = \left(v + \frac{1}{2}\right)hc\nu = \left(v + \frac{1}{2}\right)\frac{h}{2\pi}\sqrt{\frac{K}{\mu}} \quad (\nu = 0,1,2,3,\cdots) \tag{2.11}$$

式中：v——振动量子数；

E——与振动量子数 v 相对应的体系能量。

由于双原子分子并不是所假设的理想的谐振子，其势能曲线不是数学抛物线，实际势能随核间距离的增大而增大，当核间距达到一定值，化学键断裂，分子离解成原子，势能成为一常数（图 2-2）。按照非谐振子的势能函数求解薛定谔方程，体系的振动能为

$$E_v = \left(v + \frac{1}{2}\right)hc\nu - \left(v + \frac{1}{2}\right)^2 hc\nu + \cdots \tag{2.12}$$

原子和分子与电磁波相互作用，从一个能量状态跃迁到另一个能量状态要服从一定的规律，这些规律称为光谱选律，它们是由量子化学的理论来解释的。如果两个能级间的跃迁根据选律是可能的，称为"允许跃迁"，其跃迁概率大，吸收强度大；反之，不可能的称"禁阻跃迁"，其跃迁概率小，吸收强度很弱甚至观察不到吸收信号。

简谐振动光谱选律为 $\Delta v = \pm 1$，即跃迁必须在相邻振动能级之间进行。最主

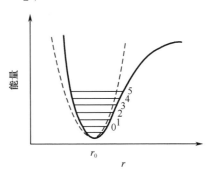

图 2-2　双原子分子的势能曲线
虚线：谐振子；实线：非谐振子

要的红外跃迁是 $v_0 \rightarrow v_1$，称为本征跃迁。吸收频率 $\nu = \frac{1}{2\pi}\sqrt{\frac{K}{\mu}}$，与经典力学计算结果相同，本征跃迁产生的吸收带又称为本征吸收带或基频峰。真实分子的振动为近似的简谐振动，不严格遵守 $\Delta v = \pm 1$ 的规律，可以产生 $\Delta v = \pm 2$ 或 $\Delta v = \pm 3$ 的跃迁，在红外光谱中可观察波数为基频峰二倍或三倍处的吸收峰（不严格为基频峰的整数倍）称为倍频峰（over tone）。此外基频峰之间相互作用，形成频率等于两个基频峰之和或之差的合频峰（combination tone）。倍频峰和合频峰统称

为泛频峰。形成泛频峰的跃迁概率较小，故与基频峰相比，泛频峰通常为弱峰，常常不能检出。有时跃迁也可能发生在激发态之间，这种跃迁产生的吸收峰为热峰（hot band）。热峰很弱，常被基频峰掩盖。

多原子分子的振动要比双原子分子复杂得多，在三维空间中，一个原子的位置可以用一组笛卡儿坐标来表达，而其运动可以用三个位移坐标来确定，因此每一个原子具有 3 个运动自由度，由 n 个原子组成的分子有 $3n$ 个运动自由度，这 $3n$ 个自由度中，有 3 个分子整体平动自由度，3 个分子整体转动自由度，剩下的 $3n-6$ 才是分子的振动自由度。这 $3n-6$ 个基本振动运动称为分子的简正振动。简正振动的特点是分子的质心在振动过程中保持不变，所有原子在同一瞬间通过各自的平衡位置，每一简正振动代表一种运动方式，有特定的振动频率。每一种简正振动都在一定程度上反映了分子整体结构的特点，但分子的各部分的贡献并不等同。对于某一特定的简正振动，往往反映某一化学键的键长和键角变化，其吸收频率即为该化学键的特征吸收频率。也有一些简正振动反映的是整个分子结构的特点，这样的振动吸收频率往往很难找到明确的归属。

2.1.2 分子振动类型

多原子分子具有复杂的分子振动形式，分子的振动可以分为伸缩振动和弯曲振动两大类。

（1）伸缩振动，又分为对称和不对称伸缩振动。对称伸缩振动用 ν_s 表示，在振动中各键同时伸长或缩短；不对称伸缩振动用 ν_{as} 表示，在振动中某些键伸长的同时，另一些键在缩短。由于不对称伸缩振动对分子偶极的改变比对称伸缩振动大，前者较后者吸收强度高，且吸收带出现在高频率范围。伸缩振动均不改变键角的大小（图 2-3）。

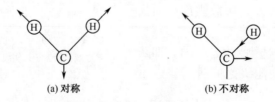

(a) 对称　　　　　　　　(b) 不对称

图 2-3　亚甲基的伸缩振动

（2）弯曲振动（或变形振动），以 δ 表示，可分为面内和面外弯曲振动（变形振动）。

面内弯曲振动又分为两种：一种为剪式振动，以 σ 或 δ 表示，在这种弯曲振动中基团的键角交替地发生变化；另一种是面内摇摆振动，以 ρ 表示，在这种弯曲振动中，基团的键角不发生变化，基团只是作为一个整体在分子的对称平面内左右摇摆（图 2-4）。

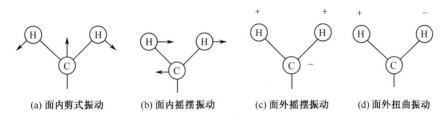

(a) 面内剪式振动　　(b) 面内摇摆振动　　(c) 面外摇摆振动　　(d) 面外扭曲振动

图 2-4　亚甲基的弯曲振动

面外弯曲振动也分为两种：一种为面外摇摆振动，以 ω 表示；另一种为面外扭曲振动，以 τ 表示。

此外还有骨架振动，是由多原子分子的骨架振动产生，如苯环的骨架振动。

由于分子振动的复杂性，造成了红外光谱的复杂性，每一种振动形式在一红外光谱图中都有相应的基频吸收，并且各基频吸收间相互作用，产生了合频、组频、倍频等热峰，使谱图更加复杂，在分析谱图时需要具体分析。

2.1.3　红外光谱的吸收强度

红外光谱的吸收强度可用于定量分析，也是化合物定性分析的重要依据。用于定量分析时，吸收强度在一定浓度范围内符合朗伯-比尔定律，其定量计算可参考紫外光谱的定量分析方法。用于定性分析时，根据其摩尔吸光系数可区分吸收强度级别，如表 2-2 所示。

表 2-2　红外吸收强度及其表示符号

摩尔吸光系数 ε	强　度	符　号
＞200	很强	vs
75～200	强	s
25～75	中等	m
5～25	弱	w
0～5	很弱	vw

由于红外光谱吸收的强度受狭缝宽度、温度和溶剂等因素的影响，强度不易精确测定，在实际的谱图分析中，往往以羰基等吸收作为最强吸收，其他峰与之比较，做出定性的划分。

　　红外吸收强度与分子振动过程中偶极矩变化有关，只有在振动中伴随有偶极矩变化的振动形式才具有红外吸收，即具有红外活性，偶极矩变化幅度越大，吸收强度越大。振动过程中的偶极矩变化受多种因素的影响，如基团极性、电效应、振动偶合、氢键作用等。

　　一般来说，基团极性越大，在振动过程中的偶极矩变化幅度越大，因此吸收强度也越大。如 C＝O 、 —C≡N 、—O—H 等强极性基团，其伸缩振动吸收均为强吸收。同质双原子分子（如 H_2、O_2、Cl_2）只有伸缩振动一种形式，这类分子伸缩振动过程中不发生偶极变化，没有红外吸收；对称性分子（如 CO_2、CS_2 等）的对称伸缩振动也没有偶极变化，也不产生红外吸收峰。

　　电效应中诱导效应对基团吸收强度的影响与其对基团极性的影响有关，如果诱导效应使基团极性降低，则吸收强度降低；反之，则强度增加。例如， —C≡N 为强极性基团，如果 α-C 原子上引入吸电子基团，则使 —C≡N 极性降低， —C≡N 伸缩振动强度降低。共轭效应使 π 电子离域程度增大，极化程度增加，因此使不饱和键的伸缩振动强度显著增加。

　　氢键作用大大提高了化学键的极化程度，因此伸缩振动吸收峰加宽、增强。如图 2-21 所示，乙醇溶液浓度升高，氢键效应增强，O—H 的伸缩振动吸收大大加强。

　　分子内有近似相同振动频率且位于相邻部位（两个振动共用一个原子或振动基团有一个公用键）的振动基团，产生两种以上的基团参加的混合振动，称为振动偶合（vibrational coupling）。如酸酐中 的羰基C＝O伸缩振动裂分为 $1750cm^{-1}$ 和 $1800cm^{-1}$ 两个吸收，以及异丙基 中甲基的C—H伸缩及弯曲振动常常彼此相互作用，使 $2850 \sim 2960cm^{-1}$ 伸缩振动变复杂，而在 $1380cm^{-1}$ 的弯曲振动发生裂分。振动偶合有对称和不对称之分。对称偶合振动红外吸收在较低波数处，吸收强度也小，不对称偶合振动吸收在较高波数处，吸收强度也大。一个化学键的基频和它自己或与之相连的另一化学键的某种振动的倍频或合频的偶合称为费米（Fermi）共振，费米共振使本来吸收很弱的倍频或合频吸收带强度显著增加。例如，醛类化合物在 $2820cm^{-1}$ 和 $2720cm^{-1}$ 有两个中等强度的吸收带，是由醛基的 C—H 伸缩振动的基频和它的弯曲振动的倍频的费米共振产生的。

2.2 影响红外光谱吸收频率的因素

吸收峰的位置与分子结构有关。有机化合物是多原子分子，分子振动情况复杂，要把所有的吸收峰都归属于分子内的某种振动是很困难的。经过大量的测试，化学工作者总结出一定的规律，分子中如果存在特定的官能团，在红外光谱中总存在一定的特征吸收，从特征吸收峰的波数与强度可以推测化合物的分子结构。

对官能团的识别不但要考虑吸收峰的频率，还要看峰的强度、峰形等多方面信息，但吸收峰的频率（峰的位置）是最重要的因素。烃类化合物峰位置与官能团的关系大致如图 2-5 所示。

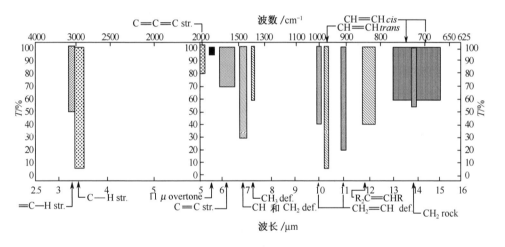

图 2-5 烃类官能团的伸缩振动和弯曲振动吸收峰的位置

str. 伸缩振动；overtone. 组频或倍频；def. 变形振动；rock. 摇摆振动；*cis.* 顺式；*trans.* 反式

从图 2-5 中可看出，对于同一种官能团，其吸收峰的位置不是固定的，而是有一个波数范围。例如，乙烯的 C=C 双键伸缩振动为 1650cm^{-1}，而 1,3-丁二烯的该吸收位移到 1600cm^{-1} 左右。吸收峰的位置受多种因素的影响，如质量效应、电子效应、空间效应等，下面将分别进行讨论。

1. 质量效应

由质量不同的原子构成的化学键，其振动频率是不同的。表 2-3 列出 X—H 键的伸缩振动波数 $\bar{\nu}$（cm^{-1}）。当 X 是同族元素时，由于彼此质量差别较大，随质量增大频率明显变小，如 $\bar{\nu}_{C-H}3000\text{cm}^{-1}$，$\bar{\nu}_{Sn-H}$ 降至 1856cm^{-1}；但是同周期的元素却因质量差异较小，电负性差别很大，随原子序数的增大，频率反而升高。如 $\bar{\nu}_{F-H}$ 比 $\bar{\nu}_{C-H}$ 大 1000cm^{-1}。

表 2-3　X—H 键的伸缩振动波数 $\bar{\nu}$

化学键	波数 $\bar{\nu}/\text{cm}^{-1}$	化学键	波数 $\bar{\nu}/\text{cm}^{-1}$
C—H	3000	F—H	4000
Si—H	2150	Cl—H	2890
Ge—H	2070	Br—H	2650
Sn—H	1850	I—H	2310

当含氢基团的氢原子被氘取代后，基团的吸收频率会向低波数的方向变化。假设氘代后的化学键的力常数没有变化，用双原子分子振动频率的计算公式，可得到

$$\frac{\nu_{X-H}}{\nu_{X-D}} = \sqrt{\frac{\mu_{X-D}}{\mu_{X-H}}} = \sqrt{\frac{\dfrac{m_X m_D}{m_X + m_D}}{\dfrac{m_X m_H}{m_X + m_H}}} = \sqrt{\frac{m_X + m_H}{m_X + m_D} \cdot \frac{m_D}{m_H}} = \sqrt{\frac{2(m_X + 1)}{m_X + 2}} \quad (2.13)$$

将 $(m_X+1)/(m_X+2)$ 近似为 1，则式（2.13）可简化为

$$\frac{\nu_{X-H}}{\nu_{X-D}} \approx \sqrt{2} \quad (2.14)$$

用式（2.14）计算的伸缩振动频率与实验值可以很好的符合，计算的弯曲振动频率与实测值相差较大。当对一些含氢基团的红外吸收峰指认困难时，可将该官能团的氢进行氘代，该官能团的吸收峰应移向低频率，若位移值与计算值相符，说明对该吸收峰的指认是正确的。

2. 电子效应

电子效应对红外光谱的影响分为诱导效应、中介效应和共轭效应。

（1）诱导效应。又分为推电子诱导效应（+I）和吸电子诱导效应（-I）两种。当不同电性的基团连接到某个化学键上后，将使该键的极性改变，因此振动波数也发生相应的变动。烷基为推电子基团，卤素为吸电子基团，当酮羰基的一侧烷基被卤素取代后，卤素的吸电子作用使电荷从氧原子向双键移动，使羰基的双键性增加，吸收频率上升，卤素的电负性越大，波数的移动幅度越大。诱导效应是沿化学键直接作用的，与分子的空间结构无关。

$$\underset{\underset{1715}{}}{\overset{O}{\underset{\|}{R-C-R'}}} \qquad \underset{\underset{1869}{}}{\overset{O}{\underset{\|}{R-C-F}}} \qquad \underset{\underset{1800}{}}{\overset{O}{\underset{\|}{R-C-Cl}}} \qquad \underset{\underset{1828}{}}{\overset{O}{\underset{\|}{Cl-C-Cl}}} \qquad \underset{\underset{1928}{}}{\overset{O}{\underset{\|}{F-C-F}}}$$

$\bar{\nu}_{C=O}/cm^{-1}$

（2）中介效应。氧、氮和硫等原子有孤电子对，能与相邻的不饱和基团共轭，为了与双键的 π 电子云共轭相区分，称其为中介效应（M）。此种效应能使不饱和基团的振动频率降低，而自身连接的化学键振动频率升高，电负性弱的原子，孤对电子容易供出去、中介效应大；反之则中介效应小。例如，酰胺分子由于中介效应，羰基双键性减弱，伸缩振动频率降低，而 C—N 键的双键性增加，

伸缩振动频率升高。 $\overset{O}{\underset{\|}{R-C-R'}}$ 羰基伸缩振动吸收在 1715cm^{-1}，而

$\overset{O}{\underset{\|}{R-C-NH_2}}$ 的羰基伸缩振动吸收在 1680cm^{-1}。

$$R-\underset{\underset{\|}{O}}{\overset{}{C}}\overset{\cdot\cdot}{-}NHR \longrightarrow R-C=\overset{O^-}{\underset{}{}}N^+HR$$

（3）共轭效应。当双键之间以一个单键相连时，双键 π 电子发生共轭而离域，降低了双键的力常数，从而使双键的伸缩振动频率降低，但吸收强度提高。例如，下列化合物的羰基伸缩振动吸收随着共轭链的延长频率降低。

$$\underset{\underset{1725\sim1705}{}}{-CH_2-\overset{O}{\underset{\|}{C}}-CH_2-} \qquad \underset{\underset{1685\sim1665}{}}{-CH=CH-\overset{O}{\underset{\|}{C}}-CH_2-} \qquad \underset{\underset{1670\sim1663}{}}{-CH=CH-\overset{O}{\underset{\|}{C}}-CH=CH-}$$

$\bar{\nu}_{C=O}/cm^{-1}$

3. 空间效应

（1）空间障碍，指分子中的大基团产生的位阻作用，迫使邻近基团间的键角变小或共轭体系之间单键键角偏转，使基团的振动频率和峰形发生变化。一般来说，当共轭体系的共平面性质被偏离或破坏时，吸收频率增高，吸收强度降低。如下列 α,β-不饱和酮类化合物，由于双键邻位取代基的位阻作用，削弱了 —C=O 与 —C=C— 的共轭效应，取代基越多，频率越高。

$\bar{\nu}_{C=O}/cm^{-1}$ 　　　1663　　　　　　　1686　　　　　　　1693

（2）环张力。对于环烯来说，随着环的减小，环的张力变大，环内各键削弱，伸缩振动频率降低，而环外的键却增强，伸缩振动频率升高，如图 2-6 所示。

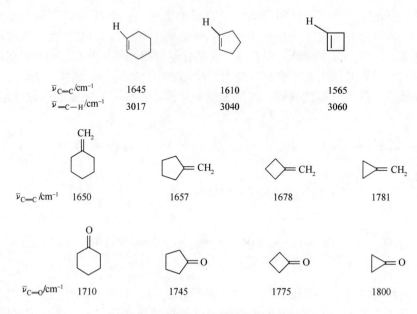

图 2-6　环张力对红外吸收频率的影响

4. 氢键

当一个系统内的质子给予体的 s 轨道与质子接受体的 p 轨道发生有效重叠时，则能形成氢键。一般用 X—H---Y 表示，氢键中的 X、Y 原子通常是 N，O 或 F。由于氢键改变了原来化学键的力常数，因而使吸收位置和强度发生了变化，通常孤立的 X—H 伸缩振动位于高波数处，峰形尖锐；而形成氢键以后峰形变宽，强度增加，并移向较低的波数处。

一般醇与酚的羟基，羧酸及胺基均易形成氢键。当羰基与羟基化合物形成氢键时，羰基的双键性降低，羰基的特征吸收降低。如图 2-7 所示，游离羧酸（气态）的 $\bar{\nu}_{C=O}$ 在 1760cm^{-1} 附近，而液态或固态羧酸的 $\bar{\nu}_{C=O}$ 在 1700cm^{-1} 附近，这是

由于羧酸通过氢键以二聚体 $R-C\genfrac{}{}{0pt}{}{O---H-O}{O-H---O}C-R$ 形式存在，氢键的缔合不

仅使 $\bar{\nu}_{C=O}$ 频率变化，而且也使羟基的伸缩振动吸收发生位移，出现在 3200～2500cm^{-1} 区，形成宽阔的独特图形的吸收峰，这种峰形特征可以便利地用来鉴定羧酸的存在。

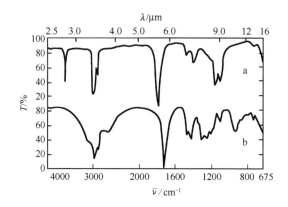

图 2-7　正己酸在液态和气态的红外光谱图
a. 蒸气（134℃）；b. 液体（室温）

5. 振动的偶合

含有同原子的两个键，如果其单键的振动频率相同或相近，它们之间即会发生较强的相互作用，由于两谐振子的相位或偶合情况不同，出现分别低于和高于单个谐振子位置的两个频率，此频率含有两个谐振子的成分。例如，异丙基的两个甲基同时和一个碳原子相连，由于相互偶合作用而引起甲基对称振动分裂为二，出现在 $1385cm^{-1}$ 和 $1365cm^{-1}$，对确认异丙基的存在是非常有用的。

6. 外在因素

外在因素大多是机械因素，如制备样品的方法、溶剂的性质、样品所处物态、结晶条件、吸收池厚度、色散系统以及测试温度等均能影响基团的吸收峰位置及强度，甚至峰的形状。

同一化合物在不同的聚集状态下红外光谱的频率和强度存在差异。在气态下，分子间的作用力小，相互间的影响很小甚至没有影响，在低压下能得到孤立分子的吸收谱带，并出现特有的转动结构。但增大气体压力时，分子间开始发生作用，吸收带增宽（加压变宽现象）。气态（气体或蒸气）的光谱在结构测定上，可以根据气体谱带的形状推断分子的对称性。气液色谱-红外光谱的联合分析中，气态光谱尤为重要。

液态光谱由于分子间的作用增大，不出现转动结构，相对于气态光谱频率发生移动，如果液态分子间出现缔合或分子内氢键的情况，谱带的频率、数目和强度都可能发生重大变化。固态光谱的吸收带比液态光谱峰形尖锐，并且峰数增加，这是由于晶体力场的作用发生分子振动与晶格振动的偶合，从而出现某些新谱带。如果物质能以几种晶型存在，各种晶型的光谱就不相同。另外，由于存在着旋光异构体，也会引起光谱的某些变化。

由于溶剂分子与溶质分子可通过偶极作用，氢键作用，静电作用等发生分子间相互作用，从而发生溶剂化，对溶质分子的化学键的力常数发生影响，从而改变溶质分子吸收峰的强度和位置。不含极性基团的样品在溶液中检测，与溶剂有无极性关系并不大，而含极性基团的样品在溶剂中检测，不仅与溶液浓度和温度有关，且与溶剂极性大小有关。极性大的溶剂围绕在极性基团的周围，形成氢键缔合，使基团的伸缩振动频率降低。在非极性溶剂中，因是游离态为主，故振动波数稍高。如果溶剂引起化合物的互变异构体改变，谱图将发生重大改变。

由于外部因素对吸收峰强度和位置的影响，在红外光谱图的测定中应该注明所用的溶剂，或被测物质所处的状态。

影响官能团频率的因素较多，往往不只是一种因素起作用，在研究官能团频率时要综合考虑各种因素，在查对标准谱图时，应注意测定的条件，最好能在相同条件下进行谱图的对比。

2.3　红外光谱仪及样品制备技术

2.3.1　红外光谱仪

红外光谱仪按其发展历程可分为三代。第一代是以棱镜作为单色器，缺点是要求恒温、干燥、扫描速度慢和测量波长的范围受棱镜材料的限制，一般不能超过中红外区，分辨率也低。第二代以光栅作单色器，对红外光的色散能力比棱镜高，得到的单色光优于棱镜单色器，且对温度和湿度的要求不严格，所测定的红外波长范围较宽（12 500～10cm^{-1}）。第一代和第二代红外光谱仪均为色散型红外光谱仪。随着计算机技术的发展，20 世纪 70 年代开始出现第三代干涉型分光光度计，即傅里叶变换红外光谱仪。与色散型红外光谱仪不同，傅里叶变换红外光谱仪的光源发出的光首先经过迈克尔逊干涉仪成为干涉光，再让干涉光照射样品，检测器仅获得干涉图而得不到红外吸收光谱，实际吸收光谱是用计算机对干涉图进行傅里叶变换得到的。干涉型仪器和色散型仪器虽然原理不同，但所得到的光谱的特征吸收位置与峰形相似，随着红外仪器和计算机技术的发展，分辨率和精确度大大提高。

1. 色散型红外光谱仪

色散型红外光谱仪的型号很多，其构造原理大致相同，光学系统基本一致。基本上是由光源、样品池、检测器、放大器和记录器等 5 个部分组成，如图 2-8

所示。

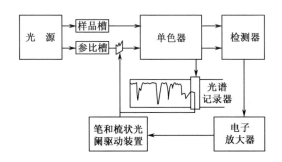

图 2-8　色散型双光束红外光谱仪示意图

如图 2-8 所示，由光源产生的光分为两路：一路通过样品槽；一路通过参比槽。通过参比槽的光经光梳与通过样品的光会合于切光器上，切光器控制使参比光束和样品光束交替地进入单色器。经过棱镜（或光栅）色散后，两束光交替地照射到检测器上。如果样品光路和参比光路吸收情况相同，则检测器将不产生信号，如果在样品光路中放置了样品，由于样品的吸收，破坏了两束光的平衡，检测器就有信号产生，该信号被放大后用来驱动梳状光阑，使之对参比光路进行遮挡，直到参比光路和样品光路的辐射强度相等，这就是"光零位平衡"的原理。梳状光阑和光谱记录器由同一个驱动装置驱动，当光阑移动时，记录器同时进行绘图，随着入射波数的改变，样品的吸收情况也发生改变，记录器以频率为横坐标，吸收强度为纵坐标，绘制成红外光谱图。由于光学零位平衡法排除了来自光源和检测器的误差以及大气吸收的干扰，保证了红外光谱仪的精度。

2. 傅里叶变换红外光谱仪

傅里叶变换红外光谱仪（FTIR）主要是由光源、迈克尔逊干涉仪、检测器和计算机组成。其光学系统的核心部分是迈克尔逊干涉仪，如图 2-9 所示。迈克尔逊干涉仪主要由定镜 F、动镜 M、光束分裂器和检测器组成，F 固定不动，M 则可沿镜轴方向前后移动，在 F 和 M 中间放置一个呈 45°角的半透膜光束分裂器。从红外光源发出的红外光，经过凹面镜反射成为平行光照射到光束分裂器上，光束分裂器为一块半反射半透射的膜片，入射的光束一部分透过分束器垂直射向动镜 M，一部分被反射，射向定镜 F。射向定镜的这部分光由定镜反射射向分束器，一部分发生反射（成为无用部分），一部分透射进入后继光路，称第一束光；射向动镜的光束由动镜反射回来，射向分束器，一部分发射透射（成为无用部分），一部分反射进入后继光路，称为第二束光。当两束光通过样品到达检测器时，由于存在光程差而发生干涉。干涉光的强度与两光束的光程差有关，当

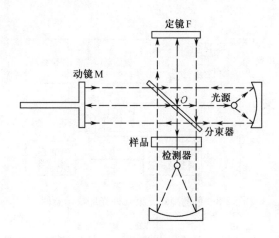

图 2-9　迈克尔逊干涉仪结构示意图

光程差为零或等于波长的整数倍时，发生相长干涉，干涉光最强；当光程差为波长的半整数倍时，发生相消干涉，则干涉光最弱。对于单色光来说，在理想状态下，其干涉图是一条余弦曲线，不同波长的单色光，干涉图的周期和振幅有所不同，见图 2-10(a)；对于复色光来说，由于多种波长的单色光在零光程差处都发生相长干涉，光强最强，随着光程差的增大，各种波长的干涉光发生很大程度的相互抵消，强度降低，因此复色光的干涉图为一条中心具有极大值，两侧迅速衰减的对称形干涉图，见图 2-10（b）。

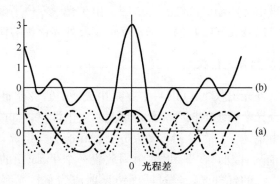

图 2-10　干涉图

在复色光的干涉图的每一点上，都包含有各种单色光的光谱信息，通过傅里叶变换（计算机处理），可将干涉谱图变换成我们熟悉的光谱形式。

FTIR 光谱仪具有以下优点：

（1）光学部件简单，只有一个动镜在实验中运动，不易磨损。

（2）测量范围宽，其波数范围可达到 45 000～6cm^{-1}。

（3）精度高，光通量大，所有频率同时测量，检测灵敏度高。

（4）扫描速度快，可作快速反应动力学研究，并可与气相色谱、液相色谱联用。

（5）杂散光不影响检测。

（6）对温度湿度要求不高。

随着红外探测器、氦-氖激光器和小型计算机的发展，FTIR 目前已经取代了色散型红外光谱仪，并成为分析化学中应用最广泛的仪器之一。

2.3.2　样品的制备

1. 固体样品的制备

（1）溴化钾压片法。这是红外光谱测试最常用的方法。将光谱级 KBr 磨细干燥，置于干燥器备用，取 1～2mg 的干燥样品，并以 1：（100～200）比例的干燥 KBr 粉末，一起在玛瑙研钵中于红外灯下研磨，直到完全研细混匀（粉末粒径 2μm 左右）。将研好的粉末均匀放入压模器内，抽真空后，加压至 50～100MPa，得到透明或半透明的薄片。将薄片置于样品架上，即可进行红外光谱测试。凡可研磨成粉末并在研磨过程中不与 KBr 发生化学反应，吸湿性不强的样品均可采用此方法进行测定。

由于 KBr 的吸湿性，在～3330cm^{-1} 和～1650cm^{-1} 处可能产生杂质峰，在解释 O—H、N—H 和 C≡C、C≡N 伸缩振动吸收时必须注意区分。另外由于样品在压片过程中可能会发生物理变化（如晶体晶型的转变）以及化学变化（如部分分解），谱图可能出现差异，如欲进行晶型研究，则不能采用此方法。

（2）糊状法。所谓糊状法是指把样品的粉末与糊剂如液体石蜡一起研磨成糊状再进行测定的方法。液体石蜡是一种精制过的长链烷烃，红外光谱较为简单，只有 3000～2850cm^{-1} 区的 C—H 伸缩振动，1456cm^{-1} 和 1379cm^{-1} 处的 C—H 变形振动以及 720cm^{-1} 处的 CH$_2$ 平面摇摆振动吸收。如果要研究样品的 CH$_3$ 和 CH$_2$ 的吸收，可以用六氯丁二烯作糊剂。六氯丁二烯在 4000～1700cm^{-1} 无吸收，1700～600cm^{-1} 有多个吸收峰，与石蜡可相互补充。在测试过程中可根据需要选择糊剂。

（3）溶液法。对于不易研成细末的固体样品，如果能溶于溶剂，可制成溶液，按照液体样品测试的方法进行测试。

（4）薄膜法。一些高聚物样品，一般难于研成细末，可制成薄膜直接进行红外光谱测试。薄膜的制备方法有两种：一种是直接加热熔融样品然后涂制或压制成膜；另一种是先把样品制成溶液，然后蒸干溶剂形成薄膜。

（5）显微切片。很多高聚物可用显微切片的方法制备薄膜来进行红外光谱测量。制备高聚物的显微切片需要一定的经验，对样品要求是不能太软，也不能太硬，必须有适当的机械阻力。

（6）热裂解法。高聚物和其裂解产物之间存在一定的对应关系，根据裂解产物的光谱可以推断高聚物的分子结构。实验室测试高聚物时可以用简易的方法进行热裂解。将少量被测高聚物放于洁净的试管底部，然后用酒精灯加热进行裂解，裂解产生的气体产物在试管的上方冷凝成液体（或固体），用刮铲刮取裂解产物涂于盐片上进行测定。

2. 液体样品的制备

对于不易挥发、无毒并且具有一定黏度的液体样品，可以直接涂于 NaCl 或 KBr 晶片上进行测量。易挥发的液体样品可以灌注于液体池中进行测量，定性分析常用的液体池为可拆卸的，由池架、窗片（常为 NaCl、KBr、CaF_2、Ge、Si 等）和垫片组成，测试后便于清理，污染的窗片可以更换。缺点是厚度难以控制，组装不严密，易泄漏样品。

一些吸收很强的样品，即使涂膜很薄，也很难得到满意的谱图，可以配成溶液再进行测定，在测定溶液样品时，要以纯溶剂为参比，以扣除溶剂的吸收。选择溶剂时应注意除了对溶质应有较大的溶解度外，还需要具备对红外光透明，不腐蚀和对溶质不发生很强的溶剂效应的特点。

3. 气体样品的制备

气体样品通常灌注于气体样槽中测定，与液体样槽结构相似，但气体样槽的长度要长得多，槽身焊有两个支管以利于灌注气体，通常先把气体样槽用真空泵抽空，然后再灌注样品。吸收峰的强度可通过调节气体样槽内样品的压力达到。

2.4　各类化合物的红外特征光谱

一般来说，组成分子的各种基团如 C—H、C—N、C≡C、C—X 等，都有特定的红外吸收区域，分子的其他部分对吸收峰的位置影响很小。通常把这种代表某种基团的存在并且有较高强度或特定的峰的形状的吸收峰称为特征吸收峰，峰所在的位置称特征频率。特征吸收峰的重要性在于我们可以通过谱图中存在的各种吸收峰推断出未知物的结构。

2.4.1　饱和烃

饱和烃（链烃和环烃）的红外吸收主要是：C—H 伸缩振动、C—H 弯曲振动和 C—C 骨架振动。其中 C—H 伸缩振动在区别饱和与不饱和化合物时特别有用，而 C—H 弯曲振动可以提供一些甲基、亚甲基和次甲基的相对含量、取代位置、链的长度等各种信息。

甲基和亚甲基的伸缩振动有两种形式：对称伸缩振动（ν_s）和反对称伸缩振动（ν_{as}）。两种振动都属于优良基团频率，在 $3000 \sim 2800 \mathrm{cm}^{-1}$，$\nu_{as}$ 较 ν_s 在较高频率。此处基本无其他特征吸收，可作为烷基存在的依据。

C—H 弯曲振动出现在 $1475 \sim 700 \mathrm{cm}^{-1}$ 区，亚甲基的变形振动和甲基的反对称变形振动均在 $1460 \mathrm{cm}^{-1}$ 附近，此处只看到一个峰，甲基的对称变形振动出现在 $1375 \mathrm{cm}^{-1}$ 处，可作为甲基存在的证据（图 2-11）。对于异丙基和叔丁基，吸收峰发生分裂，所不同的是，异丙基的两个裂分峰强度相似，而叔丁基的低频峰比高频峰强度大很多，当两种基团都存在时，则出现多个裂分峰，由此可判断分子的分支情况，如图 2-12 所示。

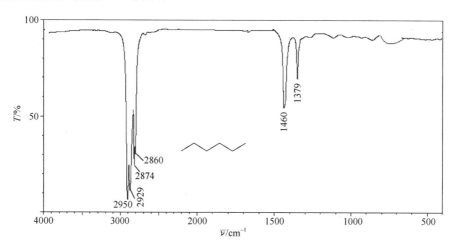

图 2-11　正己烷的红外光谱图

亚甲基的平面摇摆振动吸收出现在 $780 \sim 720 \mathrm{cm}^{-1}$，当 4 个以上的 CH_2 直线相连时，吸收在 $722 \mathrm{cm}^{-1}$ 处，随着相连的 CH_2 的减少，吸收有规律地向高频率方向位移，依此可推测亚甲基链的长短。

对于环烷烃，由于环的存在，应有一个环的变形振动，在 $1020 \sim 960 \mathrm{cm}^{-1}$ 之间，环丙烷例外，无此吸收。环烷还有亚甲基的伸缩和变形振动，亚甲基的伸缩振动频率往往大于直链烷烃，并裂分为两个峰，该变形振动在 $1450 \sim 1440 \mathrm{cm}^{-1}$。

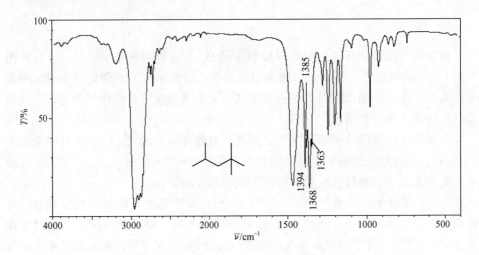

图 2-12　2,2,4-三甲基戊烷的红外光谱图

烷烃的特征吸收位置如表 2-4 所示。

表 2-4　烷烃的特征吸收位置

基　团	吸收峰位置/cm^{-1}	吸收强度	振动类型
—CH$_3$	2960±10	s	ν_{as}
	2872±10	s	ν_s
—CH$_2$	2926±5	s	ν_{as}
	2853±5	s	ν_s
—CH—	2890±10	w	ν
—C—CH$_3$	1450±20	m	δ_{as}
	1375±5	s	δ_s
CH—(CH$_3$)$_2$	1389~1381	m	δ_s
	1372~1368		
—CH$_2$	1465±20	m	δ_s
—(CH$_2$)$_{\overline{n}}$	$n>4$　725~722	m	ρ
	$n=3$　729~726	m	
	$n=2$　743~734	m	
	$n=1$　785~770	m	
—CH—(CH$_3$)$_2$	1170±5	m	δ_s
C(CH$_3$)$_3$	1250±5	m	δ_s

注：表中 s、w、m 表示强、弱、中等。

2.4.2 不饱和烃

1. 烯烃

烯烃的特征吸收主要是：C＝C 伸缩振动、C—H 伸缩振动和 C—H 弯曲振动。此外对于乙烯端基＝CH_2 还存在 $1400cm^{-1}$ 处的剪式振动和 $1800cm^{-1}$ 处的泛频吸收（表 2-5）。

表 2-5 烯烃双键的特征吸收

基 团	吸收位置/cm^{-1}	强 度	振动类型
＝C—H	3050±50	m~w	ν
C＝C	1640±20	m~0	ν
C＝C—C＝C	1600	s	ν_{as}
	1650	w~0	ν_{s}
C＝C＝C	1950±50	m	ν_{as}

和饱和烃的 C—H 伸缩振动一样，乙烯基伸缩振动也存在两种形式：对称和反对称。通常对称的振动吸收由于强度极弱难于检出，因此乙烯基的 C—H 只显示一个伸缩振动吸收峰，在 $3095\sim3075cm^{-1}$。所有烯烃的 CH 伸缩振动都大于 $3000cm^{-1}$，如果体系中有双键存在，则在甲基的伸缩振动的高频率方向会出现一个小峰，由于芳烃的 CH 伸缩振动也在 $3050cm^{-1}$ 处，因此单凭这一特征吸收不能做出体系中有烯烃双键的结论。

烯烃的 C＝C 伸缩振动吸收位于 $1680\sim1620cm^{-1}$ 区，共轭使吸收移向低频率方向，并使吸收强度增加。不同的取代情况会影响该吸收峰的位置和强度，因此根据该吸收峰可初步推断烯烃结构的形式。分子的对称性增加，则吸收强度降低，一般来说，末端烯烃的 C＝C 伸缩振动较强，随着 C＝C 双键向分子中心移动（分子的对称性增加），吸收强度逐渐减小，完全对称的反式化合物无 $\bar{\nu}_{C＝C}$，顺式化合物吸收较反式化合物强，这一点由图 2-13 可以看出。

＝CH 面外弯曲振动 $\bar{\gamma}$ 吸收在烯烃的鉴定上十分重要，不同类型的烯烃有独特的频率，而且比较固定少变，多数不因取代基种类的变化而产生较大的移动。这一吸收的强度特别强，对判断烯烃的存在及类型十分有用。这一振动吸收位置如表 2-6 所示。

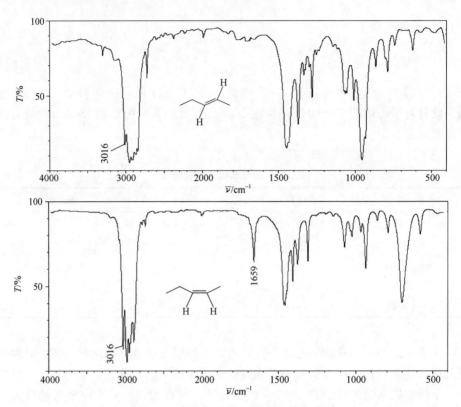

图 2-13　顺式和反式 2-戊烯红外光谱图

3016cm^{-1}：双键 C—H 伸缩振动；1659cm^{-1}：C═C 伸缩振动，顺式强度大，反式强度降低甚至消失

表 2-6　═CH 的面外弯曲振动

烯烃类型	CH 面外弯曲振动吸收位置/cm^{-1}
R_1CH═CH_2	995～985，910～905
R_1R_2C═CH_2	895～885
R_1CH═CHR_2（顺）	730～650
R_1CH═CHR_2（反）	980～965
R_1R_2C═CHR_3	840～790

2. 累积双烯类

丙二烯基 C═C═C 的反对称伸展振动根据取代基的不同在 2000～1900cm^{-1} 区出现一个或两个峰，此外丙二烯基位于端位的化合物在 850cm^{-1} 处还出现一个强的 CH_2 弯曲振动吸收。

异氰酸酯有一个非常强的吸收峰，就是—N═C═O 基的反对称伸缩振动吸收，位于 2275～2263cm^{-1}，共轭对这个峰的影响很小。

3. 炔烃

炔烃的特征吸收主要是 C≡C 叁键的伸缩振动和端基炔的 C—H 伸缩振动。

乙炔由于分子对称，没有 C≡C 伸缩振动吸收，同样，对称二取代也无此吸收，因此光谱中没有 C≡C 伸缩振动吸收并不代表分子中没有炔基，实际上大多数非对称炔烃的此振动吸收也很弱，常常测不出来（图 2-14）。

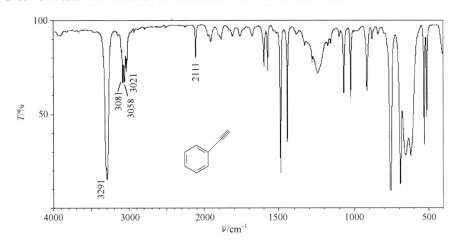

图 2-14　苯基-乙炔的红外光谱图

3291cm^{-1}：叁键 C—H 伸缩振动；3081～3021cm^{-1}：苯环＝C—H 伸缩振动；

2111cm^{-1}：C≡C 伸缩振动

端基炔的 C≡C 伸缩振动吸收一般出现在 2140～2100cm^{-1} 区，不对称二取代乙炔则出现在 2260～2190cm^{-1} 区。端基炔的 C—H 伸缩振动位于 3310～3200cm^{-1} 处，峰形尖锐，吸收强度中等。含 N—H 键的化合物在该区也有吸收，但由于氢键缔合，N—H 键峰形较宽，易于区别。

4. 芳香烃

芳香烃的特征吸收为：芳环 C—H 伸缩振动，C—H 弯曲振动，C＝C，有关数据见表 2-7。

表 2-7　芳烃的特征吸收

振动类型	波数/cm^{-1}	说　明
芳环 C—H 伸缩振动	3050±50	强度不定
骨架振动	1650～1450	峰形尖锐，通常为 4 个峰，但不一定同时出现
C—H 弯曲振动（面外）	910～650	随取代情况改变

和烯烃一样，芳烃的 C—H 伸缩振动也在 3100～3000cm⁻¹ 区。芳烃的 C—H 弯曲振动中，以面外弯曲振动最为有用，位于 900～650cm⁻¹，可以方便地检测苯的衍生物。不同的取代情况，峰形和位置不同，如表 2-8 所示。＝C—H 面外弯曲振动的泛频带出现在 2000～1660cm⁻¹ 区域内，对于判断取代类型也有一些帮助，但因为吸收强度很弱，有时还会受到其他吸收带的干扰，特征性不是特别强。芳烃的面外弯曲振动及其泛频峰与取代类型有关，如图 2-15 所示。

表 2-8　取代苯的 C—H 面外弯曲振动吸收峰位置

取代类型		C—H 面外弯曲振动吸收峰位置/cm⁻¹
苯		670
单取代		770～730，710～690
二取代	1，2—	770～735
	1，3—	810～750，710～690
	1，4—	833～810
三取代	1，2，3—	780～760，745～705
	1，2，4—	885～870，825～805
	1，3，5—	865～810，730～675
四取代	1，2，3，4—	810～800
	1，2，3，5—	850～840
	1，2，4，5—	870～855
五取代		870

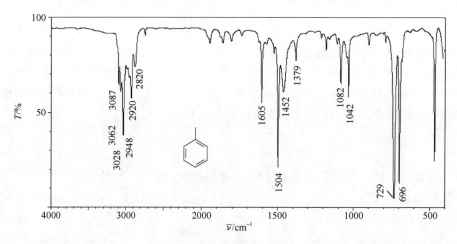

图 2-15　甲苯的红外光谱图

苯环的 C＝C 伸缩振动由于涉及苯环大小的变化，又称为骨架变形振动，或呼吸振动，出现在 1650～1450cm⁻¹ 区。这一区间的吸收也是判断苯环存在的主要依据，其特点是峰形尖锐且吸收峰较多。通常是在 1600cm⁻¹、1585cm⁻¹、

1500cm^{-1}及 1450cm^{-1}左右处的 4 个吸收峰，这 4 个吸收峰不一定同时存在，根据取代基的不同略有变化（图 2-16）。

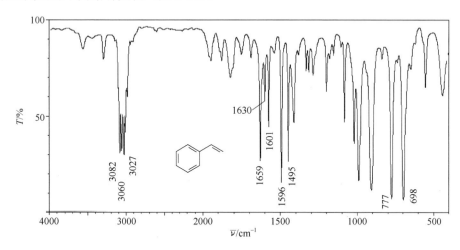

图 2-16　苯乙烯的红外光谱图

1630cm^{-1}：C＝C 伸缩振动；1659cm^{-1}、1596cm^{-1}、1495cm^{-1}：苯环骨架振动

稠环化合物与芳环化合物相似，C—H 伸缩振动，C—H 弯曲振动，C＝C 振动（骨架振动）与单环芳烃数据相近，如图 2-17 所示。

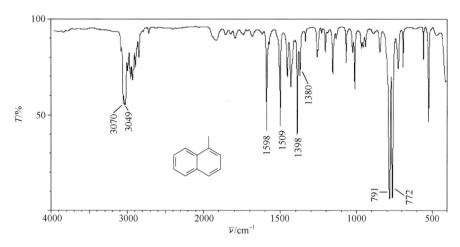

图 2-17　α-甲基萘的红外光谱图

综上所述，判断苯环的存在首先看 3100～3000cm^{-1}及 1650～1450cm^{-1}两个区域的吸收峰是否同时存在，再观察 900～650cm^{-1}区域，以推测取代形式（图 2-18）。

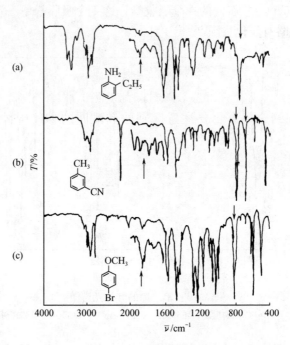

图 2-18 苯环二取代的红外光谱图

（a）邻位；（b）间位；（c）对位

2.4.3 醇、酚和醚

醇和酚存在三个特征吸收：羟基 O—H 伸缩振动和弯曲振动，C—O 伸缩振动。其特征吸收频率如表 2-9 所示。

表 2-9 醇和酚的特征吸收

基　团	吸收位置/cm^{-1}	说　明
ν_{O-H}	3650～3580（游离）	尖
	3550～3450（二聚体）	中强，较尖
	3400～3200（多聚体）	强，宽
	3600～2500（分子内缔合）	宽，散
δ_{C-O}	1050（伯）	强，有时发生裂分
	1100（仲）	
	1150（叔）	
	1200（酚）	
δ_{H-O}	1500～1250	面内弯曲，强，宽
	650	面外弯曲，宽

当醇和酚为非极性溶剂稀溶液情况下测定，可观测到游离羟基伸缩振动吸收位于 $3640\sim3610cm^{-1}$ 区，峰形尖锐（图 2-19，图 2-20）。羟基是个强极性基团，由于分子间形成了氢键，因此羟基化合物的缔合现象非常显著。如图 2-21 所示，当样品浓度增加时，O—H 伸缩振动吸收峰向低频率方向位移，在 $3400\sim3200cm^{-1}$ 区出现一个宽而强的吸收峰。因此，测定醇、酚的固体、液体或浓溶液时，只能看到缔合羟基。要注意区别胺和酰胺的 NH 伸缩振动也出现在 $3500\sim3200cm^{-1}$ 区。

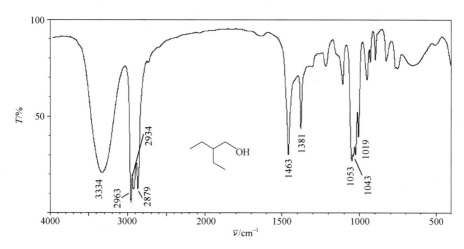

图 2-19　2-乙基-1-丁醇的红外光谱图

$\sim3334cm^{-1}$：缔合 O—H 伸缩振动；$\sim1053cm^{-1}$：伯醇 C—O 伸缩振动；$1381cm^{-1}$：甲基对称变形振动

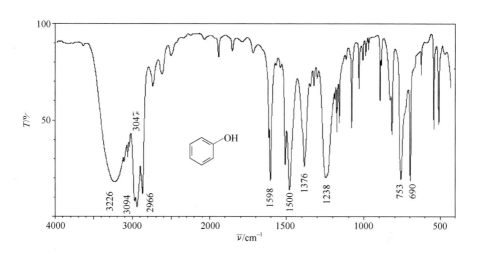

图 2-20　苯酚的红外光谱图

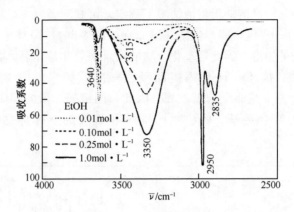

图 2-21　乙醇在 CCl_4 中浓度变化对红外吸收的影响

醇、酚的 C—O 伸缩振动出现在 1200～1000cm^{-1}，一般都是最强的第一吸收。不同醇的 C—O 伸缩振动频率不同，伯醇为 1050cm^{-1}，仲醇为 1100cm^{-1}，叔醇为 1150cm^{-1}，酚为 1230cm^{-1}，依次递增，并且都是强吸收，峰形一般较宽。

O—H 的弯曲振动有两种，面内和面外弯曲振动。面外弯曲振动约在 650cm^{-1} 处，峰形较宽，面内弯曲振动则在 1500～1300cm^{-1} 处，液态或浓溶液峰宽而散，稀溶液则在 1250cm^{-1} 附近呈一尖峰。

醚的特征吸收为 C—O—C 伸缩振动（图 2-22），开链醚的 C—O—C 反对称伸缩振动强吸收大都出现在 1275～1060cm^{-1} 区，饱和脂肪族醚的吸收在 1150～1060cm^{-1}，当醚键的氧和芳基或烯基相连时，该吸收峰发生位移，芳香醚的吸收出现在 1275～1010cm^{-1} 区，而烷基乙烯基醚的强吸收出现在 1225～1200cm^{-1}，同时乙烯基的 C=C 伸缩振动往往也分裂成两个峰，即 1640cm^{-1} 和 1620cm^{-1}，且强度增加。对称醚由于分子对称性，无 C—O—C 对称伸缩振动吸收。六元环醚的 C—O—C 反对称伸缩振动吸收位置和开链醚差不多，随着环变小，反对称伸缩振动吸收向低频率方向移动，而对称伸缩振动向高频率方向移动。

在天然物中常出现甲氧基。甲氧基的对称伸缩振动位移比较大，吸收位于 2850～2815cm^{-1}，较一般的甲基的频率低，这是鉴定甲氧基的特征信号。甲基的对称变形振动峰也从 1375cm^{-1} 移到了 1460cm^{-1} 处。

在缩醛和缩酮的红外光谱中，具有—C—O—C—O—C—的多醚型结构，由于振动偶合，吸收峰分裂为 3 个，出现在 1190～1160cm^{-1}、1143～1125cm^{-1} 和 1098～1063cm^{-1} 位置，这 3 个吸收都比较强。对称吸收范围为 1055～1035cm^{-1}，强度较弱。缩醛的光谱还存在一个位于 1116～1105cm^{-1} 的特征吸收，这是和氧相连的 C—H 弯曲振动吸收，强度特强，是区分缩醛和缩酮的主要依据，如图 2-23 所示。

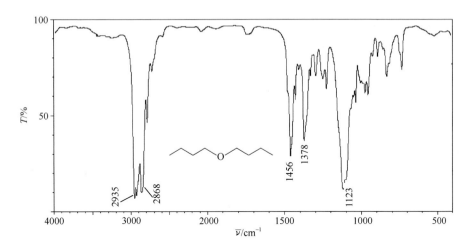

图 2-22　正丁醚红外光谱图

~1123cm^{-1}：—C—O—C—反对称伸缩振动

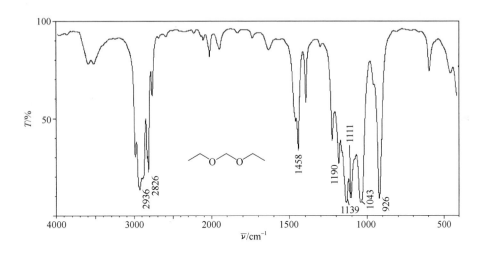

图 2-23　二甲醇缩甲醛的红外谱图

1458cm^{-1}：甲基对称变形振动；1190cm^{-1}、1139cm^{-1}、1043cm^{-1}：—C—O—C—O—C—的偶合振动吸收；

1111cm^{-1}：缩醛的 C—H 弯曲振动

2.4.4　含羰基化合物

羰基的伸缩振动吸收出现在 1900~1600cm^{-1} 区，是个强峰，特征明显，在多数情况下是第一吸收。各种类型的羰基化合物的 C＝O 伸缩振动吸收位置列于表 2-10 中。

表 2-10 羰基化合物的 C═O 伸缩振动吸收峰位置

化合物类型	吸收峰位置/cm^{-1}
醛	1735～1715
酮	1720～1710
酸	1770～1750
酯	1745～1720
酰胺	1700～1680（酰胺"I"峰）
酸酐	1820 和 1760

1. 醛和酮

醛和酮的 C═O 伸缩振动吸收位置是差不多的（图 2-24～图 2-26），虽然醛的羰基吸收位置比相应的酮高 10～15cm^{-1}，单这一区别不足以区分两类化合物。然而醛基（CHO）的 C—H 伸缩振动和其他化合物的 C—H 伸缩振动不易混淆，位于 2820～2720cm^{-1} 处，极易识别。因此根据 C═O 伸缩振动和 2720cm^{-1} 峰就可以判断醛的存在。羰基与双键共轭将使 C═C 吸收强度增加，而 C═O 吸收位置向低频率方向位移。

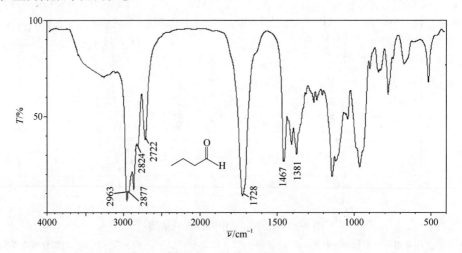

图 2-24 正丁醛红外光谱图

～2722cm^{-1}：醛基 C—H 伸缩振动，特征峰；～1728cm^{-1}：—C═O 伸缩振动

2. 羧酸和羧酸盐

在分析羧酸分子的红外吸收谱图时要注意两点：一是由于氢键作用，羧酸通常是以二分子缔合体形式存在的，只有在测定气体样品或非极性溶剂的稀溶液

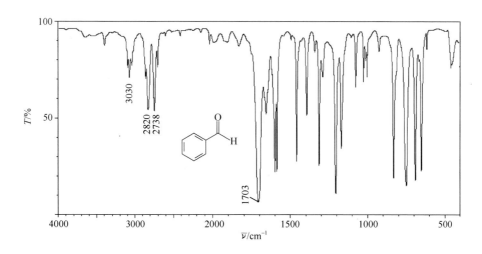

图 2-25　苯甲醛的红外光谱图

3030cm^{-1}：芳环 C—H 伸缩振动；2820cm^{-1}、2738cm^{-1}：醛基 C—H 伸缩振动；

1703cm^{-1}：羰基 C=O 伸缩振动，羰基与苯环共轭，吸收移向低频率

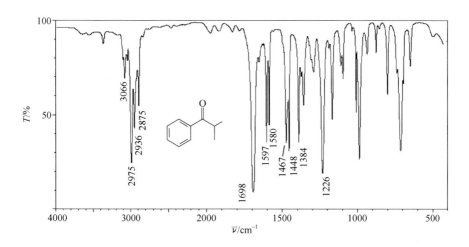

图 2-26　苯基异丙基酮的红外光谱图

～1698cm^{-1}：C=O 伸缩振动，羰基与苯环共轭，吸收移向低频率；

～1597cm^{-1}至 1448cm^{-1}：苯环骨架振动，与羰基共轭，移向低频率

时，才可看到游离羧酸的特征吸收；二要看羧酸分子是否离解成为羧酸离子。

　　游离羧酸的 O—H 伸缩振动吸收位于～3550cm^{-1}处，由于形成二聚体，羟基峰向低波数方向位移，在 3200～2500cm^{-1}区形成宽而散的峰。游离羧酸的 C=O 伸缩振动位于～1760cm^{-1}，二聚体位移到～1710cm^{-1}处。另外羧酸

在～920cm^{-1}附近还有一个比较强的宽峰，这是两分子缔合体O—H非平面摇摆振动吸收，这也是羧酸的特征峰（图 2-27，图 2-28）。

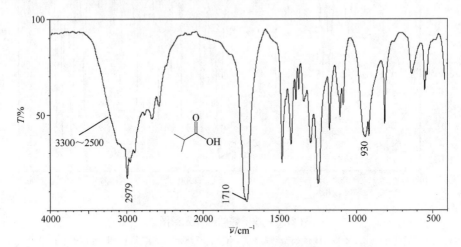

图 2-27　2-甲基丙酸的红外光谱图

3300～2500cm^{-1}：羧酸二聚体的O—H伸缩振动，峰形宽，散；

1710cm^{-1}：C═O伸缩振动，强

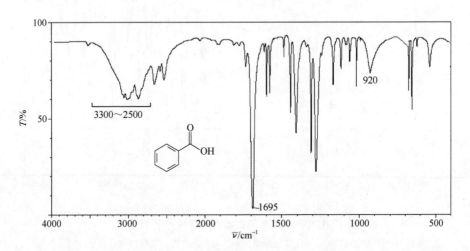

图 2-28　苯甲酸红外光谱图

3300～2500cm^{-1}：羧酸二聚体的O—H伸缩振动，峰形宽，散；～1695cm^{-1}：C═O伸缩振动，因与苯环共轭移向低波数；～920cm^{-1}：O—H非平面摇摆振动，特征

　　羧酸盐的羰基吸收位置则有显著变化，羧酸盐离子（—CO$_2^-$）有对称伸缩振动和反对称伸缩振动，分别位于～1400cm^{-1}和1610～1500cm^{-1}处，吸收峰都比较强（图 2-29）。

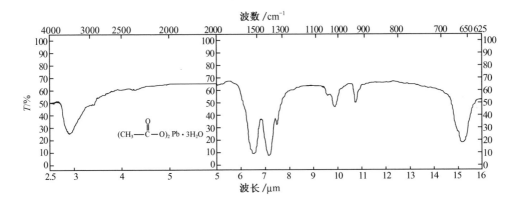

图 2-29　乙酸铅的红外光谱图

~1550cm^{-1}：—COO$^-$反对称伸缩振动；~1405cm^{-1}：—COO$^-$对称伸缩振动

3. 酯

酯类化合物的特征吸收为羰基伸缩振动和 C—O—C 结构的对称和非对称伸缩振动，后者是区分酯和其他羰基化合物的主要依据。另外，酯的羰基吸收在大多数情况下不是第一吸收，这与其他羰基化合物的羰基吸收通常为最强吸收不同。C—O—C 结构的对称伸缩振动位于 1100cm^{-1} 处，吸收较弱；C—O—C 非对称伸缩振动是酯的最有用的特征吸收，通常为第一吸收，位于 1210~1160cm^{-1} 区，见图 2-30。

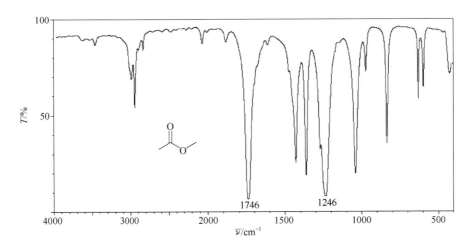

图 2-30　乙酸甲酯的红外光谱图

~1746cm^{-1}：C═O 伸缩振动；~1246cm^{-1}：C—O—C 非对称伸缩振动，第一吸收

4. 醌类

醌的羰基伸缩振动位于 $1670\sim1570cm^{-1}$，比标准酮低 $40cm^{-1}$ 左右。对位醌可看成 $\alpha\beta$、$\alpha'\beta'$ 不饱和酮，吸收峰的波数降低显然是由于羰基与双键的共轭的结果。邻位醌由于两个羰基的偶合作用，导致羰基吸收发生裂分，其波数与对位醌相近（图 2-31）。

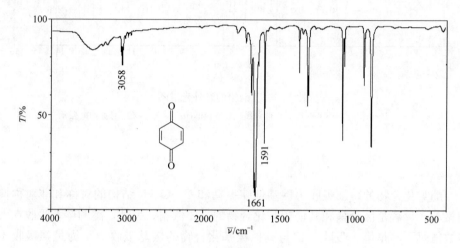

图 2-31 对苯醌的红外光谱图

$3058cm^{-1}$：双键 C—H 伸缩振动；$1661cm^{-1}$：羰基伸缩振动；
$1591cm^{-1}$：双键 C＝C 伸缩振动，均因共轭移向低波数

5. 酰卤

由于卤素的强电负性，卤素原子对羰基电子的吸引非常强烈，使羰基的双键性增加，羰基伸缩振动向高频率方向位移，因此非共轭酰卤的 C＝O 伸缩振动吸收出现在 $\sim1800cm^{-1}$，如果有不饱和基团与羰基共轭，则位移小一些，吸收出现在 $1780\sim1750cm^{-1}$ 区（图 2-32）。

6. 酸酐

酸酐的特征吸收为两个羰基的对称和反对称伸缩振动，前者位于 $1750cm^{-1}$ 左右，后者位于 $\sim1800cm^{-1}$，均为强吸收，相隔 $50cm^{-1}$，非常特征。开链酸酐两峰强度相近，高频波数略强于低波数峰，但环状酸酐的低波数峰强于高波数峰，并且环越小，两峰的强度差别越大，由此可判断酸酐为开链还是环状的，如图 2-33，图 2-34 所示。

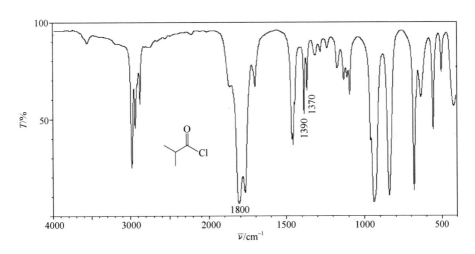

图 2-32　2-甲基丙酰氯的红外光谱图

~1800cm⁻¹：C＝O 伸缩振动，氯原子诱导效应使吸收移向高频率

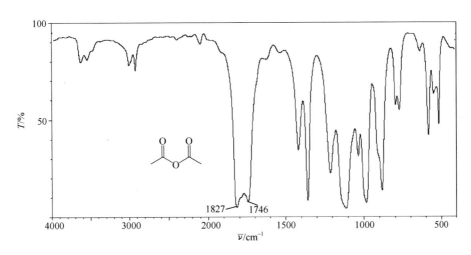

图 2-33　乙酸酐的红外光谱图

1827cm⁻¹：羰基反对称伸缩振动；1746cm⁻¹：羰基对称伸缩振动

7. 酰胺

酰胺的特征吸收包括：羰基的 C＝O 伸缩振动吸收，胺基的 N—H 伸缩振动吸收或弯曲振动吸收。习惯上将酰胺特有的吸收峰命名为 "酰胺 Ⅰ"、"酰胺 Ⅱ" 等名称。所谓 "酰胺 Ⅰ" 实际上就是酰胺化合物的羰基 C＝O 伸缩振动吸收，酰胺Ⅱ则为不同的振动形式，伯酰胺为 NH₂ 的弯曲振动，仲酰胺、叔酰胺

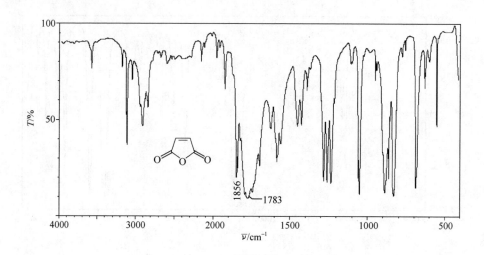

图 2-34　顺丁烯二酸酐的红外光谱图

1856cm^{-1}：羰基反对称伸缩振动；1783cm^{-1}：羰基对称伸缩振动

则为某两个振动的混频。另外还有酰胺Ⅲ、Ⅳ、Ⅴ、Ⅵ等，但不同类型的酰胺不一定含有所有的酰胺特征吸收。

伯酰胺的两个特征吸收为：羰基伸缩振动吸收在 1690～1650cm^{-1} 区（酰胺Ⅰ峰），和位于 1640～1600cm^{-1} 区的 NH_2 剪式振动吸收（酰胺Ⅱ峰）。无氢键时酰胺Ⅰ峰位于 1690cm^{-1} 处，形成氢键后位移到 1650cm^{-1}；相反，酰胺Ⅱ峰则随着氢键的形成由 1600cm^{-1} 移向 1640cm^{-1}，在浓溶液中，由于游离态和缔合态处于平衡状态，此区会出现四个峰，使谱图辨识困难。为便于识谱，可同时测定其稀溶液和固态的光谱。伯酰胺固体的 NH_2 的反对称和对称伸缩振动吸收分别位于 3350cm^{-1} 和 3180cm^{-1}，游离 NH_2 的这两个峰位于～3520cm^{-1} 和～3400cm^{-1} 处（图 3-35）。

仲酰胺的游离 NH 伸缩振动位于 3470～3400cm^{-1} 区（图 2-36）。在浓溶液中，由于氢键的形成，可以出现两个峰，即 3340～3140cm^{-1} 和 3100～3060cm^{-1}。仲酰胺的羰基伸缩振动吸收位于 1680～1655cm^{-1} 区，与伯酰胺相近，但它的"酰胺Ⅱ峰"（C—N—H 弯曲振动）位于 1550～1530cm^{-1} 区，是非常明显特征，足以与伯酰胺区别。仲酰胺在 1300cm^{-1} 左右还有一个特征峰，即所谓"酰胺Ⅲ峰"，这是包含由 C—N 伸缩振动吸收和 N—H 弯曲振动吸收的"混合峰"。在 620cm^{-1} 左右的吸收称"酰胺Ⅳ峰"，是 O=C—N 的弯曲振动吸收，"酰胺Ⅴ峰"是仲酰胺的 N—H 面外弯曲振动，位于 700cm^{-1} 左右，"酰胺Ⅵ峰"是仲酰胺的羰基面外弯曲振动，出现在 600cm^{-1} 处。

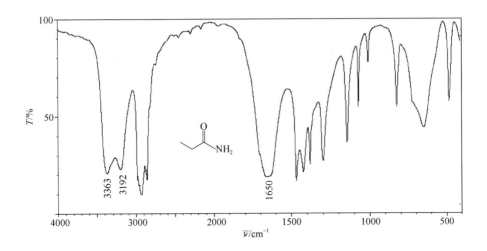

图 2-35 丙酰胺的红外光谱图

$3363cm^{-1}$ 和 $3192cm^{-1}$：NH_2 反对称和对称伸缩振动；$\sim 1650cm^{-1}$：羰基 C=O 伸缩振动

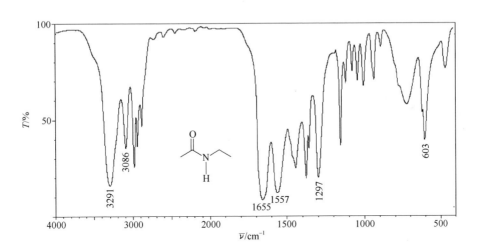

图 2-36 N-乙基乙酰胺的红外光谱图

$3291cm^{-1}$：N—H 伸缩振动；$1655cm^{-1}$：C=O 伸缩振动；$1557cm^{-1}$：C—N—H 弯曲振动（酰胺 II 峰）；

$1297cm^{-1}$：—C—N 伸缩振动＋N—H 弯曲振动（酰胺 III 峰）；$603cm^{-1}$：酰胺 VI 峰

叔酰胺由于没有 N—H 键，谱图大为简化（图 2-37），高频率处没有N—H 伸缩振动吸收，并且由于没有氢键形成，其"酰胺 I 峰"出现在 $1670\sim$ $1630cm^{-1}$ 处，不受测定时样品的状态和溶液浓度的影响。"酰胺 II 峰""酰胺 III 峰"等特征吸收也不存在。羰基伸缩振动吸收位置同样受共轭效应和诱导效应的影响，在不同的分子结构中，酰胺 II 峰会发生位移。

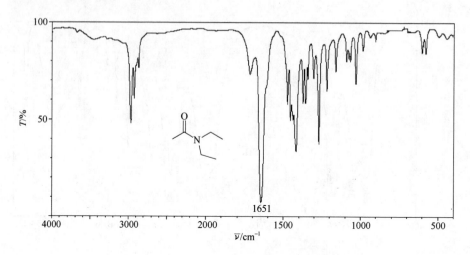

图 2-37　N，N-二乙基乙酰胺的红外光谱图

$1651 cm^{-1}$：酰胺羰基伸缩振动，"酰胺 I 峰"

2.4.5　含氮化合物

1. 胺、亚胺和铵盐

此类化合物的特征吸收为 N—H 键的伸缩振动、C—N 键的伸缩振动以及 N—H 键的弯曲振动。胺基的 N—H 键类似于羟基的 O—H 键，也能形成氢键，但由于质量数不同，极性不同，其光谱吸收也是不相同的（图 2-38～图 2-40）。胺类的特征吸收峰数据见表 2-11。

表 2-11　胺类的特征吸收峰位置

特征吸收	化合物		吸收峰位置/cm^{-1}	吸收峰特征
N—H 伸缩振动	伯胺类		3500～3300	两个峰，强度中
	仲胺类		3500～3300	一个峰，强度中
	亚胺类		3400～3300	一个峰，强度中
N—H 弯曲振动	伯胺类		1650～1590	强度强，中
	仲胺类		1650～1550	强度极弱
C—N 伸缩振动	芳香胺	伯	1340～1250	强度强
		仲	1350～1280	强度强
		叔	1360～1310	强度强
	脂肪胺		1220～1020	强度中，弱
			1410	强度弱

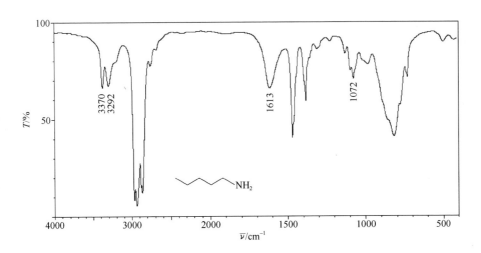

图 2-38　1-戊胺的红外光谱图

3370cm^{-1}：NH$_2$ 反对称伸缩振动；3292cm^{-1}：NH$_2$ 对称伸缩振动；

1613cm^{-1}：NH$_2$ 剪式振动；1072cm^{-1}：C—N 伸缩振动

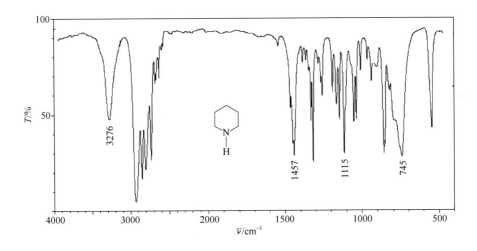

图 2-39　哌啶的红外光谱图

3276cm^{-1}：弱峰，N—H 伸缩振动；1457cm^{-1}：CH$_2$ 剪式振动＋CH$_3$ 反对称变形振动；

1115cm^{-1}：C—N 伸缩振动；745cm^{-1}：N—H 非平面摇摆振动

　　N—H 伸缩振动：和 CH$_2$ 一样，伯胺的—NH$_2$ 也有对称和反对称伸缩振动。游离的—NH$_2$ 反对称伸缩振动吸收在 3490cm^{-1} 附近，而其对称伸缩振动吸收在 3400cm^{-1} 左右。氢键作用将使这两个吸收峰发生变化，由于氢键的强度比羟基要弱得多，变化不如羟基那么显著，一般向低频率方向的位移不超过

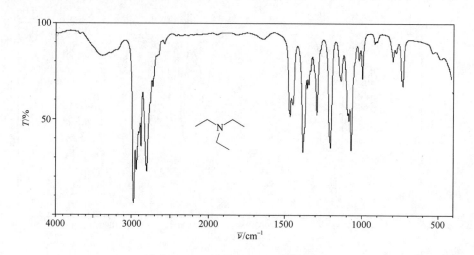

图 2-40　三乙胺的红外光谱图

$100cm^{-1}$，吸收峰峰形也较为尖锐。当和羟基形成氢键时，NH_2 的对称伸缩振动吸收位置是稳定的，只是强度随浓度的变化而变化，如果氢键中无羟基参与，其吸收位置将随浓度的增加而移向低频率。

　　仲胺的稀溶液在 $3500\sim3300cm^{-1}$ 只出现一个吸收峰，该吸收峰的位置和强度与分子结构有密切的关系，这一吸收强度通常较弱，其位置因氢键作用稍有变动。亚胺类在这个范围也有吸收，因为吸收太弱，无分析价值。

　　叔胺由于没有 N—H 键，因此在这个范围内无吸收。

　　N—H 弯曲振动：伯胺类在 $1650cm^{-1}$ 附近出现一个 NH 弯曲振动吸收峰，强度较强，该吸收峰与伸缩形式一样，亦随氢键而发生频率位移。仲胺的这一吸收在结构分析中无法利用，因为其强度太弱，当分子中含有芳香基团时，又常被芳环的骨架振动缩掩盖，更难辨认，但是脂肪族仲胺的 NH 非平面摇摆振动吸收却比较强，位于 $750\sim700cm^{-1}$ 区。

　　N—C 和 N═C 的伸缩振动：胺的伸缩振动和醇的 C—O 伸缩振动一样，它的吸收位置和 α-碳原子上的取代情况有关。一般来说，在烷基取代的情况下，C—N 伸缩振动吸收位于 $1230\sim1030cm^{-1}$ 区，在仲胺中，当芳基和氮原子连接时，可以看到两个峰，其中高频率峰（$1360\sim1250cm^{-1}$）是由于 N 原子的孤电子对和芳环共轭，使 C—N 键具有双键性质引起的。叔胺的 C—N 键伸缩振动吸收也在 $1360\sim1000cm^{-1}$ 处，不易识别。

　　亚胺的 N═C 伸缩振动吸收位于 $1690\sim1640cm^{-1}$ 区，是亚胺基的特征吸收，虽然酰胺羰基的伸缩振动吸收也出现在此区域，但 N═C 键的振动吸收峰形较之尖锐而吸收较弱。

在胺的鉴定中，由于伯、仲、叔胺的特征吸收常常受到干扰，或缺少特征吸收（如叔胺），可以利用简单的化学反应，使它们变成铵盐。在惰性溶剂中通入干燥的氯化氢气体，即可将胺转化成氯化铵盐。伯铵盐的 $\overset{+}{N}H_3$ 对称伸缩振动与烷基的 C—H 伸缩振动重叠，仲铵盐的 $\overset{+}{N}H_2$ 对称伸缩振动吸收和叔铵盐的 $\overset{+}{N}H$ 伸缩振动吸收位于 2700cm^{-1} 区，能与烷基的 C—H 伸缩振动分开，根据 1600～1500cm^{-1} 区的 N—H 弯曲振动吸收又可将仲铵盐和叔铵盐区分，叔铵盐在该区域无吸收。

2. 硝基化合物

硝基化合物最特征的两个吸收峰是—NO$_2$ 的对称伸缩振动峰和反对称伸缩振动峰，如下所示：

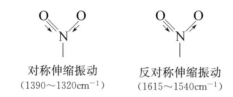

对称伸缩振动　　　　反对称伸缩振动
（1390～1320cm^{-1}）　　（1615～1540cm^{-1}）

脂肪族硝基化合物的这两个吸收峰分别位于 1560cm^{-1} 和 1370cm^{-1} 处，其中反对称伸缩振动吸收要比对称伸缩振动吸收峰强。如果 α 碳上有电负性强的取代基存在，则反对称伸缩振动移向高频率，对称伸缩振动移向低频率，使两个峰的间距增大。芳香硝基化合物的硝基反对称伸缩振动和对称伸缩振动吸收峰分别位于 1530～1500cm^{-1} 和 1370～1330cm^{-1} 区，和脂肪族硝基化合物相反，其对称伸缩振动峰要比反对称伸缩振动峰强。由于硝基的存在，芳烃的面外弯曲振动峰向高频率方向位移，加上 C—N 伸缩振动峰的干扰，苯环上的取代情况不能只看 900～650cm^{-1} 区的吸收情况。

2.4.6 其他含杂原子有机化合物

由于质量效应，在 4000～700cm^{-1} 区只能看到有机卤化物的 C—F 和 C—Cl 键的伸缩振动，C—Br 和 C—I 键的伸缩振动出现在 700～500cm^{-1} 区。C—F 伸缩振动出现在 1400～1000cm^{-1}，为强吸收。C—Cl 伸缩振动处在 800～600cm^{-1}。由于卤素的强电负性，氟原子和氯原子的存在对相邻基团的振动吸收的影响是很大的。例如，当 C=C 双键与氟原子直接相连时，C=C 伸缩振动要向高频率方向位移，对羰基也有同样的影响。

其他含杂原子化合物的常见吸收峰位置如表 2-12 所示。

表 2-12　含杂原子化合物的常见吸收峰位置

基　团	吸收峰位置/cm^{-1}	说　明
B—H	2640~2350	B—H 伸缩振动，中-强
	1180~1100	B—H 面外弯曲振动，强
B—Ph	1440~1430	B—C 伸缩振动，强
B—B	790~630	B—B 伸缩振动，强
B—O	1380~1310	B—O 伸缩振动，强
Si—H	2250~2100	Si—H 伸缩振动，强
Si—O	1100~1000	Si—O 伸缩振动，强，宽
Si—C	890~690	Si—C 伸缩振动，强
Si—CH$_3$	1260	CH$_3$ 对称变形振动，强，宽
S—H	2600~2500	S—H 伸缩振动吸收，弱
P—H	2440~2275	P—H 伸缩振动吸收，尖，中
P=O	1300~1140	P=O 伸缩振动吸收，强

2.4.7　金属有机化合物

　　金属有机化合物在中红外区的吸收主要是由配位基的振动引起的，如图2-41所示，谱图中的主要吸收峰均由苯环振动提供。又如图 2-42 所示的二茂铁，在整个谱图中见不到碳—金属的振动吸收。由于配位基的特征吸收位置几乎不受所连金属离子的影响，因此类似的金属"夹心化合物"（如二茂镍、二茂钼、二茂钨等）的谱图都大致相同。当两个环戊二烯环上都具有一个或多个取代基时，则无 1110cm^{-1} 和 1000cm^{-1} 的峰出现。

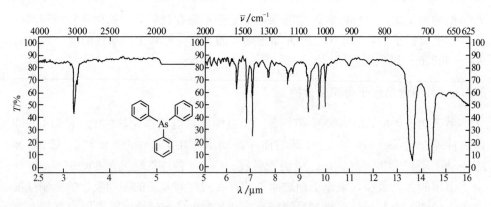

图 2-41　三苯基砷的红外光谱图

~3078cm^{-1}：苯基 C—H 伸缩振动；~1607cm^{-1}：苯基 C=C 伸缩振动；

~1488cm^{-1}、~1432cm^{-1}：苯环骨架振动；~734cm^{-1}、694cm^{-1}：单取代苯的 C—H 弯曲振动

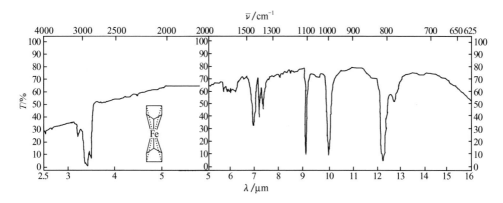

图 2-42 二茂铁的红外光谱图

~3075cm^{-1}：环戊二烯的 C—H 伸缩振动；~1430cm^{-1}：C—C 伸缩振动；~1100cm^{-1}：环的反对称
伸缩振动，~1000cm^{-1}：C II 弯曲振动；~825cm^{-1}：C—H 面外弯曲振动；
1750~1615cm^{-1}：组频和倍频吸收

金属羰基化合物的红外光谱对于了解分子中羰基的性质非常有用。由于羰基作为配体在金属羰基化合物中有可能是桥式羰基，也有可能是端基式，如果在红外谱图中只出现~2030cm^{-1}吸收，则表明碳氧键只具有叁键性质，羰基以端基形式存在，如果除了~2030cm^{-1}吸收外，还有~1830cm^{-1}吸收，则表明分子中具有桥式羰基。如 $Fe(CO)_5$ 和 $Fe_2(CO)_9$ 分别具有如下的结构式：

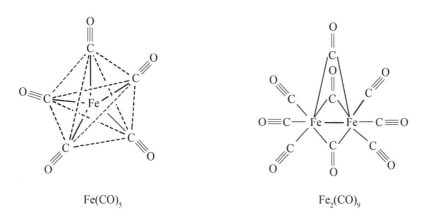

$Fe(CO)_5$

$Fe_2(CO)_9$

2.4.8 高分子化合物

现在合成聚合物有数百种，高分子化合物是由小分子单体经过聚合反应形成的，因此分子结构中存在着许多的重复单元，对于重复单元的振动可以近似地按照小分子来处理，每个重复单元的红外吸收都是相同的，因此虽然高分子化合物的相对分子质量很大，其红外光谱却不复杂（图 2-43）。

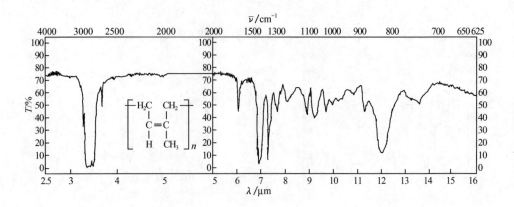

图 2-43 聚异戊二烯的红外光谱图

～1652cm^{-1}：C═C 伸缩振动；～1438cm^{-1}：甲基反对称变形振动和亚甲基剪式振动重叠；

～1369cm^{-1}：甲基对称变形振动

对于高分子化合物，红外光谱中吸收最强的谱峰往往对应于其主要基团的吸收，因此较为特征。如聚丙烯腈红外光谱中～2245cm^{-1} 的谱峰，它对应于 C≡N 伸缩振动吸收。有时一些不很强的谱带对于鉴定聚合物的结构也有重要作用，如低压聚乙烯为线型结构，一般含有烯类端基，因此在 990cm^{-1} 和 909cm^{-1} 的两个弱吸收峰，为特征吸收。红外光谱对研究聚合物的单体的排列方式也有重要作用，如在聚丙烯的红外谱图中，主要的吸收为甲基和亚甲基的伸缩振动和弯曲振动。聚丙烯有等规和间规的两种构象，前者属单斜晶系，后者属正交晶系，在指纹区有很大的区别。间规的聚丙烯含有 1230cm^{-1}、1199cm^{-1}、1131cm^{-1} 的非晶带。图 2-44 为等规聚丙烯的红外谱图。

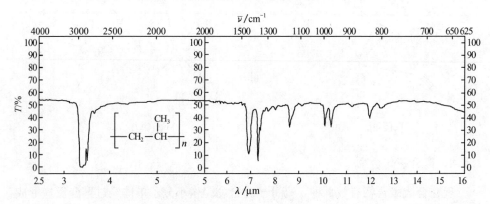

图 2-44 聚丙烯的红外光谱图

2960～2850cm^{-1}：CH_2 CH_3 的 C—H 伸缩振动；～1440cm^{-1} 和～1370cm^{-1}：CH_2 CH_3 的弯曲振动

2.4.9 无机化合物

无机化合物的红外谱图比有机化合物要简单得多。其在中红外区的吸收主要是由阴离子的晶格振动引起的,与阳离子的关系不大,因此常常只出现少数几个宽吸收峰。阳离子的质量增加,仅使吸收位置向低频率稍作位移(图 2-45)。如 KNO_3 的两个吸收峰位于 $1380cm^{-1}$ 和 $824cm^{-1}$,而 $Pb(NO_3)_2$ 的吸收位置在 $1373cm^{-1}$ 和 $836cm^{-1}$ 处。表 2-13 列出了常见无机阴离子吸收的数据。

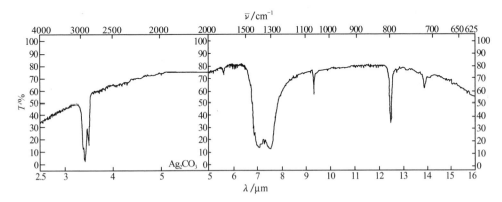

图 2-45 碳酸银的红外光谱图

表 2-13 常见无机物中阴离子在中红外区的吸收

基　团	吸收峰位置/cm^{-1}	强　度
CN^-	2230~2130	强
SCN^-	2160~2040	强
HCO_3^-	3300~2000	宽、多个峰
	1930~1840	弱、宽
	1700~1600	强
CO_3^{2-}	1530~1320	强
	2200~1040	弱
	890~800	
NO_3^-	1450~1300	强、宽
	850~800	尖
PO_4^{3-}	1120~940	强、宽
SO_4^{2-}	1210~1040	强、宽
	1036~960	弱、尖
ClO_4^-	1150~1050	强、宽
ClO_3^-	1050~900	强、双峰或多个峰
结晶水	3600~3000	强、宽
	1670~1600	

2.5　红外图谱解析

2.5.1　红外光谱的分区

红外光谱中，在 $4000 \sim 1300 \mathrm{cm}^{-1}$ 范围内，每一红外吸收峰都和一定的官能团相对应，这个区域称为官能团区。$1300 \sim 650 \mathrm{cm}^{-1}$ 区域中虽然一些吸收也对应于一定的官能团，但大量的吸收峰并不与特定官能团相对应，仅显示化合物的红外特征，犹如人的指纹，称为指纹区。结构上的细微变化都会引起指纹区吸收的变化，不同化合物的指纹吸收是不同的，因此指纹区吸收的峰形和峰强度对判断化合物的结构有重要作用。不过应注意不同的制样条件可导致指纹区吸收的变化，同系物的指纹吸收也可能相似。

各种官能团具有一个或多个特征吸收，记忆各种官能团的特征吸收往往过于凌乱，可以将红外吸收分为 4 个区域，以便于检索和记忆。

1. $4000 \sim 2500 \mathrm{cm}^{-1}$

这是 X—H 单键的伸缩振动区，其中 X 为 C、N、O、S 等。

O—H 伸缩振动：羟基的伸缩振动位于 $3650 \sim 3200 \mathrm{cm}^{-1}$ 范围。醇和酚在游离状态时，$\bar{\nu}_{\mathrm{OH}}$ 在 $3650 \sim 3590 \mathrm{cm}^{-1}$ 有中等强度的吸收。由于游离羟基仅存在于气态或低浓度的非极性溶液中，通常状态下，羟基化合物是以氢键相连的缔合体，吸收峰明显向低频率位移且峰强度增大，变宽。如果样品中含有微量水分时，在 $3300 \mathrm{cm}^{-1}$ 处也有吸收谱带，对醇和酚的判断产生干扰。羧酸的羟基伸缩振动通常在 $3300 \sim 2500 \mathrm{cm}^{-1}$，峰形变宽。

N—H 伸缩振动：N—H 伸缩振动吸收约出现在 $3500 \sim 3150 \mathrm{cm}^{-1}$ 处，强度弱或中等，缔合后吸收位置降低约 $100 \mathrm{cm}^{-1}$。伯胺由于 NH_2 有对称和非对称两种伸缩振动，具有两个吸收峰，并且吸收比羟基弱，与羟基形成明显区别。仲胺吸收峰比羟基尖锐，叔胺因 N 上无氢，此区域无吸收。

C—H 伸缩振动：C—H 伸缩振动吸收出现在 $3300 \sim 2700 \mathrm{cm}^{-1}$ 范围，不饱和烃的 C—H 伸缩振动吸收位于 $3000 \mathrm{cm}^{-1}$ 以上，饱和碳（除三元环外）C—H 伸缩振动吸收低于 $3000 \mathrm{cm}^{-1}$，不饱和烃的 C—H 伸缩振动吸收的强度较低，往往在大于 $3000 \mathrm{cm}^{-1}$ 处，以饱和 C—H 吸收峰的小肩峰形式存在。炔烃的 C—H 伸缩振动约为 $3300 \mathrm{cm}^{-1}$，吸收峰强度比缔合羟基弱，比胺基强，峰形尖锐。烯烃和芳烃的 C—H 伸缩振动位于 $3100 \sim 3000 \mathrm{cm}^{-1}$。

饱和烃的 C—H 伸缩振动一般可见四个峰，两个为 CH_3，$\sim 2960 \mathrm{cm}^{-1}$（$\nu_{\mathrm{as}}$），$\sim 2870 \mathrm{cm}^{-1}$（$\nu_{\mathrm{s}}$）；两个为 CH_2，$\sim 2925 \mathrm{cm}^{-1}$（$\nu_{\mathrm{as}}$），$\sim 2850 \mathrm{cm}^{-1}$（$\nu_{\mathrm{s}}$），

由峰强度可大致判断 CH_2 和 CH_3 的比例。醛基中的 $\bar{\nu}_{C-H}$ 位于 $2850\sim2720cm^{-1}$ 处，有两个特征吸收峰，是由 $\bar{\nu}_{C-H}$ 和 δ_{C-H} 的费米共振所产生的。

此外，无机物在 $3000cm^{-1}$ 附近无吸收，由此可区分有机物和无机物。

2. $2500\sim2000cm^{-1}$

此处为叁键和累积双键（ —C≡C— 、 —C≡N 、 $\diagdown C=C=C \diagup$ 、 —N=C=O ）伸缩振动区，但应注意扣除空气中 CO_2 的干扰（ $\sim2360cm^{-1}$, $\sim2335cm^{-1}$ ），此外 X—H（X＝B，P，Se，Si）键的伸缩振动也出现在这个区域。

3. $2000\sim1500cm^{-1}$

此处为双键伸缩振动区，其中羰基的吸收最为重要，大部分羰基吸收集中于 $1900\sim1650cm^{-1}$ ，往往为谱图的最强峰或次强峰。双键的 $\bar{\nu}_{C=C}$ 为 $1670\sim1600cm^{-1}$ ，强度中等，此处还有苯环的骨架振动，另外 C=N、N=O 的伸缩振动也出现在此区域。

4. $1500\sim600cm^{-1}$

此区域主要提供 C—H 弯曲振动的信息。甲基的 δ_{as} 为 $1460cm^{-1}$ ， δ_s 为 $1380cm^{-1}$ ，其中 $1380cm^{-1}$ 吸收对判断偕二甲基和偕三甲基有重要作用，如果该吸收峰发生分裂，说明有偕二甲基和偕三甲基存在。当与 O、N 相连时， $1380cm^{-1}$ 吸收峰明显向高波数位移。烯烃的面外弯曲振动位于 $1000\sim670cm^{-1}$ ，强度中到弱，可用于判断烯烃的取代情况。

苯环的 C—H 弯曲振动因取代不同而在 $900\sim650cm^{-1}$ 有所不同，可用于判断苯环的取代位置，但当苯环上有强极性基团如—NO_2 、—COOH 取代时，不能用这一区域的吸收判断取代情况。

2.5.2　红外标准谱图及检索

许多红外光谱实验室为了方便工作，都根据自己的工作范围，记录了不少的红外"标准"光谱图，以备鉴定化合物时检索之用。由于红外光谱仪的型号不同，其光谱范围也不同，有的是用线性波长，有的是用线性波数记录光谱的。由于仪器的分辨能力不同，所得光谱图的质量也不相同。另外，由于样品的纯度和状态对所得光谱的质量也有很大的影响，一时难以统一起来。国外已有多种成套的商品红外标准光谱卡片，但由于早期仪器的分辨能力所限，多数谱图质量都较差。

　　萨特勒红外谱图集是较常用的谱图集，收集的谱图数量也是最多的。该谱图集系由萨特勒实验室自 1947 年开始出版的，到目前为止已出版了两代光谱图，第一代为棱镜光谱，第二代为光栅光谱。两代光谱均分为标准谱图和商品谱图两部分。备有多种索引，如分子式索引、相对分子质量索引、波长索引、官能团字母索引、化合物分类索引、化合物名称字母索引等。还具有总索引，从总索引可以检索到一种化合物的几种谱图（质谱除外）。其商品谱图包括农业化学品、单体和聚合物、增塑剂、纤维、医药、表面活性剂、颜料和染料、石油产品等，针对商品的研究也十分方便。

　　随着红外光谱数据的迅速积累和信息技术的高速发展，传统的装订成册的谱图集已不适应时代的要求，取而代之的将是谱图数据库和谱图的网络传输。随着谱图量急剧增加，其数据库的管理和数据的网络传输仍存在一定的困难，因此，在保持原红外吸收峰的基本特征不变的前提下，使数据得到压缩，为谱图的存储和处理带来方便。分析-综合编码是新近发展起来的一种数据压缩、重建方法，其基本原理是通过对信息源数据的分析，将其分解成一系列更宜于表示的"基元"，或者从原始数据中抽取那些更具有本质意义的特征参数。仅对这些基本单元或特征参数进行编码，在恢复重现数据时，则借助于一定的规则或模型，按一定的算法将这些基元或参数再"综合"成原信息的一个逼近。近年来，随着Internet和 WWW 技术的发展，使信息服务的概念和方式发生一场意义深远的革命，WWW 的平台无关特性使得 Internet 上基于 WWW 的所有信息系统可以看成一个逻辑上的整体，WWW 的客户端软件（Netscape 和 IE）已成为微机系统的标准配置，使得用户和信息服务系统可以跨越地域和计算机系统方面的限制。网络化的目标是建立实用的红外光谱谱图信息服务系统，用户只需提出问题和需求，不必关心所需连接的数据库类型和数据库存放位置，信息系统将根据问题的种类和要求自动搜索有关数据库，将检索结果汇总成为报告提交用户。

　　现在网上可以找到各种波谱数据库，有收费的商业网站，也有免费的谱图资源。常用的免费网上谱图下载资源如下：

　　(1) http://www. aist. go. jp/RIODB/SDBS/cgi-bin/cre_index. cgi。由 National Institute of Advanced Industrial Science and Technology 提供。在此网站可以输入化合物名称、分子式、相对分子质量、CA 登录号，点击"search"进行检索，此网站可检索到化合物的 IR、Raman、^{1}H NMR、^{13}C NMR、MS 等谱图，谱图可以免费下载，但一天下载谱图不得超过50张。

　　(2) http://webbook. nist. gov/chemistry/。此网站由 The National Institute of Standards and Technology（NIST）提供，在此网站可通过分子式、化合物名称、分子结构式、CA 登录号等信息进行检索，可检索到化合物的 IR、UV-Vis、MS 等

谱图,可以免费下载 IR、Raman、^{1}H NMR、^{13}C NMR、MS 等谱图。

（3）Sadler 光谱网上免费资源，http：//www. knowitall. com/handbook/ir/default ir. html。该网站提供了给类化合物的典型谱图，包括 IR、^{1}H NMR、^{13}C NMR、MS，共600余张。谱图可以免费下载。

2.5.3 红外图谱的解析

红外图谱的解析主要是根据样品的红外光谱信息，推导出样品可能的分子结构。由于化合物的红外光谱往往十分复杂，影响红外光谱吸收峰数目、频率、强度及形状的因素很多，使红外光谱的解析更带有经验性。

解析谱图时应当掌握各官能团的特征吸收峰，以及影响振动吸收频率的因素。按峰区分析，指认每一吸收峰可能的归属，结合其他峰区的相关吸收，确定可能存在的官能团。再根据指纹区红外特征，综合分析，提出化合物可能的分子结构。由于红外光谱的复杂性，其解析往往具有一定的经验性，因此仅利用红外光谱就确定化合物的分子结构往往是不够准确的。最好能结合样品的理化性质，必要时查阅标准谱图，结合其他谱（紫外、核磁、质谱等），以确证结构。

通常光谱解析的步骤如下：

（1）观察谱图的高频区，确定可能存在的官能团，再根据指纹区确定结构。

（2）如果有元素分析和质谱的结果，可根据分子的化学式计算分子的不饱和度，根据不饱和度的结果推断分子中可能存在的官能团。例如，当分子的不饱和度为1时，分子中可能存在一个双键或一个环状结构，不饱和度大于4时，推断分子结构中可能含有苯环，再根据红外谱图验证推测的正确性。

不饱和度（degree of unsaturation），又称缺氢指数（index of hydrogen deficiency)或双键等价值（double bond equivalence）。所谓不饱和度即是当一个化合物变为相应的烃时，和同碳的饱和烃比较，每缺少两个氢为一个不饱和度。不饱和度的计算可用下列公式：

$$U = \frac{2n+2+a-b}{2} \tag{2.15}$$

式中：n——分子中 4 价原子的数目，如 C、Si；

a——分子中 3 价原子的数目，如 P、N；

b——分子中 1 价原子的数目，如 H、F、Cl、Br、I。

氧和硫的存在对不饱和度没有影响。

（3）由于红外光谱的复杂性，并不是每一个红外谱峰都是可以给出确切的归属，因为某些峰是分子作为一个整体的吸收，而有的峰则是某些峰的倍频或合频。另外有些峰则是多个基团振动吸收的叠加。在解析光谱的时候，往往只要能给出 10%～20%的谱峰的确切归属，由这些谱峰提供的信息，通常可以推断分子中可能含有的官能团。在分析特征吸收时，不能认为强峰即是提供有用的信息，而忽略弱峰的信息。例如，835cm^{-1}的谱峰存在与否是区别天然橡胶与合成橡胶的重要标志，前者有此峰，后者则没有。

(4) 当某些特殊区域无吸收峰时，可推测不存在某些官能团，这时往往可以得出确定的结果，这种信息往往更有用。当某个区域存在一些吸收峰时，不能就此断定分子中一定有某种官能团，由于红外光谱的吸收频率还受到各种因素的影响，如电子效应和凝聚态的影响，峰的强度和位置可能发生一定的变化。另外，不同的官能团可能在同一区域出现特征吸收峰，因此，要具体分析各种情况，结合指纹区的谱峰位置和形状做出判断。

(5) 当怀疑样品中有杂质时，在谱图中有许多中等强度的谱峰或强肩峰，应当将化合物提纯，再用类似方法进行光谱测试。

(6) 了解样品的来源、用途、外观以及样品的一些物理性质数据和元素分析数据，以缩小考虑的范围。

下面通过一些例子，来说明谱图解析的一般方法。

【例 2.1】　某化合物的分子式为 C_6H_{14}，红外谱图如下：

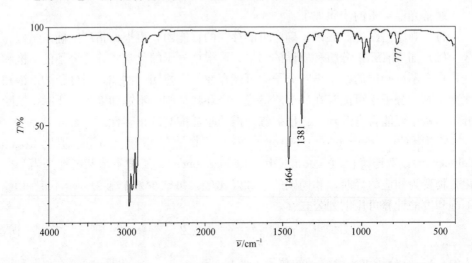

试推测该化合物的结构。

解　从谱图看，谱峰少，峰形尖锐，谱图相对简单，可能化合物为对称结构。

从分子式可以看出该化合物为烃类，计算不饱和度：

$$U=(6\times2+2-14)/2=0$$

表明该化合物为饱和烃类。由于 1381cm^{-1}的吸收峰为一单峰，表明无偕二甲基

存在。777cm^{-1}的峰表明亚甲基基团是独立存在的。因此结构式应为

$$\begin{array}{c} CH_3 \\ | \\ CH_3-CH_2-CH-CH_2-CH_3 \end{array}$$

由于化合物相对分子质量较小，精细结构较为明显，当化合物的相对分子质量较高时，由于吸收带的相互重叠，其红外吸收带较宽。

谱峰归属（括号内为文献值）。

3000～2800cm^{-1}：饱和 C—H 的反对称和对称伸缩振动（甲基：2960cm^{-1}和 2872cm^{-1}；亚甲基：2926cm^{-1}和 2853cm^{-1}）。

1461cm^{-1}：亚甲基和甲基弯曲振动（分别为 1470cm^{-1}和 1460cm^{-1}）。

1381cm^{-1}：甲基弯曲振动（1380cm^{-1}）。

777cm^{-1}：乙基中—CH$_2$—的平面摇摆振动（780cm^{-1}）。

【例 2.2】　试推断化合物 C_4H_5N 的结构。

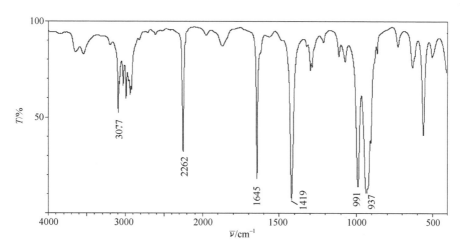

解　计算不饱和度：

$$U=(4\times2+2-5+1)/2 = 3$$

由不饱和度分析，分子中可能存在一个双键和一个叁键。由于分子中含 N，可能分子中存在—CN 基团。

由红外谱图可见：从谱图的高频区可看到 2260cm^{-1}，为腈基的伸缩振动吸收；1645cm^{-1}，为乙烯基的—C≡C—伸缩振动吸收。可推测分子结构为

$$CH_2=CH-CH_2-CN$$

由 990cm^{-1}、935cm^{-1}的吸收，表明有末端乙烯基。1418cm^{-1}：亚甲基的弯曲振动（1470cm^{-1}，受到两侧不饱和基团的影响，向低频率位移）和末端乙烯基弯曲振动（1400cm^{-1}）。验证推测正确。

【**例 2.3**】 试推断化合物 C_7H_9N 的结构。

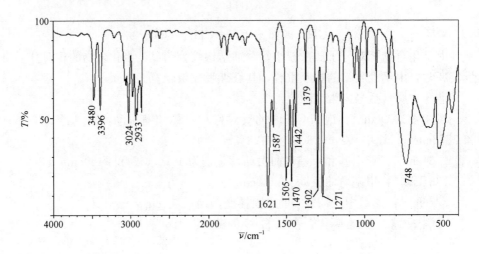

解 计算不饱和度：

$$U=(7×2+2-9+1)/2=4$$

不饱和度为 4，可能分子中有多个双键，或者含有一个苯环。

3480cm^{-1}和 3396cm^{-1}：两个中等强度的吸收峰表明为—NH$_2$ 的反对称和对称伸缩振动吸收（3500cm^{-1}和 3400cm^{-1}）。

3024cm^{-1}：苯环上 C—H 伸缩振动；1621cm^{-1}、1587cm^{-1}、1505cm^{-1}、1470cm^{-1}：苯环的骨架振动（1621cm^{-1}、1587cm^{-1}、1505cm^{-1}及 1470cm^{-1}）。证明苯环的存在。

748cm^{-1}：苯环取代为邻位（770～735cm^{-1}）。

1442cm^{-1}和 1380cm^{-1}：甲基的弯曲振动（1460cm^{-1}和 1378cm^{-1}）。

1271cm^{-1}：伯芳胺的 C—N 伸缩振动（1340～1250cm^{-1}）。

由以上信息可知该化合物为邻-甲苯胺

【**例 2.4**】 试推测化合物 $C_8H_8O_2$ 的分子结构。

解 计算不饱和度

$$U=(8×2+2-8)/2=5$$

不饱和度大于 4，分子中可能有苯环存在，由于仅含 8 个碳，因此该分子应含一个苯环一个双键。

3044cm^{-1}：苯环 C—H 伸缩振动；1606cm^{-1}、1577cm^{-1}、1450cm^{-1}：苯环

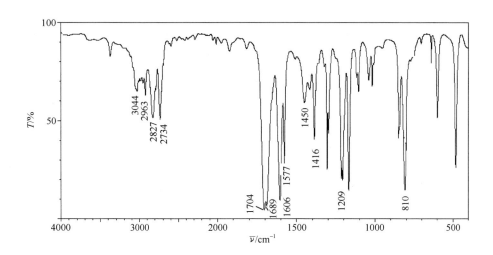

的骨架振动（1600cm⁻¹、1585cm⁻¹、1500cm⁻¹及1450cm⁻¹）。证明苯环的存在。

810cm⁻¹：对位取代苯（833～810cm⁻¹）。

1704cm⁻¹：醛基—C=O 伸缩振动吸收（1735～1715cm⁻¹，由于与苯环发生共轭向低频率方向位移）。

2827cm⁻¹和2734cm⁻¹：醛基的 C—H 伸缩振动（2820cm⁻¹和2720cm⁻¹）。

1465cm⁻¹和1395cm⁻¹：甲基的弯曲振动（1460cm⁻¹和1380cm⁻¹）。

1260cm⁻¹和1030cm⁻¹：C—O—C 反对称和对称伸缩振动（1275cm⁻¹～1010cm⁻¹）。

由以上信息可知化合物的结构为

$$CH_3O-\!\!\!\!\bigcirc\!\!\!\!-CHO$$

2.6　拉曼光谱简介

在 1924～1926 年，印度物理学家拉曼（C. V. Raman）首先发表了一系列有关拉曼效应的报道。拉曼效应是光与物质相互作用时出现的一种现象，光通过物质时，其散射的光有部分频率发生变化，如太阳光束照射晶体发生散射现象，这部分光当时就称为拉曼散射光。拉曼由于发现并系统地研究了拉曼散射，在1930 年获得了诺贝尔物理学奖。拉曼效应是拉曼光谱学的基础。拉曼光谱是分子的光散射现象所产生的。所谓光散射现象就是单色光通过物质发生的能量偏离效应，也就是散射光频率与入射光频率的偏离。这种频率的位移，与分子的振动和转动有关，记录频率的位移，即可得到拉曼光谱。原始的这种拉曼光谱用汞弧灯为光源，出现的谱线极其微弱，而且只有透明的液体样品才适合于实验，因此在极大程度上限制了它的发展。到 1945 年左右，这种拉曼光谱仍未引起人们注意。20 世纪 50 年代，拉曼光谱只是物理学上的振动光谱研究和教学上的示范。自从激光器被用作光源以来，情况则大有改变，凡是红外光谱可测的试样，激光拉曼光谱几乎同样可测。甚至有些红外光谱测定有困难的试样，激光拉曼光谱也都可测。据近年来的报道，在高分子化合物、有机金属络合物、水溶性生化有机试剂的测定方面，激光拉曼光谱比红外光谱有更胜一筹之处。我国激光拉曼光谱仪的生产在 1970 年以前是空白，1974 年才着手研究，1976 年第一台 WFL 型激光拉曼分光光度计研制成功。

2.6.1 拉曼光谱原理

拉曼光谱为散射光谱，量子力学认为，入射的光量子与分子相碰撞时，可以是弹性碰撞，也可以是非弹性碰撞。在弹性碰撞中，光量子与分子间没有能量交换，光量子仅改变其运动的方向，能量保持不变，这种散射称为瑞利散射（Rayleigh scattering）。瑞利散射的光强度很强，频率等于入射频率。在非弹性碰撞中，光量子与分子有能量交换，光量子的一部分能量传给散射分子，或从散射分子中吸收一部分能量，能量发生改变。给予或得到的散射分子的能量只能是两能态之间的差值，$\Delta E = E_1 - E_0$，其频率改变为 $\Delta \nu = \Delta E / h$，即发生了拉曼散射，这种频率的变动称为拉曼位移，频率的改变反映了分子振动的特征。当光量子把一部分能量传给分子时，光量子则以较低的频率散射出去，产生斯托克斯线。这一部分能量转化为分子的振动和转动能，分子处于激发态。当光量子接受激发态散射分子的一部分能量，产生高频散射，称为反斯托克斯线。由玻尔兹曼定律可知，通常状态下分子绝大部分处于基态，因此，斯托克斯线的强度远远强于反斯托克斯线，拉曼光谱仪一般也就记录斯托克斯线。

由此可见，拉曼位移的频率和红外吸收的频率一样，都反映分子的振动频率，但有红外吸收的分子振动是分子振动时有偶极矩变化的振动；而拉曼散射的分子振动则是分子振动时有极化率变化的振动。也就是说，对于红外光谱，分子一定要在振动跃迁过程中有偶极矩（μ）的改变，才是红外可见的，对于拉曼光谱来说，如果分子从低能级到高能级的跃迁时有极化率的改变，就是拉曼可见的。极化率是一个分子在电场作用下的极化，如 CCl_4 分子是对称分子，没有偶极矩，但在电场作用下，就会产生极化，而且极化率很高。一般来说，极性基团的红外吸收明显，可利用红外光谱进行研究；非极性基团的红外吸收弱，往往需要借助于拉曼光谱，因此，拉曼光谱和红外光谱是互为补充的。具有高的电子云密度或高度局部对称性，如 $C=C$、$S-S$ 等，具有较强的拉曼活性。凡具有对称中心的分子，如果红外吸收是活性的，则拉曼散射是非活性的；反之，如果红外吸收是非活性的，则拉曼散射是活性的。一般情况下，化合物往往同时具有红外活性和拉曼活性，但可能在两种谱图中峰的强度有所不同。如图 2-46 所示，1-甲基环己烯的双键的吸收峰在红外光谱中很弱，而在拉曼光谱中却是一个强而尖锐的大峰。

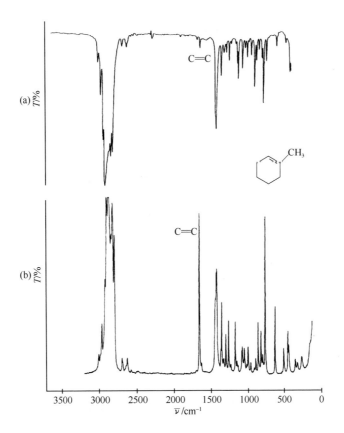

图 2-46　1-甲基环己烯的红外和拉曼光谱

（a）红外光谱；（b）拉曼光谱

激光拉曼光谱之所以一开始就受到重视，因为它与红外光谱有着相同的波长范围，操作比红外光谱简单，还具有以下优点：

（1）拉曼光谱是将照射试样的频率 ν_0 改变为 ν 的一种散射光谱，频率位移差 $\Delta\nu$ 不受单色光源频率的限制，因此单色光源的频率可根据样品颜色而有所选择。红外光谱的光源不能任意调换。

（2）用激光器为光源，激光的单色性很好，激光拉曼光谱谱峰尖锐，分辨性好。而红外谱峰往往很宽。

（3）在显微分析中，拉曼光谱有更高的分辨率。激光拉曼光谱的常规试样用

量为 $2\sim2.5\mu g$，微量操作时用量可为 $0.06\mu g$；红外光谱的常规用量为 $100\mu g$，微量操作用量为 $0.1\mu g$。由于玻璃对可见光的吸收弱，样品可装于毛细管内或安瓿瓶内直接测定拉曼光谱，对固体试样不需任何处理。红外光谱测量固体样品时需要一定的处理，如 KBr 压片或制备石蜡糊等。使用添加剂后，往往对谱图造成一些影响，形成一些杂质峰。

(4) 激光拉曼光谱可用于单晶的低频晶格频率及高频分子频率的研究。这是由于晶格内的分子排列一定，偏振参数不像液体那样是空间平均化的。在振动频率的归属上能应用与排列有关的偏振数据。单晶的偏振数据包括同位素取代、谱峰轮廓（band contour）、可用简正坐标分析法（normal coordinate calculation）计算频率归属，而红外光谱不能做这些单晶的数据。

(5) 激光拉曼光谱可测水溶液，而红外光谱不适用于水溶液的测定。这是由于水分子的不对称性，在拉曼光谱上没有伸缩振动频率谱带及其他的变形、剪切等振动频率谱带很弱，因此，水的拉曼光谱比较简单。而水对红外光不透明，影响了溶质光谱的分析。对醇类溶液，激光拉曼光谱也有同样的优点。因此拉曼光谱可以应用于生物样品研究，如蛋白质在水溶液中的二级结构等。

(6) 激光拉曼光谱的频率范围可为 $20\sim4000\mathrm{cm}^{-1}$（$500\sim2.5~\mu m$）。一般红外光谱的测频范围目前只能为 $200\sim4000\mathrm{cm}^{-1}$（$50\sim2.5~\mu m$），$200\mathrm{cm}^{-1}$ 以下需用远红外光谱。

(7) 激光拉曼光谱对 $C=C$、$C\equiv C$、$S-S$、$C=S$、$P-S$ 等红外弱谱峰很灵敏，能出现强峰，对易产生偏振的一切重元素（过渡金属、超铀元素）的配位键均可出现拉曼强峰。

(8) 拉曼活性的谱线是基团极化率随简正振动改变的关系，而红外活性的谱线是基团偶极矩随简正振动改变的关系，故拉曼光谱中只有少量的倍频及合频。在红外光谱上，易出现倍频和合频。所以，在激光拉曼谱图上谱峰清楚，谱峰较少，往往仅出现基频谱峰，比红外光谱更容易分析。

2.6.2　激光拉曼光谱在有机化学方面的应用

众所周知，红外光谱是目前有机化学在日常分析中应用最普遍的一种方法。但从激光拉曼的发展趋势看，将来它有可能与红外光谱并驾齐驱，红外光谱的一些谱图知识有时可直接应用于拉曼谱图上。因此，对有机化学工作者来说，熟悉并掌握激光拉曼光谱不是一件难事。然而由于红外和拉曼两种谱线的强弱不同，拉曼散射光的强度太弱，因此，有时必须考虑它们二者对基团频率测定的灵敏度，使红外、拉曼二者相互补充，对确定基团频率的归属有利。

单晶的研究用 X 射线衍射光谱需要较长时间，还需耗用大量人力和物力。同时，所用的单晶要有相当的大小和比较好的质量。如果改用激光拉曼光谱研究有机化合物的单晶，不仅可以得到珍贵的结晶信息，而且可大大节约时间。例如，在现代的液晶及球晶的分子研究方面，激光拉曼光谱已经受到人们的重视。

在有机高分子结构鉴定上，激光拉曼光谱有着一系列特点，如可直接用于单丝的研究、浑浊样品水溶液的测定等，还可用于高分子空间构型间规和等规的测定，也可直接用于高分子的偏振测定。到目前为止，用激光拉曼光谱研究过的高分子为数很多，其中极大部分是有成效的。所以，用激光拉曼光谱对高分子结构进行研究是一个方向。

目前，激光拉曼光谱正进一步推广到生物活性的有机物结构的研究方面，如对核糖核酸、蛋白质和多肽的螺旋结构、硫键的联结等都可加以说明。

2.7　红外光谱技术的进展及应用

2.7.1　红外光谱技术的进展

红外光谱由于必须制样测定，不论是固体压片还是液膜法都很难保证每一次测量的光程一致，定量测定会带来误差。另外制样过程中可能沾染上杂质，使测量谱图中出现杂质峰。混合物进行红外光谱测量时，普遍存在谱峰重叠现象。原位（在线）研究困难，只能在少数研究中应用。因此要求红外技术进一步发展，漫反射傅里叶变换红外光谱技术和衰减全反射傅里叶变换红外光谱等技术应运而生。

1. 红外显微镜

红外显微镜（IR microscope）诞生于 20 世纪 80 年代初，是使用高光通量的光谱高精度地聚焦在样品的微小面积上，使测量灵敏度大大提高。一般检测限量在纳克级，个别物质能检测到皮克级。红外显微镜可以是透射式和反射式。对红外光透明的微小样品可以直接做透射红外光谱，红外不透明的物质可测定反射红外光谱，进行无损分析。在红外显微镜中可见光与红外光沿同一光路，利用可见光在显微镜下直接找到需要分析的微区（可小至 $10\mu m$ 直径），并可将其拍照或摄像。保持镜台不动，即可测量所选微区的红外光谱。如采用同步加速器红外源，提高了红外光谱单色性和光强度，提高了测试探针的信噪比，使高分辨红外显微镜成为可能，分辨率可达到 $3\mu m$。利用红外显微镜能清楚观察到人毛发的角质层和毛髓部分（图 2-47）。

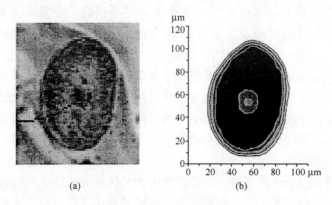

图 2-47　人毛发的截面图像

（a）可见图像；（b）3300cm^{-1}的 NH 伸缩振动红外成像

2. 漫反射傅里叶变换红外光谱技术（DRS）

当光照射到疏松的固体样品表面，一部分光发生镜面反射；另一部分光在样品表面发生漫反射，或在样品微粒间辗转反射并衰减，或射入样品内部再折回散射，入射光经过漫反射和散射后与样品发生了能量交换，光强发生吸收衰减，记录衰减信号，即得到漫反射红外光谱。

与透射傅里叶变换红外光谱技术相比，漫反射傅里叶变换红外光谱技术具有以下优点：不需要制样、不改变样品的形状，不污染样品，不要求样品有足够的透明度或表面光洁度，也不破坏样品，不对样品的外观和性能造成损害，可以进行无损测定。例如，可对珠宝、钻石、纸币、邮票的真伪进行鉴定。

漫反射红外光谱可以测定松散的粉末，因而可以避免由于压片造成的扩散影响，很适合散射和吸附性强的样品，目前在催化剂的研究中得到了广泛应用，可以进行催化剂表面物种的检测及反应过程原位跟踪研究。

3. 衰减全反射傅里叶变换红外光谱技术（ATR-FTIR）

20 世纪 90 年代初，衰减全反射（ATR）技术开始应用到红外显微镜上，即衰减全反射傅里叶变换红外光谱仪。将样品与全反射棱镜紧密贴合，当入射角大于临界角时，入射光在进入光疏介质（样品）一定深度时，会折回射入全反射棱镜中（图 2-48），射入样品的光线会由于样品的吸收，有所衰减，不同波长范围衰减程度不同，与样品的结构有关。记录其衰减随波长的变化即得到衰减全反射光谱。衰减全反射红外光谱为一些无法用常规红外透射光谱测量的样品，如涂料、橡胶、塑料、纸、生物样品等提供了制样摄谱技术。近年来，随着计算机技术的发展，实现了非均匀样品和不平整样品表面的微区无损测量。

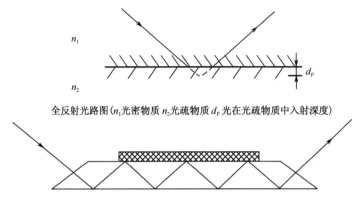

全反射光路图(n_1光密物质 n_2光疏物质 d_p光在光疏物质中入射深度)

图 2-48　光线在样品和棱镜间多次全反射

图中上层为样品，下层为棱镜

衰减全反射傅里叶变换红外光谱技术具有以下优点：

（1）不破坏样品，不需要对样品进行分离和制样，对样品的大小、形状没有特殊要求。

（2）可测量含水和潮湿的样品。

（3）检测灵敏度高，测量区域小，检测点可为数微米。

（4）能得到测量位置物质分子的结构信息，某化合物或官能团空间分布的红外光谱图像及微区的可见显微图像。

（5）能进行红外光谱数据库检索以及化学官能团辅助分析，以确定物质的种类和性质。

（6）操作简便、自动化，用计算机进行选点、定位、聚焦和测量。

由于其具有以上优点，极大地扩大了红外光谱技术的应用范围，可以应用于物质表面的化学状态研究，原位跟踪测量及生物化学和药物化学中蛋白质、多肽的研究。

4. 光声光谱技术

光声光谱技术（photoacoustic spectroscopy，PAS）是探测样品吸收标度的一种测谱技术，其基本原理是光声效应。当一束红外光照射到样品时，样品会选择性地吸收入射光波，这时样品分子被激发到较高的振-转能级上。当激发态分子通过碰撞，无辐射地弛豫到基态时，样品分子吸收的能量便转变为分子的热运动。如果样品是放置在密闭的样品池内，而在池内又充以非吸收的气体介质（如氮气、氦气等），且入射光是经过调制的，这时在样品池内会产生一个周期性的压力信号。气体介质将这个压力传至装置在同一密闭体系内的微音器，产生电信号，该信号镜前置放大器放大后输入傅里叶变换红外光谱仪的主放大器和信号处理系统。经傅里叶变换，即可得到红外吸收光谱图。

光声光谱法有几个显著的优点。某些深色的样品，透过法和相反射法都难以获得有效的光谱信息，而光声光谱法却非常适宜于这种样品的测试。例如，深黑色的煤样，用其他红外制样方法很难简便地得到有用的光谱。使用光声光谱技术操作十分简单，只需将煤样直接放入光声池的样品杯中，所得的光谱精细程度要胜于技术繁复的漫反射光谱。无论透明的、不透明的、表面光滑的、毛糙的试样，也无论样品是粉末状、颗粒状、薄片状、平整与否，只要能放进光声池的样品杯中，它都无需制样，无需破坏试样，无需消耗样品就能测得光谱，并能避免糊状法和压片法中可能出现的光谱畸变和多余的介质吸收。

5. 红外联用技术

红外光谱用于鉴别化合物，操作简便，应用广泛，但要求被测样品必须具有一定的纯度。色谱法具有高分离能力，但不具备识别化合物能力，将两种方法联用即可取长补短。现在红外光谱与气相色谱、液相色谱和超临界色谱的联用都已获得成功。其中与气相色谱的联用最为成熟，已有多种型号的商品仪器问世；超临界色谱与红外的联用潜力最大，已进行了大量的研究开发工作。

与气相色谱/质谱联用（GC/MS）相比，气相色谱/红外联用（GC/IR）技术的准确度高，由于每一种化合物（对映体除外）都有独特的红外光谱，易于对未知物组分所含的官能团做出判断，误检的可能性低。缺点是其灵敏度比GC/MS低很多。傅里叶变换技术已大大降低了检出下限，使矛盾不太突出。

超临界流体色谱与红外光谱联用是当今最重要的联用分析技术之一。气体在一定的温度和压力下可成为超临界流体，物质在超临界流体中的扩散速度高于在液体中的扩散速度约 100 倍，而且它不需要像液相色谱一样需要高压才能通过具有一定阻力的柱子。对于相对分子质量比较大、极性强、受热易分解的分子，不能使用气相色谱，利用超临界色谱可解决问题。当压力解除后，超临界流体即成为气体，极易从分析体系中除去。超临界色谱与红外联用显示了独特的优越性。尤其对一些高沸点，难裂解的化合物，质谱分析难以得到理想的碎片，利用超临界色谱/红外联用可完全解决问题。

2.7.2 红外光谱技术的应用

红外光谱法由于操作简便，分析快速，样品用量较少，不破坏样品等优点，在有机定性分析中应用十分广泛。红外光谱中吸收峰的位置和强度提供了有机化合物化学键类型、几何异构、晶体结构等方面的信息，不同的官能团通常在红外光谱中都有不同的特征吸收峰。因此，可以利用红外光谱对化合物进行鉴定或结构的测定。化合物的鉴定，仅需将有关化合物的光谱与已知结构的化合物的光谱进行比较，从而肯定或否定所提出的可能结构的化合物。结构的测定，则要通过红外光谱的特征吸收谱带，测定物质可能含有的官能团，以确定化合物的类别，再结合化合物的其他物理化学性质，结合紫外、核磁、质谱等信息，测定化合物的分子结构。

1. 未知物化学结构的测定

测定未知物的结构时，应当结合其他的分析手段。化合物的元素分析结果、相对分子质量及熔点、沸点、折光率等物理常数，对于结构的测定都是十分重要的。根据元素分析结果求出化合物的经验式，再结合相对分子质量求出化学式，由化学式即可求出不饱和度。不饱和度数可使可能的结构范围大为缩小，初步的红外光谱功能基定性分析又可排除一部分不可能的结构。最后问题可简化为几种可能结构的抉择。如果是前人鉴定过的化合物，参考其物理常数可以使问题进一步简化。如果有标准物，可以测定标准物的红外光谱图，用以比较，必要时结合核磁共振、质谱分析、紫外光谱等分析手段，以得到肯定的结果。

2. 红外定量分析

红外光谱和紫外光谱一样也可以利用朗伯-比尔定律进行定量分析。由于制样技术不易标准化，红外光谱的定量精密度要比紫外光谱低。

红外光谱测定混合物中的各组分的含量有其独到之处，由于混合物的光谱是每个纯成分的加和，因此可以利用光谱各化合物的官能团的特征吸收测定混合物中各成分的百分含量。有机化合物中官能团的力常数有相当大的独立性，故每个纯成分可选一两个特征峰，测其不同浓度下的吸收强度，得到浓度对吸收强度的工作曲线。用同一吸收池装混合物，分别在其所含的每个纯成分的特征峰处测定吸收强度，从相应的工作曲线上求取各纯成分的含量。如杂质在同一处有吸收就会干扰含量，克服这个缺点的方法是对每个成分同时测量两个以上特征峰的强度。并在选择各成分的特征峰时尽可能是它的强吸收峰，而其他成分在其附近吸收很弱或根本无吸收。

3. 红外光谱在其他方面的应用

20 世纪 80 年代初，法国和德国的宝石学家最早将红外光谱用于宝石鉴定，并能迅速准确区别紫晶和紫色方柱石、欧泊与玻璃仿制品等。漫反射和全反射红外光谱为无损伤宝石鉴定提供了可能，90 年代之后，该技术在宝石学中的应用日益成熟，可以用来鉴别常规检测仪器无法鉴定，且常回避的宝石学问题，如不含任何包裹体或包裹体特征的祖母绿和合成祖母绿、金绿宝石和合成绿宝石、紫晶与合成紫晶等加以区分，特别是一些人工优化处理的宝石，如辐照处理的彩色钻石、B 货翡翠、注塑欧泊等。

对于用塑料、环氧树脂和硅基聚合物等高分子浸染或填充的宝石材料，如翡翠、欧泊等，用红外光谱检测有独到之处。如图 2-49 所示，天然翡翠和 B 货翡翠的红外光谱有明显区别，由于宝石中注入了高分子材料，在 $2827cm^{-1}$、$2928cm^{-1}$、$2942cm^{-1}$、$2969cm^{-1}$ 处，常显示 C—H 伸缩振动特征吸收峰，而未经处理的宝石无此吸收。

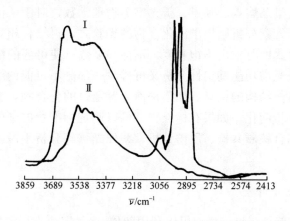

图 2-49　天然翡翠与 B 货翡翠的红外光谱图
Ⅰ. 天然翡翠；Ⅱ. B 货翡翠

红外光谱和拉曼光谱技术已经广泛地应用于鉴别高聚物，可用于定量分析化学成分，并用来确定构型、构象、支链、端基及结晶度。另外也可用于高聚物材料中的添加剂、残留单体、填料、增塑剂的鉴定。利用红外光谱还可以研究高聚物的立构规整度。傅里叶变换红外具有足够的灵敏度和较高的选择性，操作简单，利用透射、发射、漫反射、反射吸收、光声等多种不同的表面分析技术，可以研究高聚物表界面的结构及化学反应。

由于生物体的化学物质组成复杂，官能团众多，在红外光谱中各种官能团特征吸收相互覆盖、干扰，特别是水的吸收峰往往掩盖了生物分子的吸收，其光谱数据难以解析和利用。随着计算机技术的发展，红外光谱仪器已大大提高了信噪比，缩短了测量时间，使其应用从化学领域进入了生物科学和医学领域。

1990 年以来，FTIR 广泛用于宫颈癌、结肠癌、肝癌、皮肤癌、乳腺癌等细胞和组织研究，获得有意义的结果，通过正常组织细胞和癌变细胞组织的 FTIR 光谱的谱学差异，揭示细胞的分子结构差异，并结合病理诊断结果，可将红外光谱应用于肿瘤的良、恶性鉴别和肿瘤的分型和分级。

　　药物的同质多晶现象，在制药工业中是很常见的，由于不同晶型的药物，在密度、稳定性、溶解度、生物利用度等方面差异很大，往往造成负面影响，因此保持药物晶型一致性是非常重要的。以前研究晶体通常用 X 射线晶体衍射（XRD）、热载台显微镜观察和溶解度分析等，但操作较为繁琐。利用漫反射 FTIR 可以直接在天然状态下测定固体样品的红外光谱，由于不同晶型的药物对应的 FTIR 谱图不同，对药物晶型分析非常有用。

习　　题

　　1. 1-辛炔的端基炔 C—H 伸缩振动吸收为 $3350\,cm^{-1}$，试求该炔基的 C—D 和 ^{13}C—H 的伸缩振动吸收峰位置。

　　2. 判断下列各分子的碳-碳对称伸缩振动在红外光谱中是活性还是非活性的。

(1)　$CH_3—CH_3$　　　　　(2)　$CH_3—CCl_3$　　　　　(3)　$HC\equiv CH$

(4)

$$\underset{Cl}{\overset{H}{}}C=C\underset{Cl}{\overset{H}{}}$$

(5)

$$\underset{Cl}{\overset{H}{}}C=C\underset{H}{\overset{Cl}{}}$$

　　3. 试用红外光谱法区别下列异构体：

(1)　$CH_3CH_2CH_2CH_2OH$　　$CH_3CH_2OCH_2CH_3$

(2)　CH_3CH_2COOH　　CH_3COOCH_3

(3)

(4)

(5)

　　4. 试解释下列各组化合物羰基C—O伸缩振动吸收频率变化的原因。

(1)
　　$\sim 1770\,cm^{-1}$　　　$\sim 1750\,cm^{-1}$　　　$\sim 1800\,cm^{-1}$

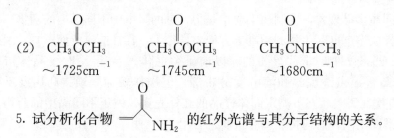

(2) CH_3CCH_3 CH_3COCH_3 CH_3CNHCH_3
$\sim 1725cm^{-1}$ $\sim 1745cm^{-1}$ $\sim 1680cm^{-1}$

5. 试分析化合物 的红外光谱与其分子结构的关系。

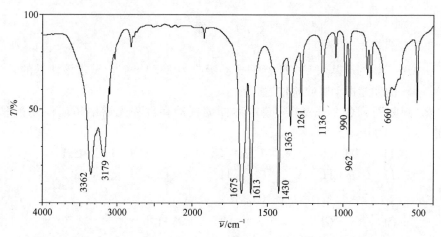

6. 某化合物分子式为 $C_8H_8O_2$，根据下面的红外光谱，判断该化合物是苯乙酸、苯甲酸甲酯，还是乙酸苯酯。

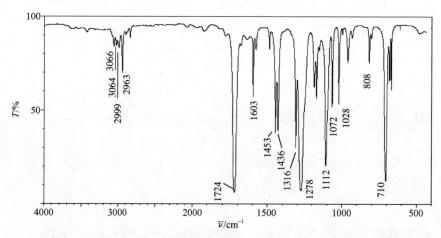

7. 化合物分子式为 C_9H_{12}，不与溴发生反应，根据红外光谱图推出其结构。

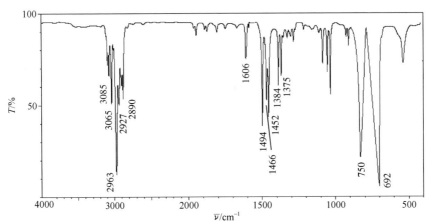

8. 化合物分子式为 $C_{14}H_{10}O_3$，熔点 38~42℃。

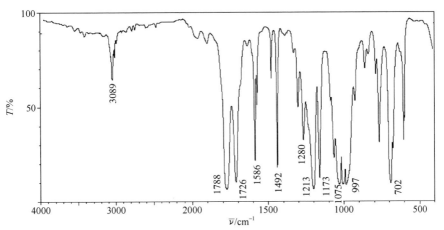

9. 由下图数据试推断固体化合物 $C_{16}H_{18}$ 的结构。

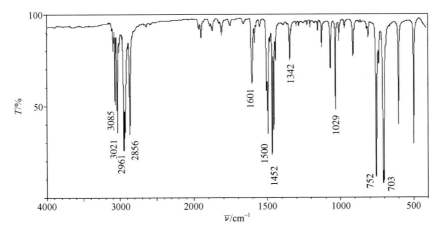

10. 从下图推断化合物 $C_4H_{10}O$ 的结构。

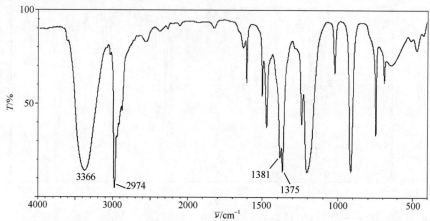

11. 试推断化合物 C_8H_7N 的结构，熔点 29.5℃。

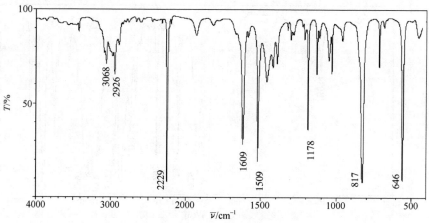

12. 某化合物分子式为 C_3H_7NO，从下图推断结构。

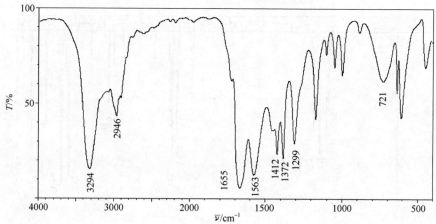

参 考 文 献

林炊，吴平平，周文敏等. 1991. 实用傅里叶变换红外光谱学. 北京：中国环境科学出版社

宁永成. 2000. 有机化合物结构鉴定与有机波谱学. 北京：科学出版社

乔利剑. 1994. 红外光谱在宝石学中的应用. 珠宝科技，13（2）：35～37

王宗明，何欣翔，孙殿卿. 1990. 实用红外光谱学. 第二版. 北京：石油工业出版社

谢晶曦. 1987. 红外光谱在有机化学和药物化学中的应用. 北京：科学出版社

薛奇. 1995. 高分子结构研究中的光谱方法. 北京：高等教育出版社

张叔良等. 1993. 红外光谱分析与新技术. 北京：中国医药科技出版社

Carr G L. 1999. High-resolution microspectroscopy and sub-nanosecond time-resolved spectroscopy with the synchrotron infrared source. Vibrational Spectroscopy，19：53～60

Jackson M，Mantsch H H. 1997. The medical challenge to Infrared Spectroscopy. J of Molecular Structure，408/409：105～111

Kalinkova G N. 1999. Infrared spectroscopy in pharmacy. Vibrational Spectroscopy，19：307～320

Lambert J B，Shruell H F，Lightner D A et al. 1998. Organic structural spectroscopy. New Jersey：Prentice-Hall Inc

Pouchert J. 1981. The aldrich library of infrared spectra. edition Ⅲ. Charles Aldrich Chemical Company Inc

Silverstein R M，Webster F X，Kiemi D J. 2005. Spectrometric identification of organic compounds. John Wiley & Sons. Inc. Ltd. Seventh edition：72～126

Stuart B. 2004. Infrared Spectroscopy：Fundamentals and Applications. John Wiley & Sons. Inc. Ltd

Williams D H，Fleming I. 1995. Spectroscopic mehtods in organic chemistry. Berkshire：McGraw-Hill Co

第3章 核磁共振氢谱

核磁共振（nuclear magnetic resonance，NMR）是近几十年发展起来的新技术，它与元素分析、紫外光谱、红外光谱、质谱等方法配合，已成为化合物结构测定的有力工具。目前核磁共振已经深入到化学学科的各个领域，广泛应用于有机化学、生物化学、药物化学、络合物化学、无机化学、高分子化学、环境化学、食品化学及与化学相关的各个学科，并对这些学科的发展起着极大的推动作用。

核磁共振的现象是美国斯坦福大学的 F. Block 和哈佛大学的 E. M. Purcell 于 1945 年同时发现的，为此，他们荣获了 1952 年的诺贝尔物理学奖。1951 年 Arnold 等发现了乙醇的核磁共振信号是由 3 组峰组成的，并对应于分子中的 CH_3、CH_2 和 OH 3 组质子，揭示了 NMR 信号与分子结构的关系。1953 年，美国 Varian 公司首先试制了 NMR 波谱仪，开始应用于化学领域并逐步推广。此后的几十年，NMR 技术的发展很快，理论上不断完善，仪器和方法不断创新，特别是高强超导磁场的应用，大大提高了仪器的灵敏度和分辨率，使复杂化合物的 NMR 谱图得以简化，容易解析。脉冲傅里叶变换技术的应用，使一些灵敏度小的原子核，如 ^{13}C、^{15}N 等的 NMR 信号能够被测定。随着计算机技术的应用，多脉冲激发方法的采用及由此产生的二维谱、多维谱等许多新技术，使许多复杂化合物的结构测定迎刃而解，使 NMR 成为化学研究中最有用的方法之一。

通过核磁共振谱可以得到与化合物分子结构相关的信息，如从化学位移可以判断各组磁性核的类型，在氢谱中可以判断烷基氢、烯氢、芳氢、羟基氢、胺基氢、醛基氢等；在碳谱中可以判别饱和碳、烯碳、芳环碳、羰基碳等；通过分析偶合常数和峰形可以判断各组磁性核的化学环境及与其相连的基团的归属；通过积分高度或峰面积可以测定各组氢核的相对数量；通过双共振技术（如 NOE 效应）可判断两组磁核的空间相对距离等。

核磁共振测定过程中不破坏样品，一份样品可测多种数据；不但可以测定纯物质，也可测定彼此信号不相重叠的混合物样品；不但可以测定有机物，现在许多无机物的分子结构也能用核磁共振技术进行测定。

3.1　核磁共振的基本原理

3.1.1　原子核的磁矩

核磁共振研究的对象是具有磁矩的原子核。原子核是带正电荷的粒子，其自旋运动将产生磁矩。但并非所有同位素的原子核都具有自旋运动，只有存在自旋运动的原子核才具有磁矩。

具有自旋运动的原子核都具有一定的自旋量子数（I），$I=\frac{1}{2}n$，$n=0$，1，2，3，…（取整数）。

（1）核电荷数和核质量数均为偶数的原子核没有自旋现象，$I=0$，如 ^{12}C、^{16}O、^{28}S等，这类原子是核电荷均匀分布的非自旋球体，无自旋现象，也没有磁性，因此，不成为核磁共振研究的对象。

（2）核电荷数为奇数或偶数，核质量数为奇数，I 为半整数的原子核，如 ^{1}H、^{13}C、^{15}N、^{19}F、^{31}P等（$I=1/2$）；^{11}B、^{33}S、^{35}Cl、^{37}Cl、^{79}Br、^{81}Br、^{39}K、^{63}Cu、^{65}Cu等（$I=3/2$），^{17}O、^{25}Mg、^{27}Al、^{55}Mn、^{67}Zn等（$I=5/2$）。这类原子核有自旋现象。

（3）核电荷数为奇数，核质量数为偶数，I 为整数的原子核，如 ^{2}H、^{14}N、^{6}Li等（$I=1$），^{58}Co（$I=2$）、^{10}B（$I=3$）。这类原子核也有自旋现象。

可见 $I\neq0$ 的原子核都有自旋现象，其自旋角动量（P）为

$$P = \sqrt{I(I+1)}\,\frac{h}{2\pi} \tag{3.1}$$

式中：h——普朗克常量。

具有自旋角动量的原子核也具有磁矩 μ，μ 与 P 的关系如下：

$$\mu = \gamma p \tag{3.2}$$

式中：γ——磁旋比（magnetogyric ratio）或旋磁比（gyromagnetic ratio），它是原子核的特征常数。

$I=1/2$ 的原子核在自旋过程中核外电子云呈均匀的球形分布，见图 3-1（b），核磁共振谱线较窄，最适宜于核磁共振检测，是 NMR 主要的研究对象。$I>1/2$的原子核，自旋过程中电荷在核表面非均匀分布，见图 3-1（c），核磁共振的信号很复杂。一些常见原子核的核磁共振性质见表 3-1。

由表 3-1 数据可见有机化合物的基本元素 ^{13}C、^{1}H、^{15}N、^{19}F、^{31}P等都有核磁共振信号，且自旋量子数均为 1/2，核磁共振信号相对较简单，已广泛用于有机化合物的结构测定。许多无机金属元素如 ^{59}Co、^{119}Sn、^{195}Pt、^{199}Hg等也有核

磁共振现象，也在适当的条件下被用于测定无机物或络合物的分子结构。然而，核磁共振信号的强弱是与被测磁性核的天然丰度和旋磁比的立方成正比的，如 ^{1}H的天然丰度为 99.985%，^{19}F和 ^{31}P的丰度均为 100%，因此，它们的共振信号较强，容易测定，而 ^{13}C的天然丰度只有 1.1%，很有用的 ^{15}N和 ^{17}O核的丰度也在 1%以下，它们的共振信号都很弱，必须在傅里叶变换核磁共振（FT-NMR）谱仪，经过重复多次扫描才能得到有用的信息。

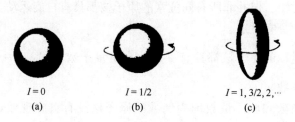

图 3-1　原子核的自旋形状

表 3-1　某些磁性原子核的核磁共振性质

原子核	自旋量子数	天然丰度 /%	核磁矩 $\mu^{1)}$ /β_N	旋磁比$^{2)}$ /(10^7 rad·s^{-1}·T^{-1})	相对敏感度$^{3)}$	在 7.05T 磁场中 共振频率/MHz
^{1}H	1/2	99.985	2.7925	26.753	1.00	300
^{13}C	1/2	1.108	0.7025	6.728	1.59×10^{-4}	75.45
^{15}N	1/2	0.37	-0.2835	-2.712	1.04×10^{-5}	30.42
^{19}F	1/2	100	2.6285	25.179	0.833	228.27
^{29}Si	1/2	4.70	-0.5555	-5.319	7.84×10^{-3}	59.61
^{31}P	1/2	100	1.1315	10.840	6.63×10^{-2}	121.44
^{2}H	1	0.015	0.857	4.107	9.65×10^{-5}	46.05
^{7}Li	3/2	92.58	3.2565	10.398	0.293	38.86
^{14}N	1	99.63	0.403	1.934	1.01×10^{-3}	21.26
^{33}S	3/2	0.76	0.6423	2.054	2.26×10^{-3}	23.04
^{35}Cl	3/2	75.53	0.822	2.624	4.70×10^{-3}	29.40
^{17}O	5/2	0.037	-1.8925	-3.628	2.91×10^{-2}	40.68

1) β_N 是核磁矩单位，$1\beta_N = 0.505\ 04 \times 10^{-26}$J·T^{-1}。

2) rad 为弧度，s 为秒，T 为特［斯拉］。

3) 指在相同核数目和相同磁场的丰度比。

3.1.2　自旋核在磁场中的取向和能级

　　具有磁矩的核在外磁场中的自旋取向是量子化的，可用磁量子数 m 来表示核自旋不同的空间取向，其数值可取：$m = I$，$I-1$，$I-2$，…，$-I$，共有 $2I+1$ 个取向。例如，对 ^{1}H核来说，$I=1/2$，则有 $m=+1/2$ 和 $m=-1/2$ 两种取向。$m=+1/2$ 取向是顺磁场排列，代表低能态，而 $m=-1/2$ 则是反磁场排列，代表高能态。对于 $I=1$ 的原子核，如 ^2H，^{14}N 而言，m 值则有 $m=+1$、0、-1 三种取向，代表三个不同能级，见图 3-2。同理当 $I=3/2$ 时，如 ^{33}S、^{35}Cl、^{37}Cl 等，m 值有 $+3/2$、$+1/2$、$-1/2$、$-3/2$ 四种取向，表示裂分为四种不同能级。

　　根据电磁理论，磁矩 μ 在外磁场中与磁场的作用能 E 为

$$E=-\mu B_O \tag{3.3}$$

式中：B_O——磁场强度。

　　作用能 E 属于位能性质，故核磁矩总是力求与外磁场方向平行。由图 3-2 和式（3.3）可见，外加磁场越强，能级裂分越大，高低能态的能级差也越大。

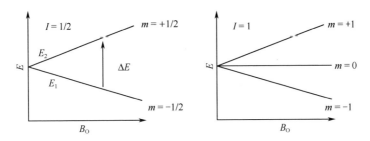

图 3-2　在磁场中原子核的自旋取向和能级差

3.1.3　核的回旋和核磁共振

　　当一个原子核的核磁矩处于磁场 B_O 中，由于核自身的旋转，而外磁场又力求它取向于磁场方向，在这两种力的作用下，核会在自旋的同时绕外磁场的方向进行回旋，这种运动称为 Larmor 进动（图 3-3）。

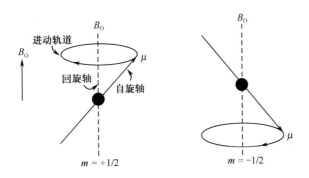

图 3-3　核磁矩的回旋轨道

原子核在磁场中的回旋可用玩具陀螺作比喻，陀螺的旋转可比喻核的自旋，陀螺在旋转时，它的自旋轴虽然有了倾斜，但在地心吸力的作用下并不改变它的倾斜度而出现旋进现象，这和核磁矩在磁场作用下的旋进是一样的。

当^{1}H核置于外磁场B_O中，它要发生能级裂分，从式（3.3）可求得相邻能级间的能量差为

$$\Delta E = E_{-1/2} - E_{+1/2} = h\gamma B_O/2\pi \qquad (3.4)$$

如果用一频率为$\nu_{射}$的射频波照射磁场中的^{1}H核时，射频波的能量为

$$E_{射} = h\nu_{射} \qquad (3.5)$$

当射频波的频率与该核的回旋频率$\nu_{回}$相等时，射频波的能量就会被吸收，核的自旋取向就会由低能态跃迁到高能态，即发生核磁共振。此时$E_{射} = \Delta E$，所以，发生核磁共振的条件是

$$\Delta E = h\nu_{回} = h\nu_{射} = h\gamma B_O/2\pi \qquad (3.6)$$

或

$$\nu_{射} = \nu_{回} = \gamma B_O/2\pi \qquad (3.7)$$

可见，射频频率与磁场强度B_O是成正比的，在进行核磁共振实验时，所用的磁场强度越高，发生核磁共振所需的射频频率也越高。例如，在4.69T的超导磁场中，^{1}H和^{13}C共振频率分别为

$$\nu_H = \gamma_H B_O/2\pi = 26.753 \times 4.69 \times 10^7/(2 \times 3.14) = 200 \text{ MHz}$$

$$\nu_C = \gamma_C B_O/2\pi = 6.728 \times 4.69 \times 10^7/(2 \times 3.14) = 50.2 \text{ MHz}$$

而在7.05T的磁场中，^{1}H的共振频率为300MHz，^{13}C的共振频率为75.45MHz。同样可以根据所用仪器的频率（兆赫数）算出其磁场强度的大小。

3.1.4 核的自旋弛豫

前面讨论的是单个自旋核在磁场中的行为，而实际测定中，观察到的是大量自旋核组成的体系。一组^{1}H核在磁场作用下能级被一分为二，如果这些核平均分布在高低能态，也就是说，由低能态吸收能量跃迁到高能态和高能态释放出能量回到低能态的速度相等时，就不会有静吸收，也测不出核磁共振的信号。但事实上，在热力学温度0K时，全部^{1}H核都处于低能态（取顺磁场方向），而在常温下，由于热运动会使一部分的^{1}H核处于高能态（取反磁场方向），在一定温度下，处于高低能态的核数会达到一个热平衡。按照Boltzmann分配定律计算，低能态的核数占有极微弱的优势

$$n_+/n_- = \exp(\Delta E/kT) \qquad (3.8)$$

当$\Delta E \ll kT$时，式（3.8）可写成

$$n_+/n_- \approx 1 + \Delta E/kT \qquad (3.9)$$

式中：n_+——处于低能态的核数；

　　　　n_-——处于高能态的核数；

ΔE——高低能态的能量差；

k——玻耳兹曼（Boltzmann）常量；

T——热力学温度。

对于 ^1H 核，若在 300K，200MHz 的仪器中测定，则低能态的 ^1H 核数仅比高能态的核数多百万分之十左右。对于其他旋磁比 γ 值较小的核，比值还会更小，因此核磁共振是一种不灵敏的方法。

如果低能态的核跃迁到高能态后，不能有效的释放出能量回到低能态，则低能态的核数会越来越少，高能态的核数会越来越多，进而达到饱和，不再有静吸收，也就测量不到 NMR 信号。事实上，只要选好测定条件，NMR 信号是可以连续测定的，高能态的核可以通过自旋弛豫过程回到低能态，以保持低能态的核数占微弱多数的状态。

弛豫过程可分为两种类型：自旋–晶格弛豫和自旋–自旋弛豫。

自旋–晶格弛豫（spin-lattice relaxation）：自旋–晶格弛豫也称为纵向弛豫，是处于高能态的核自旋体系与其周围的环境之间的能量交换过程。当一些核由高能态回到低能态时，其能量转移到周围的粒子中去，对固体样品，则传给晶格，如果是液体样品，则传给周围的分子或溶剂。自旋–晶格弛豫的结果使高能态的核数减少，低能态的核数增加，全体核的总能量下降。

一个体系通过自旋–晶格弛豫过程达到热平衡状态所需要的时间，通常用半衰期 T_1 表示，T_1 是处于高能态核寿命的一个量度。T_1 越小，表明弛豫过程的效率越高，T_1 越大则效率越低，容易达到饱和。T_1 值的大小与核的种类，样品的状态，温度有关。固体样品的振动、转动频率较小，不能有效地产生纵向弛豫，T_1 较长，可以达到几小时。对于气体或液体样品，T_1 一般只有 $10^{-4} \sim 10^2\,s$。

自旋–自旋弛豫（spin-spin relaxation）：自旋–自旋弛豫也称横向弛豫，一些高能态的自旋核把能量转移给同类的低能态核，同时一些低能态的核获得能量跃迁到高能态，因而各种取向的核的总数并没有改变，全体核的总能量也不改变。自旋–自旋弛豫时间用 T_2 来表示，对于固体样品或黏稠液体，核之间的相对位置较固定，利于核间能量传递转移，T_2 约 $10^{-3}\,s$。非黏稠液体样品，T_2 约 $1s$。

自旋–自旋弛豫虽然与体系保持共振条件无关，但却影响谱线的宽度。核磁共振谱线宽度与核在激发状态的寿命成反比。对于固体样品来说，T_1 很长，T_2 却很短，T_2 起着控制和支配作用，所以谱线很宽。而在非黏稠液体样品中，T_1 和 T_2 一般为 1s 左右。所以要得到高分辨的 NMR 谱图，通常把固体样品配成溶液进行测定。

3.2　核磁共振仪与实验方法

高分辨率的核磁共振仪的类型很多，按所用的磁体不同可分为永久磁体、电磁体和超导磁体。按射频频率不同（^1H核的共振频率）可分为 60MHz、90MHz、100MHz、200MHz、300MHz、600MHz 等，目前国际市场已有800MHz的仪器供应。按射频源和扫描方式不同可分为连续波核磁共振谱仪和脉冲傅里叶变换核磁共振谱仪。

3.2.1　连续波核磁共振谱仪

连续波核磁共振谱仪（continuous wave-NMR，CW-NMR）的主要组成部件是磁体、样品管、射频振荡器、扫描发生器、信号接收和记录系统（图 3-4）。

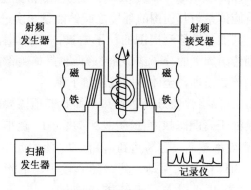

图 3-4　CW-NMR 仪器组成示意图

磁体的作用是对样品提供强而均匀的磁场，常用的磁体有永久磁铁、电磁铁和超导磁铁。样品管（内装待测的样品溶液）放置在磁铁两极间的狭缝中，并以一定的速度（如 $50\sim60$ 周·s^{-1}）旋转，使样品感受到的磁场强度平均化，以克服磁场不均匀所引起的信号峰加宽。射频振荡器的线圈绕在样品管外，方向与外磁场垂直，其作用是向样品发射固定频率（如 100MHz、200MHz）的电磁波。射频波的频率越大，仪器的分辨率也越大，性能越好。射频接受器线圈也安装在探头中，其方向与前两者都彼此垂直，接受线圈用来探测核磁共振时的吸收信号。扫描发生器线圈（也称 Helmholtz 线圈）是安装在磁极上，用于进行扫描操作，使样品除接受磁铁所提供的强磁场外，再感受一个可变的附加磁场。在进行核磁共振测定时，若固定射频波频率，由扫描发生器线圈连续改变磁场强度，由低场至高场扫描，称为扫场；若固定磁场强度，通过改变射频频率的方式进行扫描则称为扫频。在扫描过程中，样品中不同化学环境的同类磁核，相继满足共振条件，产生核磁共振吸收，接受器和记录系统就会把吸收信号经放大并记录成核磁共振图谱。一般的仪器都有信号积分的功能，会把各种吸收峰进行面积积分，并绘出积分曲线。

连续波核磁共振谱仪具有廉价、稳定、易操作的优点，但灵敏度低，需要样品量大，只能测定天然丰度较大的核，如^{1}H、^{19}F、^{31}P谱，而无法测定天然丰度低，灵敏度低的核，如^{13}C、^{15}N谱等。随着脉冲傅里叶变换核磁共振波谱仪的发展和普及，连续波波谱仪将逐渐被取代。

3.2.2 脉冲傅里叶变换核磁共振谱仪

脉冲傅里叶变换核磁共振谱仪（pulse Fourier transfer-NMR，PFT-NMR）与 CW NMR 谱仪的主要差别在信号观测系统，即是在 CW-NMR 谱仪上增加脉冲程序器和数据采集及处理系统。用 PFT-NMR 谱仪进行测定时，由计算机控制使所有化学环境不同的同类磁核同时激发，发生共振，同时接收信号。脉冲发射时，样品中每种核都表现出对脉冲单个频率成分的吸收，当脉冲一停止，弛豫过程即开始，接受器就接收到宏观磁化强度的自由感应衰减信号（FID 信号）。FID 信号是时间函数 $F(t)$，多种核的 FID 信号是复杂的干涉波，计算机通过模数转换器取得 FID 数据，并进行傅里叶变换运算，使 FID 的时间函数转变为频率函数 $F(\nu)$，再经过数模变换后，即可通过显示器或记录仪显示记录通常的核磁共振图谱。

PFT-NMR 有很强的累加信号能力，所以有很高的灵敏度，对于灵敏度很低的^{13}C谱，只要累加 n 次，则信噪比（S/N）可提高 $n^{1/2}$ 倍。此类仪器已广泛用于测定天然丰度很低的磁核的核磁共振谱，在测定^{1}H谱时，也可以大大减少样品的用量。例如，Varian 公司出产的 INOVA 500NB 超导核磁共振谱仪，磁场强度为 11.7T，可测^{1}H、^{13}C、^{15}N、^{19}F、^{31}P等多种核的一维和多维谱，对^{1}H核的分辨率达 0.45Hz，信噪比大于 600∶1，在有机化合物、药物成分、合成高分子、金属有机化合物、生物分子（糖、酶、核酸、蛋白质等）的结构研究中发挥重要作用。

3.2.3 样品的处理

非黏稠性的液体样品，可以直接进行测定。对难以溶解的物质，如高分子化合物、矿物等，可用固体核磁共振仪测定。但在大多数情况下，固体样品和黏稠性液体样品都是配成溶液（通常用内径 4mm 的样品管，内装 0.4mL 浓度约10％的样品溶液）进行测定。

溶剂应该不含质子，对样品的溶解性好，不与样品发生缔合作用，且价钱便宜。常用的溶剂有四氯化碳、二硫化碳和氘代试剂等。四氯化碳是较好的溶剂，但对许多化合物溶解度不好。氘代试剂有氘代氯仿、氘代甲醇、氘代丙酮、氘代苯、氘代吡啶、重水等，可根据样品的极性选择使用。氘代氯仿是氘代试剂中最廉价的，应用也最广泛，对不溶于 $CDCl_3$ 的极性较强的化合物，可选择 CD_3OD 或 CD_3COCD_3。

标准物是用以调整谱图零点的物质，对于氢谱和碳谱来说，目前使用最理想的标准物质是四甲基硅烷（TMS）。一般把 TMS 配置成 $10\% \sim 20\%$ 的四氯化碳或氘代氯仿溶液，测试样品时加入 $2 \sim 3$ 滴此溶液即可。除 TMS 外，也有用六甲基硅醚（HMOS），化学位移值 $\delta_H = 0.07ppm$[①]，与 TMS 出现的位置基本一致。对于极性较大的化合物只能用重水作溶剂时，可采用 4,4 -二甲基- 4 -硅代戊磺酸钠（DSS）作内标物。

3.2.4 核磁共振图谱

图 3-5 是乙醚的氢核磁共振谱，图中横坐标表明吸收峰的位置，用化学位移表示，纵坐标表示吸收峰的强度。图的右边是高磁场、低频率，左边是低磁场、高频率。图上有两组曲线，下面为共振谱线，有两组吸收峰，右边的三重峰为甲基质子信号，左边的四重峰为亚甲基质子的信号。上面的阶梯曲线是积分线，记录出各组峰的积分高度，由此可得到各组峰代表的质子数比例。

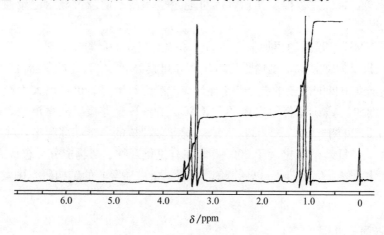

图 3-5　乙醚的氢核磁共振谱图

---

① ppm 表示百万分之一（10^{-6}），下同。

3.3　^{1}H 的化学位移

3.3.1　电子屏蔽效应和化学位移

当自旋原子核处在一定强度的磁场中，根据核磁共振公式 $\nu = \gamma B_0/2\pi$ 可以计算出该核的共振频率。例如，在磁场强度为 1.409T 时，氢核的共振频率为 60MHz，磁场强度为 2.340T 时，共振频率为 100MHz；磁场强度 4.69T 时，共振频率为 200MHz 等。一个化合物中往往有多种不同的质子，如果它们的共振频率都相同，则核磁共振技术对研究化合物的结构将没有作用。而事实上，在恒定的射频场中，同一类核的共振峰的位置不是一定值，而是随核的化学环境不同而有所差别，但差异很小，一般质子的共振磁场的差别在 10ppm 左右。这个微小的差别是由于质子外围电子及附近基团的影响产生的屏蔽效应所引起的。这种由于分子中各组质子所处的化学环境不同，而在不同的磁场产生共振吸收的现象称为化学位移。

分子中的磁核不是裸核，核外包围着电子云，在磁场的作用下，核外电子会在垂直于外磁场的平面上绕核旋转，形成微电流，同时产生对抗主磁场的感应磁场（图 3-6）。感应磁场的方向与外磁场相反，强度与磁场强度 B_0 成正比。感应磁场在一定程度上减弱了外磁场对磁核的作用。这种感应磁场对外磁场的屏蔽作用称为电子屏蔽效应，通常用屏蔽常数 σ 来衡量屏蔽作用的强弱。磁核实际感受的磁场强度称为有效磁场强度 B_{eff}，可用式（3.10）表示

$$B_{eff} = B_0 - B_0 \cdot \sigma = B_0(1-\sigma)$$
$$(3.10)$$

同理，式（3.7）可改写为

$$\nu = \gamma B_0(1-\sigma)/2\pi \quad (3.11)$$

可见，不同的化学环境的质子，核外电子云分布不同，σ 值不同，核磁共振吸收峰出现的位置也不同。以扫频方式测

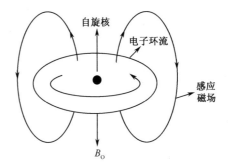

图 3-6　电子对核的屏蔽作用

定时，核外电子云密度大的质子，σ 值大，吸收峰出现在较低频，相反核外电子云密度小的质子，吸收峰出现在较高频。如果以扫场方式进行测定，则电子云密度大的质子吸收峰在较高场，电子云密度小的质子出现在较低场。

3.3.2　化学位移表示法

因为化学位移数值很小，质子的化学位移只有所用磁场的百万分之几，所以

要准确测定其绝对值比较困难。同时，化学位移的绝对值与所用的磁场强度有关，不利于测定数据与文献值的比较。因而通常用相对值来表示化学位移，即以某一标准物质（如四甲基硅烷，TMS）的共振峰为原点，令其化学位移为零，其他质子的化学位移是相对于 TMS 而言的，化学位移公式为

$$\delta(\mathrm{ppm}) = (\nu_{样} - \nu_{\mathrm{TMS}}) \times 10^6 / \nu_{\mathrm{TMS}} \tag{3.12}$$

或

$$\delta(\mathrm{ppm}) = (B_{\mathrm{TMS}} - B_{样}) \times 10^6 / B_{\mathrm{TMS}} \tag{3.13}$$

式中：δ——化学位移值，用 ppm（10^{-6}）表示。

在 TMS 左边的吸收峰 δ 值为正值，在 TMS 右边的吸收峰，δ 值为负值。$\nu_{样}$ 和 ν_{TMS} 分别为样品和标准物 TMS 中质子的共振频率，$B_{样}$ 和 B_{TMS} 分别为样品和标准物 TMS 中质子的共振磁场强度。

相对化学位移 δ 值可以准确测定，且与测定时所用仪器的磁场强度无关。因此，同一环境的质子有相同的化学位移值。

早期的文献，也有用 τ 值表示化学位移，τ 值与 δ 值的关系为

$$\delta = 10 - \tau \tag{3.14}$$

1970 年，国际纯粹与应用化学协会（IUPAC）建议，化学位移采用 δ 值表示，以后趋于统一。

以四甲基硅烷作标准物的优点是：信号简单，且比一般有机物的质子信号较高场，使多数有机物的信号在其左边，即为正值；沸点低（26.5℃），易挥发，利于回收样品；易溶于有机溶剂；化学惰性，不会与样品发生化学作用。但 TMS 极性弱，不能用于极性样品水溶液的测定。

3.3.3 影响化学位移的因素

在化合物中，质子不是孤立存在的，其周围还连着其他的原子和基团，它们彼此间会相互作用，从而影响质子周围的电子云密度，使吸收峰向左（低场）或向右（高场）位移。影响化学位移的因素主要有：诱导效应、各向异性效应、van der Waals 效应、溶剂效应和氢键效应。其中诱导效应、各向异性效应和 van der Waals 效应是在分子内起作用的，溶剂效应是在分子间起作用的因素，氢键效应则在分子内和分子间都会产生。下面对这些影响因素分别进行介绍。

1. 诱导效应

如果被研究的 [1]H 核，附近有 1 个或几个拉电子的基团存在，则此 [1]H 核周围的电子云密度会降低，屏蔽效应也相应降低，去屏蔽效应增大，化学位移值增大（吸收峰左移）。相反，如果被研究的 [1]H 核的附近有一个或几个推电子基团存在，则其周围的电子云密度增加，屏蔽效应也增加，去屏蔽效应减少，化学位移

值减小（吸收峰右移）。例如，附在不同原子上的甲基的化学位移值（表 3-2），随取代基 X 的电负性增大，取代数目增多，质子的化学位移移向低场。

表 3-2　CH$_3$X 中甲基的化学位移值

X	Li	Si(CH$_3$)$_3$	H	Me	Et	NH$_2$	OH	F	SMe	Cl
δ/ppm	−1.94	0.0	0.23	0.86	0.91	2.47	3.39	4.27	2.09	3.06

由于氢的电负性比碳小，当 CH$_4$ 上的 H 被烷基取代后的 CH$_3$—、—CH$_2$—、—CH＝的化学位移值逐步增加（向低场位移）

$$\text{CH}_4 \quad \text{MeCH}_3 \quad \text{Me}_2\text{CH}_2 \quad \text{Me}_3\text{CH} \quad \text{Me}_4\text{C}$$
$$\delta/\text{ppm} \quad 0.23 \quad 0.86 \quad 1.33 \quad 1.68 \quad —$$

在具有共轭效应的芳环体系中，也有同样的作用，如苯胺中，由于胺基的推电子作用，使苯环上不同位置的 H 具有不同的化学位移（$\delta_{邻}=6.52$ppm、$\delta_{间}=7.03$ppm、$\delta_{对}=6.64$ppm）。而在苯甲醛中，醛基是拉电子的基团，使间位 H 处于相对较高场（$\delta_{邻}=7.85$ppm、$\delta_{间}=7.48$ppm、$\delta_{对}=7.54$ppm）。

2. 共轭效应

当拉电子或推电子基团与乙烯分子上的碳-碳双键共轭时，烯碳上的质子的电子云密度会改变，其吸收峰也会发生位移，以下是乙酸乙烯酯、丙烯酸甲酯与乙烯的比较

乙酸乙烯酯中 CH$_3$—C—Ö— 与烯键形成 p-π 共轭体系，非键轨道上的 n 电子流向 π 键，末端亚甲基上的质子周围的电子云密度增加，屏蔽作用增强，与乙烯相比，化学位移向高场位移。而在丙烯酸甲酯中，C—OCH$_3$ 与烯键形成 π-π 共轭，由于羰基电负性较高，使共轭体系中电子云流向氧端，使末端烯氢的电子云密度下降，吸收峰对比乙烯向低场位移。表 3-3 给出了取代基的共轭效应对烯氢化学位移的影响。

表 3-3　一些取代烯烃的化学位移值

$$\begin{array}{ccc} H_\beta & & H_\alpha \\ & C=C & \\ H & & X \end{array}$$

X		H	Me	OMe	Cl	CH=CH_2	SiMe_3	COMe
δ/ppm	H_α	5.25	5.73	6.38	5.94	6.27	6.12	6.40
	H_β	5.25	4.88	3.85	5.02	5.06	5.87	5.85

3. 各向异性效应

当分子中一些基团的电子云排布不是球形对称，即在磁场中具有磁各向异性时，它对邻近的质子就附加一个各向异性的磁场，使某些位置的质子处于该基团的屏蔽区，δ 值移向高场，而另一些位置的质子处于该基团的去屏蔽区，δ 值移向低场，这种现象称为各向异性效应。各向异性效应与诱导效应不同的是诱导效应是通过化学键起作用，而各向异性效应是通过空间关系起作用的。各向异性效应的特征是有方向性，其影响的大小和正负与方向和距离有关。各向异性效应对于具有 π 电子的基团如芳环、双键、羰基、叁键较为突出。当一些单键不能自由旋转时，也表现出各向异性的作用。

（1）芳环。芳环的大 π 键电子云，在外磁场 B_0 作用下，会在芳环平面的上方和下方产生垂直于 B_0 的环形电子流，其感应磁场的方向与 B_0 相反，因此，在芳环的上方和下方出现屏蔽区，而在芳环平面上出现去屏蔽区（图3-7）。因为苯环质子处于苯环的去屏蔽区，所以其共振信号出现在低场（$\delta =$ 7.27ppm）。如果化合物分子中有质子处于苯环的屏蔽区，则其共振信号向高场

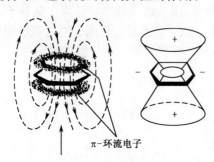

π-环流电子

图 3-7　芳环的 π 键电子云屏蔽及去屏蔽区示意图

18-轮烯　　　亚甲基-10-轮烯　　　15,16-二甲基二氢芘

位移，如 18 -轮烯（18-annulene）中，轮内 6 个质子处在大共轭体系的屏蔽区，共振峰在很高场，δ 值为 -2.99ppm，而轮外的 12 个质子处在大共轭体系的去屏蔽区，δ 值为 9.28ppm。亚甲基- 10 -轮烯（methano-10-annulene）的亚甲基质子 $\delta = -0.50$ppm（屏蔽区），15,16 -二甲基二氢芘的二个甲基 $\delta = -4.23$ppm，也表明此亚甲基和甲基都是埋嵌在 π 电子云之中。

（2）双键。双键的 π 电子云是垂直于双键平面的，因此在双键平面上方和下方的质子处于其电子云屏蔽区，而双键平面内的质子处于去屏蔽区（图 3-8）。例如，乙烯氢 $\delta = 5.25$ppm，醛基氢 $\delta = 9 \sim 10$ppm，与烷基相比，明显处于低场。

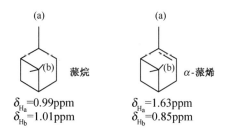

比较 α -蒎烯和蒎烷甲基的化学位移，在 α -蒎烯中，CH_3（a）除受双键电负性影响外，还受双键各向异性效应作用，使屏蔽效应显著减少，δ 值明显大于蒎烷。CH_3（b）靠近双键的屏蔽区，其 δ 值比蒎烷相应的 CH_3（b）小 0.16ppm。

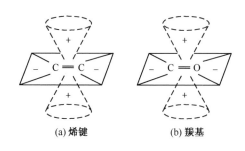

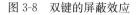

图 3-8　双键的屏蔽效应

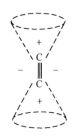

图 3-9　叁键的屏蔽效应

（3）叁键。炔键的 π 电子云绕 $C\equiv C$ 键轴对称分布呈圆筒形，在外磁场的作用下，形成环电子流产生的感应磁场沿键轴方向为屏蔽区（图 3-9）。炔键质子在屏蔽区，乙炔氢（$\delta_H = 1.80$ppm）明显比乙烯氢（$\delta_H = 5.25$ppm）处于较高场。但由于炔碳杂化轨道 s 成分高，$C-H$ 键电子云更靠近碳原子，质子周围电子云密度低，因此炔氢比烷烃质子的 δ 值大。

（4）单键。单键有较弱的各向异性效应，$C-C$ 单键的去屏蔽区是以 $C-C$

键为轴的圆锥体（图 3-10）。因此，当 CH_4 上的氢逐个被烷基取代后，剩下的氢受到越来越强烈的去屏蔽作用，按 CH_3、CH_2、CH 顺序，其质子的化学位移向低场移动。典型的例子是在低温下（$-89℃$）测定环己烷时，直立氢与平伏氢清晰显示不同的信号，由图 3-11 可见，C_1 上的平伏氢 H_e 和直立氢 H_a 虽然受到 C_1—C_2 和 C_1—C_6 两个键的作用相同，但受 C_2—C_3 和 C_5—C_6 两个键的影响是不同的。图中给出了 C_5—C_6 键对 H_a 和 H_e 的影响，H_a 处在 C_5—C_6 键的屏蔽区，而 H_e 却处在 C_5—C_6 键的去屏蔽区，因此 H_e（$\delta = 1.60ppm$）比 H_a（$\delta = 1.21ppm$）有较大的 δ 值。

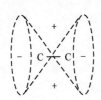 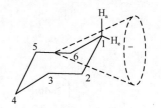

图 3-10　单键的屏蔽效应　　　　图 3-11　环己烷碳-碳单键的屏蔽效应

饱和三元环也有明显的各向异性作用，环丙烷的抗磁环流所产生的感应磁场，在环平面的上、下方形成屏蔽区，环上的—CH_2—正好位于 C—C 单键的对面，因此比一般的—CH_2—受到更强的屏蔽作用，吸收峰在较高场

$$\text{(环丙烷结构，}CH_2\ 0.3) \qquad CH_3-\overset{1.5}{CH_2}-CH_3$$

4. van der Waals 效应

当两个质子在空间结构上非常靠近时，具有负电荷的电子云就会互相排斥，从而使这些质子周围的电子云密度减少，屏蔽作用下降，共振信号向低磁场位移，这种效应称为 van der Waals 效应。如以下化合物 I 和 II，I 中 H_a 与 H_b 的空间位置靠近，核外电子云排斥作用使其信号的 δ 值均比 H_c 大得多。由于 OH 的基团比 H 大，因此 II 中的 H_b 与 OH 中的 H 更加靠近，H_b 受到电荷排斥作用更强，δ 值又比 I 中的 H_b 更大。可见，靠近的基团越大，该效应也就越明显。

δ/ppm	I	II
H_a	4.68	3.92
H_b	2.40	3.55
H_c	1.10	0.88

5. 氢键效应和溶剂效应

氢键的生成对氢的化学位移是很敏感的。当分子形成氢键后，由于静电场的作用，使氢外围电子云密度降低而去屏蔽，δ 值增加。如羧酸在非极性溶剂中一般都以二聚体形式存在，形成分子间氢键，δ 值基本固定，与溶剂和浓度的关系不大。但若把羧酸溶解于极性溶剂中，则破坏了二聚体的形式，就使羧基的氢随溶剂极性、溶液浓度和测定温度的不同，δ 值也有所改变。

在含有羟基的天然有机物中，经常可看到 δ 值在 $10\sim18$ppm 的 OH 峰，这是由于生成分子内氢键之故。当分子形成分子内氢键时，一般以六元环比较稳定。例如，下面两个化合物中能形成氢键的酚羟基明显比游离酚羟基处在更低场。

在核磁共振谱的测定中，由于采用不同溶剂，某些质子的化学位移发生变化，这种现象称为溶剂效应。溶剂效应的产生往往是由溶剂的磁各向异性效应或溶剂与被测试样分子间的氢键效应引起的。例如，若以氘代氯仿为溶剂测定 N，N-二甲基甲酰胺，2 个氮甲基的化学位移只相差 0.2ppm，但若以氘代苯为溶剂，$CH_3(\beta)$ 的化学位移会向高场移动 1ppm 以上，而 $CH_3(\alpha)$ 几乎没有变化，原因是氮原子上的未共用电子与 C＝O 形成 p-π 共轭，限制了氮-碳键的自由转动，苯是具有各向异性的溶剂，静电作用会使与氧原子成反位的 $CH_3(\beta)$ 处于苯环的屏蔽区，而与氧原子成顺位的 $CH_3(\alpha)$ 则不受溶剂影响。

3.4 各类质子的化学位移

化学位移与分子结构的关系密切，而且重现性较好，因此，在化合物的结构测定中，它是一项最重要的数据。化学位移的应用有两个方面，即根据化学位移规律可以从功能团推测其化学位移；反之，也可以根据质子的化学位移推定各种功能团，进而推导分子的化学结构。大量实验数据表明，有机化合物中各种质子的化学位移主要取决于功能团的性质及邻近基团的影响，而且各类质子的化学位移值总是在一定的范围内。图 3-12 列出了一些典型基团质子的化学位移值范围。但对于具体化合物中的各种质子精确的化学位移值，必须通过实验来测定。

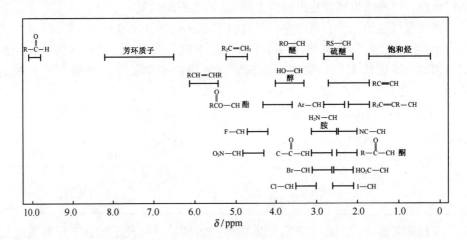

图 3-12 各类质子的化学位移值范围

3.4.1 饱和碳上质子的化学位移

1. 甲基

在核磁共振氢谱中，甲基的吸收峰比较特征，容易辨认。一般根据邻接的基团不同，甲基的化学位移在 0.7～4ppm，表 3-4 列出了一些常见甲基的化学位移。

表 3-4　甲基的化学位移

甲基类型	δ/ppm	甲基类型	δ/ppm
$H_3C—Si\equiv$	$0\sim0.57$	$H_3C—S—$	$2.02\sim2.58$
$H_3C—CH$	$0.77\sim0.88$	$H_3C—Ar$	$2.14\sim2.76$
$H_3C—C=C$	$1.50\sim2.14$	$H_3C—N\big\langle$	$2.12\sim3.10$
$H_3C—C=O$	$1.95\sim2.68$	$H_3C—O—$	$3.24\sim4.02$
$CH_3—C\equiv C$	$1.83\sim2.11$	$H_3C—X$	$2.16\sim4.26$

2. 亚甲基和次甲基

一般亚甲基和次甲基的吸收峰不像甲基峰那样特征明显, 往往呈现很多复杂的峰形, 有时甚至和别的峰相重叠, 不易辨认。

亚甲基 (X—CH$_2$—Y) 的化学位移可以用 Shoolery 经验公式加以计算

$$\delta = 0.23 + \sum\sigma \qquad (3.15)$$

式中: 0.23——常数, 甲烷的化学位移值;

σ——与亚甲基相连的取代基的屏蔽常数 (表 3-5)。

根据公式和表中数据就可以计算出亚甲基的 δ 值。例如:

CH_2Cl_2 $\qquad \delta_H=0.23+2.53\times2=5.29ppm$ (实测 5.30ppm)

$Cl—CH_2—Br$ $\qquad \delta_H=0.23+2.53+2.33=5.09ppm$ (实测 5.16ppm)

—$CH_2—OCH_3$ $\qquad \delta_{CH_2}=0.23+1.83+2.36=4.42ppm$ (实测 4.41ppm)

次甲基的 δ 值也可用 Shoolery 经验式计算, 但计算值与实际测量值的误差较大。

表 3-5　Shoolery 公式中各种取代基的屏蔽常数 (R 为氢或烷基)

取代基	σ/ppm	取代基	σ/ppm
CH_3	0.47	I	1.82
$CR=CR_2$	1.32	C_6H_5	1.83
$C\equiv CR$	1.44	Br	2.33
COOR	1.55	OR	2.36
NR_2	1.57	Cl	2.53
$CONR_2$	1.59	OH	2.56
SR	1.64	O(CO)R	3.01
CN	1.70	NO_2	3.36
CO—R	1.70	F	4.00

例如：

CHCl₃ $\qquad\delta_H=0.23+2.53\times3=7.82$ ppm （实测 7.27ppm）

$(CH_3O)_2CH—COOCH_3$ $\quad\delta_{CH}=0.23+2.36\times2+1.55=6.50$ ppm（实测 6.61ppm）

3.4.2　不饱和碳上质子的化学位移

1. 炔氢

叁键的各向异性屏蔽作用，使炔氢的化学位移出现在 1.6～3.4ppm 范围内（表 3-6），且常与其他类型的氢重叠。

表 3-6　炔氢的化学位移

化合物	δ/ppm	化合物	δ/ppm
H—C≡C—H	1.80	C≡C—C≡C—H	1.75～2.42
R—C≡C—H	1.73～1.88	H₃C—C≡C—C≡C—C≡C—H	1.87
Ar—C≡C—H	2.71～3.34	R—(R)C—C≡C—H (R)	2.20～2.27
C=C—C≡C—H	2.60～3.10	RO—C≡C—H	～1.30
—C—C≡C—H (O)	2.13～3.28	CH₃—NH—C(=O)—CH₂—C≡C—H	2.55

2. 烯氢

烯氢的化学位移可用 Tobey 和 Simon 等提出的经验公式来计算

$$\delta=5.25+Z_{同}+Z_{顺}+Z_{反} \qquad\qquad (3.16)$$

式中：5.25——常数，乙烯的化学位移值；

Z——同碳、顺式及反式取代基对烯氢化学位移的影响参数（表 3-7）。

$$
\begin{array}{c}
H \qquad R_{顺} \\
\diagdown\ \diagup \\
C=C \\
\diagup\ \diagdown \\
R_{同} \qquad R_{反}
\end{array}
$$

例如：

$$
\begin{array}{c}
Ar \qquad H_A \\
\diagdown\ \diagup \\
C=C \\
\diagup\ \diagdown \\
H_B \qquad COOH
\end{array}
$$

$\delta_{H_A}=5.25+0.97+0.36+0=6.58$ ppm　　（实测值 6.46ppm）

$\delta_{H_B}=5.25+1.36+1.41+0=8.02$ ppm　　（实测值 7.83ppm）

表 3-7　烯氢化学位移的取代基参数

取代基	$Z_{同}$	$Z_{顺}$	$Z_{反}$	取代基	$Z_{同}$	$Z_{顺}$	$Z_{反}$
—H	0	0	0	—CHO	1.02	0.95	1.17
—R	0.45	−0.22	−0.28	—CO—NR$_2$	1.37	0.98	0.46
—R(环)	0.69	−0.25	−0.28	—COCl	1.11	1.46	1.01
—CH$_2$—O—、—CH$_2$I	0.64	−0.01	−0.02	—OR(R 饱和)	1.22	−1.07	−1.21
—CH$_2$—S—	0.71	−0.13	−0.22	—OR(R 共轭)	1.21	−0.60	−1.00
—CH$_2$X(X=F,Cl,Br)	0.70	0.11	−0.04	—OCOR	2.11	−0.35	−0.64
—CH$_2$—N=	0.58	−0.10	−0.08	—F	1.54	−0.40	−1.02
—CH$_2$CO	0.69	−0.08	−0.06	—Cl	1.08	0.18	0.13
—CH$_2$—CN	0.69	−0.08	−0.06	—Br	1.07	0.45	0.55
—CH$_2$—Ar	1.05	−0.29	−0.32	—I	1.14	0.81	0.88
—C=C—	1.00	−0.09	−0.23	—NR(R 饱和)	0.80	−1.26	−1.21
—C=C(共轭)	1.24	0.02	−0.05	—NR(R 共轭)	1.17	−0.53	−0.99
—CN	0.27	0.75	0.55	—NCOR	2.08	−0.57	−0.72
—C≡C	0.47	0.38	0.12	—Ar	1.36	0.36	−0.07
—C=O	1.10	1.12	0.87	—SCN	0.80	1.17	1.11
—C=O(共轭)	1.06	0.91	0.74	—SR	1.11	−0.29	−0.13
—COOH	0.97	1.41	0.71	—SOR	1.27	0.67	0.41
—COOH(共轭)	0.80	0.98	0.32	—SO$_2$R	1.55	1.16	0.93
—COOR	0.80	1.18	0.55	—CF$_3$	0.66	0.61	0.31
—COOR(共轭)	0.78	1.01	0.46	—CHF$_2$	0.66	0.32	0.21

3. 醛基氢

醛基氢由于受到羰基的去屏蔽作用，化学位移出现在较低场，大致范围是：脂肪醛 9~10ppm，芳香醛 9.5~10.5ppm。

3.4.3　芳环氢的化学位移

芳环的各向异性效应使芳环氢受到去屏蔽影响，其化学位移在较低场。苯的化学位移为 $\delta7.27$ppm。当苯环上的氢被取代后，取代基的诱导作用又会使苯环的邻、间、对位的电子云密度发生变化，使其化学位移向高场或低场移动。例如，硝基苯中硝基的吸电子作用使苯环氢向低场位移，且邻、对位位移的幅度比间位大（图 3-13）。相反，苯甲醚中甲氧基推电子作用使苯环氢的共振峰向高场位移。

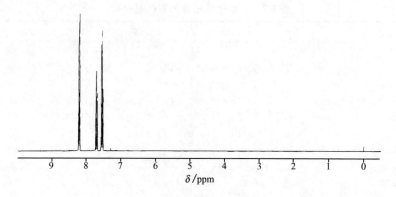

图 3-13 硝基苯的 ^{1}H NMR 谱图

300MHz，CDCl$_3$

芳环氢的化学位移可按式（3.17）进行计算

$$\delta = 7.27 + \sum S_i \qquad (3.17)$$

式中：7.27——常数，苯的化学位移；

S_i——取代基对芳环氢的影响（表 3-8）。

表 3-8　取代基对苯环氢的化学位移参数

取代基	$S_{邻}$	$S_{间}$	$S_{对}$
—H	0	0	0
—CH$_3$	−0.17	−0.09	−0.18
—CH$_2$CH$_3$	−0.15	−0.06	−0.18
—NO$_2$	0.95	0.17	0.33
—Cl	0.02	−0.06	−0.04
—Br	0.22	−0.13	−0.03
—I	0.40	−0.26	−0.03
—CHO	0.58	0.21	0.27
—OH	−0.50	−0.14	−0.40
—NH$_2$	−0.75	−0.24	−0.63
—CN	0.27	0.11	0.30
—COOH	0.80	0.14	0.20
—COOCH$_3$	0.74	0.07	0.20
—COCH$_3$	0.64	0.09	0.30
—OCH$_3$	−0.43	−0.09	−0.37
—OCOCH$_3$	−0.21	−0.02	−0.13
—N(CH$_3$)$_2$	−0.60	−0.10	−0.62
—SCH$_3$	0.37	0.20	0.10
—CH=CH$_2$	0.06	−0.03	−0.10

以下列化合物为例计算芳氢的 δ 值：

$$\delta_{H_2}=7.27+(-0.50)+(-0.17)+0.09+0.30$$
$$=6.99ppm（实测值 7.00ppm）$$
$$\delta_{H_4}=7.27+(-0.17)+0.64+0.09+(-0.40)$$
$$=7.43ppm（实测值 7.50ppm）$$
$$\delta_{H_5}=7.27+0.64+(-0.43)+0.09+(-0.40)$$
$$=7.17ppm（实测值 7.30ppm）$$
$$\delta_{H_7}=7.27+(-0.50)+(-0.43)+0.09+0.30$$
$$=6.73ppm（实测值 6.60ppm）$$

稠环芳氢因大 π 键去屏蔽效应增强，芳环氢向低场位移，如萘和蒽的化学位移均比苯大

3.4.4　杂环芳氢的化学位移

杂环芳氢的化学位移受溶剂的影响较大。一般 α 位的杂芳氢的吸收峰在较低场，例如

3.4.5　活泼氢的化学位移

常见的活泼氢，如—OH、—NH—、—SH、—COOH 等基团的质子，在溶剂中交换很快，并受测定条件如浓度、温度、溶剂的影响，δ 值不固定在某一数值上，而在一个较宽的范围内变化（表 3-9）。活泼氢的峰形有一定特征，一般而言，酰胺、羧酸类缔合峰为宽峰，醇、酚类的峰形较钝，氨基、巯基的峰形较尖。用重水交换法可以鉴别出活泼氢的吸收峰(加入重水后活泼氢的吸收峰消失)。

表 3-9　活泼氢的化学位移

化合物类型	δ/ppm	化合物类型	δ/ppm
ROH	0.5~5.5	RSO_3H	1.1~1.2
ArOH（缔合）	10.5~16	RNH_2，R_2NH	0.4~3.5
ArOH	4~8	$ArNH_2$，Ar_2NH	2.9~4.8
RCOOH	10~13	$RCONH_2$，$ArCONH_2$	5~6.5
=NH—OH	7.4~10.2	RCONHR，ArCONHR	6~8.2
R—SH	0.9~2.5	RCONHAr	7.8~9.4
=C=CHOH（缔合）	15~19	ArCONHAr	7.8~9.4

3.5　自旋偶合和自旋裂分

3.5.1　自旋-自旋偶合与自旋-自旋裂分

　　从前面介绍的内容来看，似乎核磁共振谱是由一个一个的单峰所组成，每个单峰对应于一种化学环境的质子。但事实并非如此，大多数有机化合物的 ^{1}H NMR 谱中都有一些多重峰。原因是前面只讨论了磁性核的化学环境，而还未考虑分子中邻近磁性核之间的相互作用。如 1,1,2-三氯乙烷的高分辨[1]H NMR谱(图 3-14)，在 $\delta=3.95\mathrm{ppm}$ 和 $5.80\mathrm{ppm}$ 处出现二组峰，两者的积分高度比为 2：1，从化学位移理论不难判断它们分别对应于 CH_2（a）和 CH（b）质子。其中 a 为二重峰，b 为三重峰，这些峰的分裂现象是由于分子中邻近磁性核之间的相互作用引起的。这种核间的相互作用称为自旋-自旋偶合（spin-spin coupling）。自旋偶合作用不影响磁核的化学位移，但对共振峰的形状会产生重大影响，使谱图变得复杂，但又为结构分析提供更多的信息。

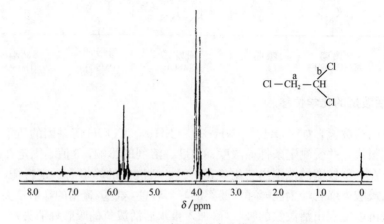

图 3-14　1,1,2-三氯乙烷的高分辨[1]H NMR 谱图

　　自旋核的核磁矩可以通过成键电子影响邻近磁核是引起自旋-自旋偶合的根本原因。磁性核在磁场中有不同的取向，产生不同的局部磁场，从而加强或减弱外磁场的作用，使其周围的磁核感受到两种或数种不同强度的磁场的作用，故在两个或数个不同的位置上产生共振吸收峰。这种由于自旋-自旋偶合引起谱峰裂分的现象称为自旋-自旋裂分（spin-spin splitting）。

　　对于自旋量子数 $I=1/2$ 的核来说，在磁场中有两种取向：$m=+1/2$ 和 $m=-1/2$。在 1，1，2-三氯乙烷中，a、b 质子是相邻近的，有互相偶合作用，当 b 质子取 $m=+1/2$ 顺磁场排列（↑）时，其产生的局部磁场会使 a 质子感受到稍微增强的磁场强度，故会在较低的外磁场中发生共振，相反，当 b 质子取 $m=-1/2$ 反磁场排列（↓）时，会使 a 质子感受到稍微减弱的磁场强度，而在较高的外磁场中发生共振，故 b 质子的偶合会使 a 质子的共振峰裂分成二重峰。由于 b 质子在磁场中两种取向的概率是相等的，因此，a 质子的双峰强度也大体相同。同样道理，a 组 2 个质子在磁场中有 3 种不同的取向组合：2H 取向均与外磁场同向（↑↑）；1H 取向与外磁场同向，另 1H 取向与外磁场反向（↑↓，↓↑），2 种组合产生的影响是相同的；2H 取向均与外磁场反向（↓↓）。这 3 种取向组合出现的概率为 1：2：1。因此，a 组质子在外磁场中产生 3 种不同的局部磁场使 b 质子的共振峰裂分成三重峰，其强度比为 1：2：1。

3.5.2 $n+1$ 规律

　　解析共振谱中的自旋-自旋裂分现象，对于确定一个分子中各类氢的相对位置和立体关系很有帮助。如某亚甲基显示四重峰，说明它有 3 个相邻的氢（CH_3）；甲基显示 3 重峰，说明它有两个相邻的氢（CH_2）。按此类推，可以得出 $n+1$ 规律：当某组质子有 n 个相邻的质子时，这组质子的吸收峰将裂分成 $n+1$ 重峰。

　　当某组质子有 2 组与其偶合作用不同（偶合常数不相等）的邻近质子时，如其中一组的质子数为 n，另一组的质子数为 m，则该组质子被这 2 组质子裂分为 $(n+1)(m+1)$ 重峰。如 2 组质子虽然彼此化学环境不同，但与该组质子的偶合常数相同时，则该组质子峰裂分数为 $(n+m+1)$，例如，$HCONHCH_2CH_3$ 中的亚甲基质子会被 CH_3 和 NH 裂分成八重峰，而 $CH_3CH_2CH_2NO_2$ 中间的亚甲基则被相邻的 CH_3 和 CH_2 裂分成六重峰（图 3-15）。当某组质子与 n 个相邻质子偶合时，裂分峰的强度基本上符合二项式 $(a+b)^n$ 展开式各项系数之比，可以表示如下：

n 数	二项式展开式系数	峰形
0	1	单峰
1	1　1	二重峰
2	1　2　1	三重峰
3	1　3　3　1	四重峰
4	1　4　6　4　1	五重峰
5	1　5　10　10　5　1	六重峰

$n+1$ 规律只适合于互相偶合的质子的化学位移差远大于偶合常数,即 $\Delta\nu\gg J$ 时的一级光谱。在实际谱图中互相偶合的 2 组峰强度还会出现内侧高,外侧低的情况,称为向心规则。利用向心规则,可以找到吸收峰间互相偶合的关系。

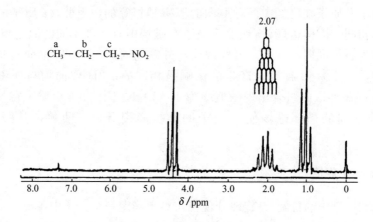

图 3-15　1-硝基丙烷的 ^{1}H NMR 谱图

3.5.3　偶合常数

偶合常数(用 J 表示)也是核磁共振谱的重要数据,它与化合物的分子结构关系密切,在推导化合物的结构,尤其在确定立体结构时很有用处。偶合常数的大小与外磁场强度无关。由于磁核间的偶合作用是通过化学键成键电子传递的,因而偶合常数的大小主要与互相偶合的 2 个磁核间的化学键的数目及影响它们之间电子云分布的因素(如单键、双键、取代基的电负性、立体化学等)有关。

对于氢谱,根据偶合质子间相隔化学键的数目可分为同碳偶合(^2J),邻碳偶合(^3J)和远程偶合(相隔 4 个以上的化学键)。一般通过双数键的偶合常数(^2J、^4J 等)为负值,通过单数键的偶合常数(^3J、^5J 等)为正值。

1. 同碳质子的偶合常数（^2J，$J_{同}$）

2 个氢原子同处于一个碳上（H—C—H），它们之间相隔的键数为 2，两者之间的偶合常数称为同碳偶合常数，以 ^2J 或 $J_{同}$ 表示。^2J 一般为负值，但变化范围较大，表 3-10 列出一些常见同碳质子的偶合常数。应该指出，同一碳上的质子尽管都有偶合，但如果它们的化学环境完全相同，如链状化合物中的 CH_3、CH_2，这种偶合在谱图上表现不出来，其偶合常数必须用特殊的实验方法（如同位素取代）才能测定。

表 3-10　常见同碳质子的偶合常数

化合物	^2J/Hz	化合物	^2J/Hz
CH_4	−12.4	$CH_2{=}CH_2$	+2.3
$(CH_3)_4Si$	−14.1	$CH_2{=}O$	+40.22
$C_6H_5CH_3$	−14.4	$CH_2{=}NOH$	9.95
CH_3COCH_3	−14.9	$CH_2{=}CHBr$	−1.8
CH_3CN	−16.9	$CH_2{=}CHF$	−3.2
$CH_2(CN)_2$	−20.4	$CH_2{=}CHNO_2$	−2.0
CH_3OH	−10.8	$CH_2{=}CHCl$	−1.4
CH_3Cl	−10.8	$CH_2{=}CHCO_2H$	1.7
CH_3Br	−12.2	$CH_2{=}CHC_6H_5$	1.08
CH_3F	−9.6	$CH_2{=}CHCN$	0.91
CH_3I	−9.2	$CH_2{=}CHLi$	7.1
CH_2Cl_2	−7.5	$\mathbf{CH_2}{=}CHOCH_3$	−2.0
 △	−4.3	$\mathbf{CH_2}{=}CHCH_3$	2.08
⬡	−12.6	$\mathbf{CH_2}{=}C{-}C(CH_3)_2$	−9.0

注：黑体表示 ^2J 值是 CH_2 的而不是 CH_3 的。

影响 ^2J 的因素主要有：

取代基电负性会使 ^2J 的绝对值减少，即向正的方向变化。例如，CH_4（$^2J = -12.4\,Hz$）、CH_3OH（$^2J = -10.8\,Hz$）、CH_2Cl_2（$^2J = -7.5\,Hz$）。邻位 π 键会使 ^2J 的绝对值增加（向负的方向变化），例如，CH_3COCH_3（$^2J = -14.9\,Hz$）、CH_3CN（$^2J = -16.9\,Hz$）、$CH_2(CN)_2$（$^2J = -20.4\,Hz$）。

对于脂环化合物，环上同碳质子的 ^2J 值会随键角的增加而减小，即向负的方向变化。例如，环己烷（$^2J = -12.6\,Hz$）、环丙烷（$^2J = -4.3\,Hz$）。

烯类化合物末端双键质子的 ^2J 一般在 +3～−3Hz 之间，邻位电负性取代基会使 ^2J 向负的方向变化，如 $CH_2{=}CH_2$（$^2J = +2.3\,Hz$）、$CH_2{=}CHCl$（$^2J = -1.4\,Hz$）、$CH_2{=}CHNO_2$（$^2J = -2.0\,Hz$）、$CH_2{=}CHF$（$^2J = -3.2\,Hz$）等。

2. 邻碳质子的偶合常数（^3J、$J_{邻}$）

邻位偶合是相邻碳上质子通过 3 个化学键的偶合，其偶合常数用^3J或$J_{邻}$ 表示。^3J一般为正值，数值大小通常在 0～16Hz（表 3-11）。以下按化合物结构进行讨论。

1）饱和型邻位偶合常数

在饱和化合物中，通过 3 个单键（H—C—C—H）的偶合叫饱和型邻位偶合。开链脂肪族化合物由于 σ 键自由旋转的平均化，使^3J数值约为 7Hz。^3J的大小与双面夹角、取代基电负性、环系因素有关。

双面夹角是影响^3J的重要因素（图 3-16）。由图 3-16 可见，当夹角 $\phi=$ 80°～90°时，^3J最小，当夹角 $\phi=0°$ 或 180°时^3J值最大。

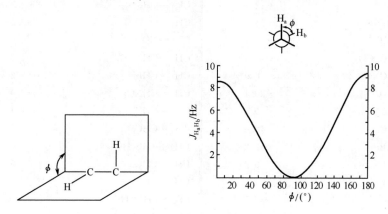

图 3-16 ^3J的大小与双面夹角 ϕ 的关系

^3J和双面夹角 ϕ 的关系还可通过 Karplus 公式进行计算

$$^3J_{ab} = J^0\cos^2\phi - 0.28 \quad (0° \leqslant \phi \leqslant 90°) \tag{3.18}$$

$$^3J_{ab} = J^{180}\cos^2\phi - 0.28 \quad (90° \leqslant \phi \leqslant 180°) \tag{3.19}$$

式中：J^0 和 J^{180}——与碳原子上取代基有关的常数。

由于饱和链烃中 σ 键能自由旋转，J_{ab} 是不同构象时 H_a 和 H_b 偶合的平均值，通常在 6～8Hz 范围内。如 CH_3CH_2Cl 较稳定的构象是交叉构象：

当 $\phi=60°$时，$^3J_{ab}$ 为 2～4Hz；

当 $\phi=180°$时，$^3J_{ab}$ 为 11～12Hz。

平均$^3J_{ab}=6～8Hz$

可用乙酰杜鹃素为例说明^3J的应用，乙酰杜鹃素的结构式如下：

分子中 3 个氢 H_A、H_B、H_X 构成 ABX 系统，它们的化学位移分别为 $\delta2.83ppm$，$3.14ppm$，$5.40ppm$，偶合常数 $^2J_{AB}=-16Hz$，$^3J_{AX}=4Hz$，$J_{BX}=11Hz$。说明 AX 夹角为 $60°$，BX 夹角为 $180°$，因此 H_A 为平展键，H_B 为直立键（H_X 为直立键）。

取代基的电负性也是影响 ^3J 的因素，一般具有电负性的取代基会使 ^3J 变小。例如：

化合物	CH_3CH_3	CH_3CH_2Cl	CH_3CHCl_2	CH_3CHF_2
$^3J/Hz$	8.0	7.23	6.10	4.5

2）烯型邻位偶合常数

烯氢的邻位偶合是通过两个单键和一个双键（$H—C=C—H$）发生作用的。由于双键的存在，反式结构的双面夹角为 $180°$，顺式结构的双面夹角为 $0°$，因此 $J_反$ 大于 $J_顺$（表 3-11）。

表 3-11　邻位质子的偶合常数

化合物	$^3J/Hz$	化合物	$^3J/Hz$	化合物	$^3J/Hz$
CH_3CH_3	8.0	（顺）	3.73	$CH_2=CHCl$（顺）	7.4
$CH_3CH_2C_6H_5$	7.62	（反）	8.07	$CH_2=CHCl$（反）	14.8
CH_3CH_2CN	7.60	（$\alpha\beta$，顺）	5.01		7.54
CH_3CH_2Cl	7.23	（$\alpha\beta$，反）	8.61	C_6H_5Li(2-3)	6.73
CH_3CH_2OAc	7.12	（1-2）	5.3	$C_6H_5CH_3$(2-3)	7.64
$(CH_3CH_2)_2O$	6.97	（3-4，顺）	9.36	C_6H_5Cl(2-3)	8.05
CH_3CH_2Li	8.90	（3-4，反）	5.72	$C_6H_5OCH_3$(2-3)	8.30
$ClCH_2CH_2Cl$（单峰）	5.90	（1-2）	8.8	$C_6H_5NO_2$(2-3)	8.36

续表

化合物	$^3J/\text{Hz}$	化合物	$^3J/\text{Hz}$	化合物	$^3J/\text{Hz}$
$Cl_2CHCHCl_2$（单峰）	3.06	（3-4,顺）	2.95	$CH_2{=}CHC_6H_5$（反）	18.59
△（顺）	8.97	（3-4,反）	8.94	（1-2）	8.28
△（反）	5.58	$CH_2{=}CH_2$（顺）	11.5	（2-3）	6.85
（顺）	4.45	$CH_2{=}CH_2$（反）	19.0	（2-3）	1.75
（反）	3.10	$CH_2{=}CHLi$（顺）	19.3	（3-4）	3.3
□（顺）	10.40	$CH_2{=}CHLi$（反）	23.9	（2-3）	4.88
□（反）	4.90	$CH_2{=}CHCN$（顺）	11.75	（3-4）	7.67
（顺）	7.90	$CH_2{=}CHCN$（反）	17.92		
（反）	6.3	$CH_2{=}CHC_6H_5$（顺）	11.48		

3. 芳氢的偶合常数

芳环氢的偶合可分为邻、间、对位 3 种偶合，偶合常数都为正值，邻位偶合常数比较大，一般为 6.0~9.4Hz（3 键），间位为 0.8~3.1Hz（4 键），对位小于 0.59Hz（5 键）。一般情况下，对位偶合不易表现出来。苯环氢被取代后，特别是强拉电子或强推电子基团的取代，使苯环电子云分布发生变化，表现出 $J_邻$、$J_间$ 和 $J_对$ 的偶合，使苯环质子吸收峰变成复杂的多重峰。二取代苯环和稠环氢的偶合常数为

$$J_{3,4} = 7.1\sim8.1\ \text{Hz}$$
$$J_{3,5} = 1.1\sim1.7\ \text{Hz}$$
$$J_{4,5} = 7.0\sim7.7\ \text{Hz}$$
$$J_{3,6} = 0.3\sim0.6\ \text{Hz}$$

$$J_{2,4} = 1.8\sim1.9\ \text{Hz}$$
$$J_{4,5} = 7.8\sim8.1\ \text{Hz}$$
$$J_{2,5} = 0.3\sim0.6\text{Hz}$$

$$J_{2,3} = 8.5\sim8.7\ \text{Hz}$$
$$J_{3,5} = 2.3\sim2.7\ \text{Hz}$$
$$J_{2,5} = 0.3\sim0.5\ \text{Hz}$$

$$J_{1,2} = 8.3\sim9.1\ \text{Hz}$$
$$J_{1,3} = 1.2\sim1.6\ \text{Hz}$$
$$J_{2,3} = 6.1\sim6.9\ \text{Hz}$$
$$J_{1,4} = {\sim}1\ \text{Hz}$$

杂芳环的偶合情况与取代苯类似，存在通过 3 键、4 键、5 键的偶合，偶合常数与杂原子的相对位置有关。例如：

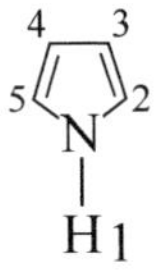

$J_{2,3} = 2.4\sim3.1$ Hz
$J_{2,4} = 1.3\sim1.5$ Hz
$J_{2,5} = 1.9\sim2.2$ Hz
$J_{3,4} = 3.4\sim3.8$ Hz

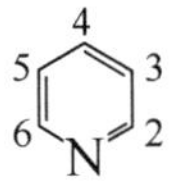

$J_{2,3} = 4.0\sim6.0$ Hz
$J_{3,4} = 6.9\sim9.1$ Hz
$J_{2,4} = 0.0\sim1.7$ Hz
$J_{3,5} = 0.5\sim1.8$ Hz
$J_{2,5} = 0.0\sim2.3$ Hz
$J_{2,6} = 0.0\sim0.6$ Hz

4. 远程偶合

超过 3 个键的偶合称为远程偶合（long-range coupling），如芳烃的间位偶合和对位偶合都属于远程偶合。远程偶合的偶合常数都比较小，一般在 0～3Hz。常见的远程偶合有下列几种情况：

（1）丙烯型偶合。通过 3 个单键和 1 个双键的偶合作用（见下结构式）称为丙烯型偶合。式中 H_a 和 H_b 的偶合为顺式偶合，H_a 和 H_c 的偶合为反式偶合。

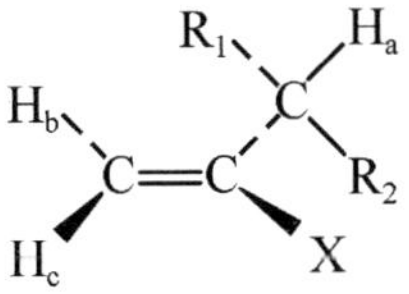

丙烯型偶合常数为负值，大小与双面夹角有关。当夹角为 0° 和 180° 时，^4J 值为 0；夹角为 90° 时，J 值最大（绝对值）。例如：

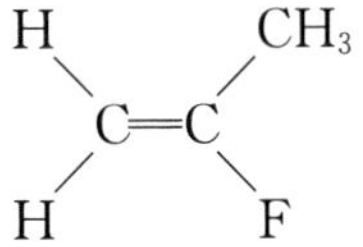

$^4J_{顺} = -1.0$Hz,　　　$^4J_{反} = -0.4$Hz

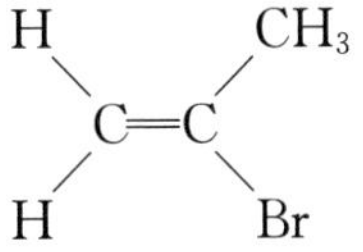

$^4J_{顺} = -1.4$Hz,　　　$^4J_{反} = -0.8$Hz

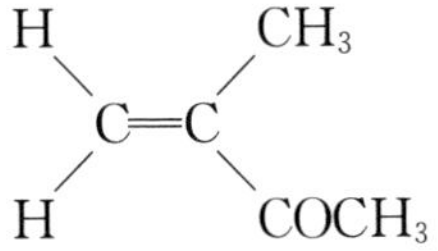

$^4J_{顺} = -1.3$Hz,　　　$^4J_{反} = -0.7$Hz

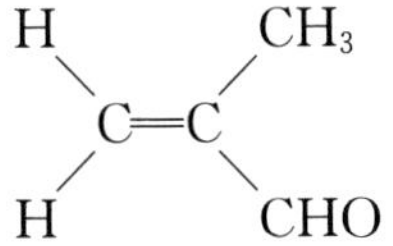

$^4J_{顺} = -1.45$Hz,　　　$^4J_{反} = -1.05$Hz

（2）高丙烯偶合。通过 4 个单键和 1 个双键的偶合（H—C—C=C—C—H）称为高丙烯偶合，偶合常数为正值，一般在 0～4Hz。例如：

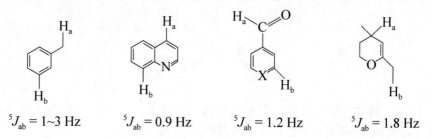

（3）炔及迭烯。这类化合物传递偶合作用的能力较大，虽经过多个键，仍能观察得到。例如：

$$CH_3—C\equiv C—C\equiv CH \qquad (^6J_{1,5}=1.27Hz)$$
$$CH_3—C\equiv C—C\equiv C—C\equiv CH \qquad (^8J_{1,7}=0.65Hz)$$
$$CH_3—C\equiv C—C\equiv C—C\equiv C—CH_2OH \qquad (^9J_{1,8}=0.4Hz)$$
$$CH_2=C=CHX \ (X=Cl,\ Br,\ I) \qquad (^4J_{1,3}=6.1～6.3Hz)$$

（4）折线型偶合。在共轭体系中，当 5 个键构成一个延伸的"折线"时，往往有一定的远程偶合，偶合常数为 0.4～2Hz。例如：

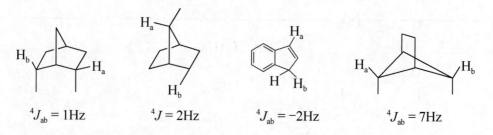

（5）W 型偶合。在环系化合物中，当 4 个键共处于一个平面，并构成一个伸展的折线 W 型时，则两头的氢有远程偶合，偶合常数一般为 1～2Hz。例如：

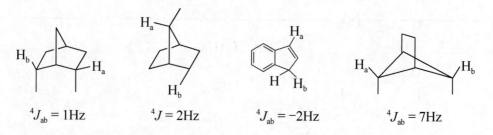

5. 质子与其他核的偶合

质子与其他磁性核如 ^{13}C、^{19}F、^{31}P 的偶合常会遇到。

（1）^{13}C 对 ^1H 的偶合。由于 ^{13}C 的天然丰度低（1.1%），对 ^1H 的偶合一般观

察不到，可不必考虑。但在用非氘代溶剂时，常会在溶剂峰的两旁看到$^{13}C-^{1}H$偶合产生的对称的^{13}C卫星峰。图 3-17 为氯仿的^{1}H NMR 谱图。^{1}H对^{13}C的偶合在第 4 章介绍。

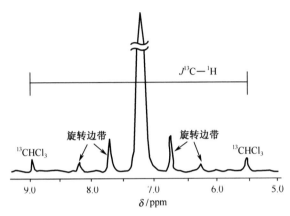

图 3-17　CHCl₃ 的^{1}H NMR 谱图

(2) ^{31}P 对^{1}H 的偶合。^{31}P 的自旋量子数为 $1/2$，^{31}P 与^{1}H 的偶合产生峰的裂分符合 $n+1$ 规律，如在化合物

$$\underset{a}{CH_3}\underset{b}{(CH_2)_3}\underset{}{CH_2}-\overset{\overset{O}{\|}}{\underset{c}{C}}-\underset{d}{CH_2}-\overset{\overset{O}{\|}}{\underset{\underset{e\quad f}{OCH_2CH_3}}{P}}\overset{OCH_2CH_3}{\underset{}{}}$$

^{31}P 与 H_d 的偶合常数$^{2}J_{H-C-P}=23Hz$，H_d 裂分为二重峰。^{31}P 与 H_e 的偶合常数$^{3}J_{H-C-O-P}=7Hz$，H_e 还受邻接甲基的影响，因而 H_e 裂分成五重峰。表 3-12 列出了一些含磷化合物的$^{31}P-^{1}H$偶合常数。

表 3-12　磷化合物的 J_{H-P} 值

化合物	J_{H-P}/Hz
$\underset{b\quad a}{(CH_3CH_2)_3P}$	$^{2}J_{ap}=13.7,\quad ^{3}J_{bp}=0.5$
$\underset{b\quad a}{(CH_3CH_2)_3P=O}$	$^{2}J_{ap}=16.3,\quad ^{3}J_{bp}=11.9$
$\underset{a\quad b}{(CH_3CH_2O)_3P=O}$	$^{4}J_{ap}=0.8,\quad ^{3}J_{bp}=8.4$
$\overset{CH_3O}{\underset{CH_3O}{}}\overset{\overset{O}{\|}}{P}\overset{O\ m}{\underset{p}{\bigcirc}}$	$^{3}J_{op}=13.3,\quad ^{4}J_{mp}=4.1,\quad ^{5}J_{pp}=1.2$

（3）^{19}F 对 ^{1}H 的偶合。^{19}F 的自旋量子数 I 也为 1/2，它与 ^{1}H 的偶合峰也符合 $n+1$ 规律，一般氟化物中 ^{19}F 与 ^{1}H 的偶合常数为：$^2J_{H-C-F}=45\sim90Hz$、$^3J_{H-C-C-F}=0\sim45Hz$、$^4J_{H-C-C-C-F}=0\sim9Hz$。例如：

CH$_3$F $^2J_{HF}=81Hz$

CH$_3$CH$_2$F $^2J_{bF}=46.7Hz$，$^3J_{aF}=25.2Hz$
 a   b

$^2J_{aF}=85Hz$，$^3J_{bF}=52Hz$，$^3J_{cF}=20Hz$

$^3J_{oF}=9.0Hz$，$^4J_{mF}=5.7Hz$，$^5J_{pF}=0.2Hz$

（4）重氢（^{2}D）对 ^{1}H 的偶合。重氢的自旋量子数 $I=1$，对 ^{1}H 的偶合符合 $2n+1$ 规律，氘代试剂如氘代丙酮、氘代甲醇、氘代二甲亚砜、氘代乙腈等，氘代不完全的 H 与 D 之间有偶合，1 个 D 会将 H 峰裂分成三重峰，2 个 D 会使 H 峰裂分成五重峰。D 与 H 的偶合常数约为 1Hz。

3.6 自旋系统及图谱分类

3.6.1 核的等价性质

化学等价：分子中若有一组核，其化学位移严格相等，则这组核称为彼此化学等价的核。如 CH$_3$CH$_2$Cl 中甲基的 3 个质子，它们的化学位移相等，为化学等价质子，同样亚甲基的 2 个质子也是化学等价的质子。

磁等价：分子中若有一组核，它们对组外任何一个核都表现出相同大小的偶合作用，即只表现出一种偶合常数，则这组核称为彼此磁等价的核。例如，CH$_2$F$_2$ 中 2 个氢和 2 个氟任何一个偶合都是相同的，所以 2 个氢是磁等价的核，2 个氟也是磁等价的核。在 CH$_2$F$_2$ 中，2 个 ^{1}H 和 2 个 ^{19}F 又分别是化学等价的。这种既化学等价又磁等价的核叫"磁全同"的核。而在实际中遇到一些化学等价的核不一定磁等价，如 CH$_2$=CF$_2$，即

两个 ^{1}H 和两个 ^{19}F 都分别为化学等价的核。但它们的偶合常数 $J_{H_1F_1}\neq J_{H_2F_1}$，$J_{H_1F_2}\neq$

$J_{H_2F_2}$，因而两个 ^1H 是磁不等价的核，同样两个 ^{19}F 也是磁不等价的。又如取代苯环上的质子可能是磁不等价的，下列 3 个化合物中的 2 个 H_a 和 2 个 H_b 均是化学等价而磁不等价的。

核的等价性与分子内部基团的运动有关。例如，CH_3CH_2I 分子，它有各种构象，其中交叉式的构象的 Newman 投影式为

可见，在 CH_3 中 H_1 和 H_2 为化学等价，但磁不等价，而 H_3 与 H_1（或 H_2）既化学不等价，又磁不等价，在 CH_2 中 H_4 和 H_5 是化学等价，而磁不等价。但在常温下，甲基和亚甲基可以绕 C—C 键轴高速旋转，此时甲基的 3 个质子都处于一个平均环境之中，所以甲基 3 个质子对外表现为磁全同核。同理，亚甲基上的 2 个质子也表现为磁全同的核。

综上所述，不等价质子的结构特征可归纳为以下几种情况：

（1）单键不能自由旋转时，会产生不等价质子。如 N,N-二甲基甲酰胺

在室温时，氮原子上的 n 电子和羰基上的 π 电子形成 p-π 共轭，结果增加了 C—N 键的双键性，限制了 C—N 键的自由旋转，使一个 CH_3 与羰基处于顺式，另一个甲基处于反式，由于羰基的各向异性效应，造成 $CH_3(a)$ 和 $CH_3(b)$ 的不等价性。因此，在室温下，其 ^1H NMR 图谱上呈现 2 个甲基峰。当测定温度提高到 100℃ 时，C—N 键能自由转动，两个峰逐渐靠近，到温度 170℃ 时，两个甲基就具有相同的磁环境，成为磁等价核，图谱上出现一个尖锐的单峰。

（2）双键上同碳质子具有不等价性，如上所述 $CH_2=CF_2$ 中的两个氢和两个氟均为化学等价而磁不等价。

（3）构象固定环上的 CH_2 两个氢是不等价的，如甾体环上的亚甲基质子。

（4）与手性碳原子相连的—CH_2—上的质子是不等价的，如 $R—CH_2C—R_2$

分子中，不管 R—CH$_2$ 的旋转速度多快，CH$_2$ 的 2 个质子还是不等价的。

（5）取代苯环上的相同化学环境的质子可能是磁不等价的，如 （结构式：OCH$_3$，A′、A，B′、B，NO$_2$）、

（结构式：Cl，A，B，B′，Cl，A′）虽然 A、A′是化学等价的，但 $J_{AB} \neq J_{A'B}$、$J_{AB'} \neq J_{A'B'}$，同样 $J_{BA} \neq J_{B'A}$、$J_{BA'} \neq J_{B'A'}$，所以质子 A 和 A′，B 和 B′均是化学等价而磁不等价的。

3.6.2 自旋系统的分类

1. 自旋系统的定义

把几个互相偶合的核，按偶合作用的强弱，分成不同的自旋系统，系统内部的核互相偶合，但不和系统外的任何核相互作用。系统与系统之间是隔离的，如 （结构式：H$_3$C—苯环—C(=O)—OCH$_2$CH$_3$）中，（结构式：H$_3$C—苯环—）是一个自旋系统，该系统内的核不与系统外的任何核发生偶合作用，在系统内部，苯环上的 4 个氢之间互相偶合，形成 AA′BB′系统；甲基的 3 个氢互相偶合，但因它们是磁全同的核，其偶合裂分在谱图上表现不出来；甲基氢和苯环邻位和间位氢均有远程偶合作用（偶合常数前者为 $^4J \approx 0.5Hz$，后者为 $^5J = 1 \sim 3Hz$），因此，对甲基苯甲酸乙酯分子中有两个自旋系统：一个是由甲基和苯环构成的自旋系统；另一个是酯基中的亚甲基和甲基的自旋系统。

2. 自旋系统的命名

（1）分子中两组相互干扰的核，它们之间的化学位移差 $\Delta\nu$ 小于或近似于偶合常数 J 时，则这些化学位移近似的核分别以 A、B、C、…字母表示。若其中某种类的磁全同的核有几个，则在核字母的右下方用阿拉伯数字写上标记，如 Cl—CH$_2$—CH$_2$—COOH中间 2 个 CH$_2$ 构成 A$_2$B$_2$ 系统。

（2）分子中两组互相干扰的核，它们的化学位移差 $\Delta\nu$ 远大于它们之间的偶合常数（$\Delta\nu \gg J$），则其中一组用 A、B、C、…表示，另一组用 X、Y、Z、…表示。如 CH$_3$CH$_2$COCH$_3$，乙基中的甲基和亚甲基构成 A$_3$X$_2$ 系统。

（3）若核组内的核为化学等价而磁不等价时，则用 A、A′、B、B′加以区

别，如 $CH_3O-\langle\bigcirc\rangle-\overset{\overset{O}{\|}}{C}-OCH_3$ 中苯环四个氢构成 $AA'BB'$ 系统。

3.6.3 图谱的分类

核磁共振氢谱可分为一级图谱和二级图谱，或称为初级图谱和高级图谱。

1. 一级图谱

当两组（或几组）质子的化学位移之差 $\Delta\nu$ 和它们的偶合常数之比（$\Delta\nu/J$）大于 6 以上，且同一组的核均为磁全同核时，它们峰裂分符合 $n+1$ 规律，化学位移和偶合常数可直接从谱图中读出，这种图谱称为一级图谱，如 $H_3C-\overset{\overset{\|}{O}}{C}-CH_2-CH_2-O-\overset{\overset{\|}{O}}{C}-CH_3$ 中的两个亚甲基构成 A_2X_2 系统的图谱即为一级图谱。一级图谱具有以下特点：

（1）两组质子的化学位移之差至少大于偶合常数 6 倍，符合（$\Delta\nu/J$）$\gg$6。

（2）峰的裂分数目符合 $n+1$ 规律，但对于 $I\neq 1/2$ 的原子核，则应采用更普遍的（$2nI+1$）规律进行描述。

（3）各峰裂分后的强度比近似地符合（$a+b$）^{n} 展开式系数比。

（4）各组峰的中心处为该组质子的化学位移。

（5）各峰之间的裂距相等，即为偶合常数。

2. 二级图谱

若互相干扰的两组核，化学位移差很小，互相间偶合作用强，当 $\Delta\nu/J\leqslant 6$ 时，峰形发生畸变，成为二级（高级）图谱。

二级图谱与一级图谱的区别为：一级图谱的 5 个特点，在二级图谱中均不存在，峰形复杂，化学位移和偶合常数都不能从谱图中直接读出，必须通过一定的计算，甚至复杂的计算才能求得，谱图解析的难度较大。

3.6.4 几种常见的自旋系统

本节只介绍几种常见的自旋系统及简单计算方法、公式和谱图特征。

1. AX 系统

AX 系统表现为一级图谱。如 HF、 HC≡CF、 HCCl$_2$F 等都属于 AX 系统。按照 $n+1$ 规律，AX 系统应出现 4 条谱线，A 和 X 各占 2 条，2 线之间的距离为 J_{AX}，两线之中点即为化学位移，两线之高度应相等（图 3-18）。当图 3-18

中$\Delta\nu_{AX} > 6J_{AX}$时为 AX 系统，但实际工作中遇到 AX 系统的机会很少。

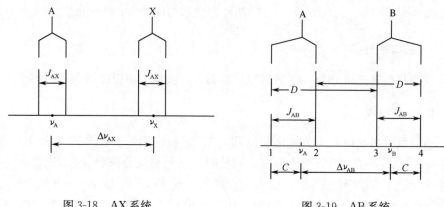

图 3-18　AX 系统　　　　　　　　图 3-19　AB 系统

2. AB 系统

当 AX 系统的化学位移差 $\Delta\nu$ 变小至不符合 $\Delta\nu > 6J$ 时，就成为 AB 系统。AB 系统仍为 4 条谱线，如图 3-19 所示。其中 A 和 B 各占有两条谱线，两谱线间的距离为偶合常数 J_{AB}，可直接由图 3-19 中读出。AB 系统 4 条谱线高度不等，内侧两线高于外侧两线，A 与 B 的化学位移 ν_A 和 ν_B 不在所属谱线的中心，而在中心与重心之间，需通过计算得到。

偶合常数

$$J_{AB} = \nu_1 - \nu_2 = \nu_3 - \nu_4 \tag{3.20}$$

化学位移

$$\Delta\nu_{AB} = \nu_A - \nu_B$$

因为

$$\Delta\nu_{AB} = \sqrt{(D + J_{AB})(D - J_{AB})} = \sqrt{(\nu_1 - \nu_4)(\nu_2 - \nu_3)} \tag{3.21}$$

所以

$$C = [(\nu_1 - \nu_4) - \Delta\nu_{AB}]/2 \tag{3.22}$$

$$\begin{cases} \nu_A = \nu_1 - C \\ \nu_B = \nu_4 + C \end{cases} \tag{3.23}$$

谱线强度比为

$$\frac{I_1}{I_2} = \frac{I_4}{I_3} = \frac{D - J_{AB}}{D + J_{AB}} = \frac{\nu_2 - \nu_3}{\nu_1 - \nu_4} \tag{3.24}$$

式中：I_1、I_2、I_3、I_4——1、2、3、4 谱线的强度。

应该指出，AB 系统的谱线不能发生交叉，即（$\nu_1 - \nu_3$）=（$\nu_2 - \nu_4$）不能小

于 J_{AB}。AB 系统多见于双键的顺式、反式氢，芳环的邻位氢等。

3. AX$_2$ 系统

AX$_2$ 系统呈一级图谱。按 $n+1$ 规律，AX$_2$ 系统有 5 条谱线，A 呈 3 条谱线，强度比为 1：2：1，X 呈现 2 条谱线，强度比为 4：4（图 3-20）。三重峰和双峰的裂距相同，等于偶合常数 J_{AX}，各组峰的中心为化学位移。例如：

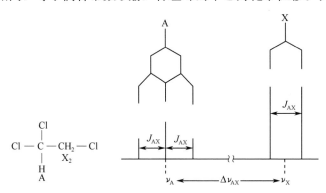

图 3-20　AX$_2$ 系统

4. AB$_2$ 系统

AB$_2$ 系统说明两组核偶合作用比较强，最多可观察到 9 条谱线，其中 1～4 四条谱线为 A，5～8 四条谱线为 B，第 9 条为结合峰，但因强度低，最高时仅为第 3 条谱线的 1%～5%，一般观察不到，第 5 和第 6 两条谱线相距很近，往往合并为一条谱线，成为谱图中较突出的峰，容易识别，如图 3-21 所示。

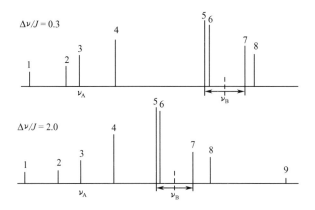

图 3-21　AB$_2$ 系统

AB_2 系统呈二级图谱，9 条谱线间有如下关系：

$[1-2]=[3-4]=[6-7]$，$[1-3]=[2-4]=[5-8]$，$[3-6]=[4-7]=[8-9]$

第 3 条谱线的位置为 ν_A，第 5 条和第 7 条谱线之中点为 ν_B，A、B 之间的偶合常数 J_{AB} 可由式（3.25）求得

$$J_{AB}=[(1-4)+(6-8)]/3 \tag{3.25}$$

AB_2 系统中各线的标号可以从左向右，也可从右向左排，根据它们的化学位移，及 A 代表 1 个质子，B 代表 2 个质子，可以帮助我们判断哪组峰代表 A，哪组峰代表 B。实际工作中常会遇到 AB_2 系统，如下列类型的化合物或结构单元的有关质子都呈 AB_2 系统的峰形。

5. AMX 系统

AMX 系统中，任何化学位移差距均远大于它们之间的偶合常数，即 $\Delta\nu_{AM}\gg J_{AM}$、$\Delta\nu_{AX}\gg J_{AX}$、$\Delta\nu_{MX}\gg J_{MX}$，AMX 系统属于一级图谱，峰形裂分按照 $(n+1)\cdot(n'+1)$ 的规律，化学位移和偶合常数均可从谱图得到。

AMX 系统有 12 条谱线，其中 A、M、X 中每一个核为其他 2 个核裂分成强度相等的四重峰。12 条谱线有 3 种裂距，每两组四重峰之间所共有的裂距即为该两核的偶合常数。因此 AMX 系统有 3 种偶合常数，分别为 J_{AM}、J_{AX} 和 J_{MX}，见图 3-22。如氧化苯乙烯 三元环上的 3 个 ^1H 属于 AMX 系统，其 ^1H NMR 图谱见图 3-23。

6. ABX 系统

ABX 系统也属常见的二级图谱。如果 AMX 系统中，A 核和 M 核的化学位移接近，即构成 ABX 系统。ABX 系统最多有 14 条谱线，其中属于 AB 的有 8 条，属于 X 的有 4 条，第 9 条和第 14 条是综合峰，强度弱，难观测到，见图 3-24。AB 部分可看成由 2 个 AB 系统组成，其中 1、3、5、6 为一个 AB 系统，2、4、7、8 为另一个 AB 系统。AB 部分 4 对等裂距的峰，其裂距即为偶合常数 J_{AB}。可以近似地按 AMX 系统的方法求出 J_{AX} 和 J_{BX}，再按 AB 系统近似地求出 ν_A 和 ν_B，但欲求出准确的数值需经复杂的计算。

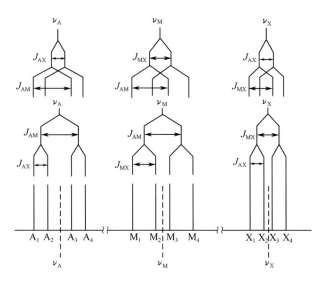

图 3-22 AMX 系统

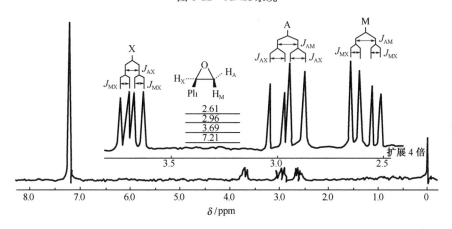

图 3-23 氧化苯乙烯裂分系统及 ^{1}H NMR 谱图

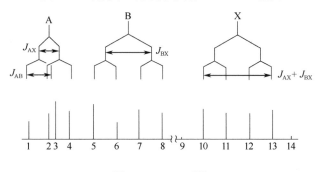

图 3-24 ABX 系统

ABX 系统常见于下列结构单元的质子：

$$\begin{array}{ccc} \text{H}\ \text{—}\ \text{H} & \text{H}\ \text{—}\ \text{H} & \text{H}\ \text{—}\ \text{CH}^- \\ \text{C}\text{—}\text{C} & \text{C}\text{=}\text{C} & \text{C}\text{=}\text{C} \\ \text{H} & \text{CH} & \text{H} \end{array}$$

$$\begin{array}{cc} \text{R}_1 & \\ \text{CH}\text{—}\text{CH}_2\text{—} & \text{—CH—CH—CH—} \\ \text{R}_2 & \end{array}$$

7. ABC 系统

ABC 系统是一个较复杂的裂分系统。当互相偶合的 3 个质子互不等价，它们的化学位移很接近，$\Delta\nu/J$ 值很小时，就构成了 ABC 系统。ABC 系统最多有 15 条谱线，但通常只能看到 12 条，另外 3 条谱线很弱，常常看不到。3 个质子的共振吸收峰往往互相交叉，难以定位。峰的裂距也不等于偶合常数。由于 ABC 系统较难解析，常通过提高仪器的磁场强度来提高 $\Delta\nu/J$ 值，使 ABC 系统变成 ABX 或 AMX 系统，使谱图简化，便于解析。

8. A_2X_2 系统

A_2X_2 系统是一级图谱，可按一级谱规律读出化学位移和偶合常数。如

$$\text{C}_6\text{H}_5\text{—CH}_2\text{—CH}_2\text{—O—}\overset{\text{O}}{\overset{\|}{\text{C}}}\text{—CH}_3 \text{ 中 2 个 CH}_2 \text{ 为 } A_2X_2 \text{ 系统。}$$

9. A_2B_2 系统

当 A_2X_2 系统中 A 核与 X 核的化学位移靠近时（$\Delta\nu_{AX}\approx J_{AX}$），即构成 A_2B_2 系统。A_2B_2 系统中 A_2 和 B_2 分别为磁全同核，只表现出一个偶合常数 J_{AB}。A_2B_2 谱图理论上有 14 条谱线，每边 7 条，左右对称，分别代表 A 和 B。一般情况下，A_2B_2 系统中间峰强度很大，外侧峰强度较小（图 3-25）。A 的化学位移在 A_5 处，B 的化学位移在 B_5 处，谱线间的关系（$\nu_1-\nu_3$）$=$（$\nu_4-\nu_6$），偶合常数用式（3.26）计算

$$J_{AB} = (\nu_1 - \nu_6)/2 \tag{3.26}$$

随着化学位移差（$\Delta\nu$）和偶合常数 J 的改变，谱图外形有所变化，但始终保持左右对称的特征，这也是确定 A_2B_2 系统的一个标志。以下化合物中 2 个连接的

CH_2 均构成 A_2B_2 系统：

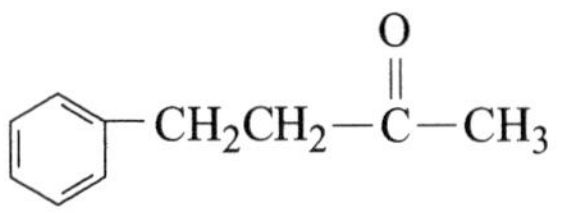

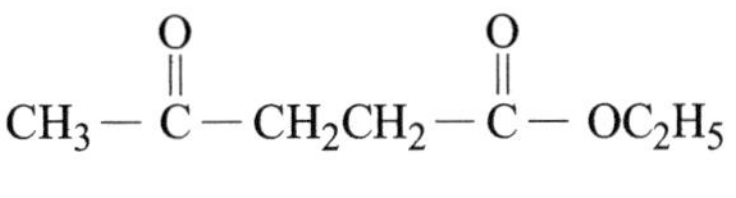

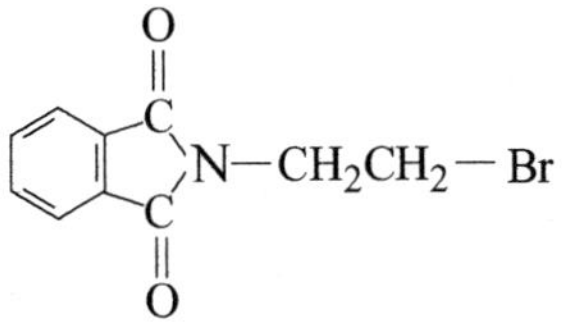

$O(CH_2CH_2Br)_2$　　$Cl-CH_2CH_2-OH$

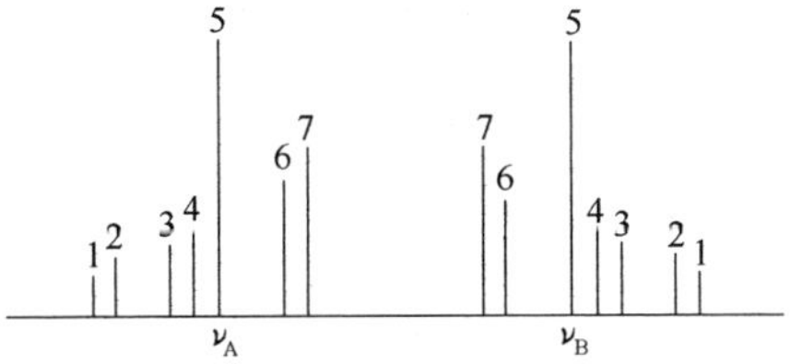

图 3-25　A_2B_2 系统

10. AA′BB′系统

AA′BB′系统是一个比较复杂的系统。A_2B_2 系统中 A_2 和 B_2 都不是磁全同时，即构成 AA′BB′系统。按理论计算 AA′BB′系统谱图中应出现 28 条谱线，AA′和 BB′部分各占 14 条谱线，且具有左右对称的特点。实际上由于峰与峰重叠或因强度太小，往往看不到 28 条谱线，只看到少数几个谱峰。

日常工作中最易遇到的苯环的相同基团邻位取代或不同基团的对位取代，往往只表现出一个明显的对称四重峰，且每个峰的下面又出现类似三重峰的小峰。其化学位移可按 AB 系统方法取每侧双峰的重心。例如：

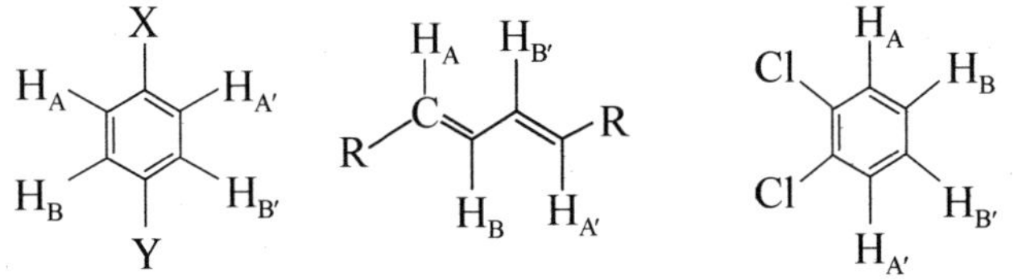

等化合物的苯环氢和烯氢都可构成 AA′BB′系统。如对硝基氯苯的^{1}H NMR谱图(图 3-26)中苯环上的 4 个质子呈现 AA′BB′的峰形。

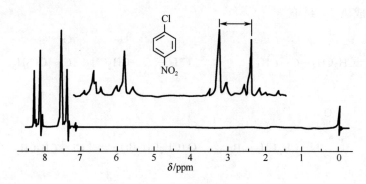

图 3-26　对硝基氯苯的 ^1H NMR谱图

3.7　核磁共振氢谱的解析

3.7.1　解析谱图的步骤

（1）检查谱图是否规则。四甲基硅烷的信号应在零点，基线平直，峰形尖锐对称（有些基团，如—$CONH_2$ 峰形较宽），积分曲线在没有信号的地方也应平直。

（2）识别杂质峰、溶剂峰、旋转边带、^{13}C卫星峰等非待测样品的信号。在使用氘代溶剂时，常会有未氘代氢的信号，一些常用氘代溶剂的残留质子峰的 δ 值列于表 3-13 中。确认旋转边带，可用改变样品管旋转速度的方法，使旋转边带的位置也改变。

表 3-13　一些氘代溶剂残留质子的 δ 值

溶剂	δ/ppm
$CDCl_3$	7.27
CD_3OD	2.35；4.8
CD_3COCD_3	2.05
D_2O	4.7
乙酸-d_4	2.05；8.5
二甲亚砜-d_6	2.50
二氧六环-d_8	3.55
吡啶-d_5	6.98；7.35；8.50
二甲基甲酰胺-d_7	2.77；2.93；7.5
苯-d_6	7.27

（3）从积分曲线，算出各组信号的相对峰面积，再参考分子式中氢原子数目，来决定各组峰代表的质子数。也可用可靠的甲基信号或孤立的次甲基信号为标准计算各组峰代表的质子数。

（4）从各组峰的化学位移，偶合常数及峰形，根据它们与化学结构的关系，推出可能的结构单元。可先解析一些特征的强峰、单峰，如 CH_3O、CH_3N、

$$CH_3{-}\overset{\overset{\displaystyle O}{\|}}{C}\ 、\ CH_3{-}C{=}C、\ H_3C{-}\bigodot$$

等，识别低场的信号，醛基、羧基、烯醇、磺酸基质子均在 9~16ppm，再考虑其他偶合峰，推导基团的相互关系。

（5）识别谱图中的一级裂分谱，读出 J 值，验证 J 值是否合理。

（6）解析二级图谱，必要时可用位移试剂，双共振技术等使谱图简化，用于解析复杂的谱峰。

（7）结合元素分析、红外光谱、紫外光谱、质谱、^{13}C核磁共振谱和化学分析的数据推导化合物的结构。

（8）仔细核对各组信号的化学位移和偶合常数与推定的结构是否相符，必要时，找出类似化合物的共振谱进行比较，或进行 X 射线单晶分析，综合全部分析数据，进而确定化合物的结构式。

3.7.2　辅助图谱分析的一些方法

1. 使用高磁场的仪器

因为两组互相偶合的质子的化学位移差 $\Delta\nu$（以赫计）与测定仪器的磁场强度成正比。如 $\Delta\nu=0.1ppm$，在用 100MHz 的仪器测定的谱图上，相当于 10Hz，而在用 500MHz 仪器测定的谱图上，相当于 50Hz，而偶合常数 J 只反映磁核间相互作用的强弱，与测定仪器的磁场强度无关。因此，如果该两组质子的 $J=5Hz$，则 100MHz 谱图的 $\Delta\nu/J=2$，属于二级图谱，而 500MHz 仪器测的谱图的 $\Delta\nu/J=10$，属于一级图谱。因此，提高核磁共振仪的磁场强度（使用超导磁体），相应采用高频电磁波照射样品，是简化谱图的好方法。图 3-27 是乙酰水杨酸的 250MHz 和 60MHz 谱图的对比，250MHz 的谱图能把苯环上 4 个 H 清晰地区分出来，60MHz 则不能。

2. 活泼氢反应

1）重水交换

如果分子中含有活泼氢，如—OH、—NH_2、—COOH 等基团，由于活泼氢的化学位移变化较大，且与测定条件有关，常不易辨识。可在测定完的样品中加入几滴重水（D_2O）后，再测定一次，比较重水交换前后谱图的变化。由活泼氢

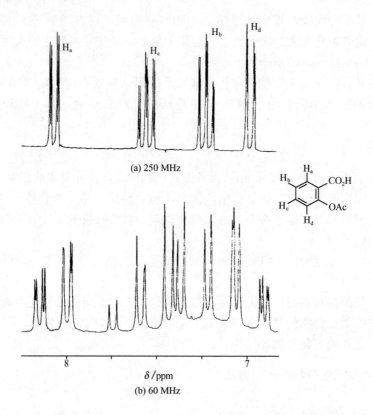

图 3-27　乙酰水杨酸的 250MHz 和 60MHz 谱图的对比（苯环氢部分）

被重水中的 D 交换而使谱峰信号减弱或消失即可识别。但酰胺质子因交换速度慢，不易消失，形成分子内氢键的活泼氢也较难消失。

2）氘代氢氧化钠交换

氘代氢氧化钠可以交换羰基 α 碳上的氢，与其偶合的质子的峰形也随着发生变化，例如，一未知物可能结构为 A 或 B，因 A 和 B 中的—CH—CH$_2$—部分均是 ABX 系统谱图，CH$_3$ 也因与 CH 的偶合裂分为双峰，谱图没有明显差别。但样品用 NaOD 交换后，—CH—的多重峰消失，同时—CH$_2$—谱图变为较简单的 AB 系统，CH$_3$ 也变为单峰，由此，很容易确定未知物的结构是 **A** 而不是 **B**。

3. 溶剂效应

溶剂的磁化率，溶剂分子的磁各向异性，溶剂与溶质间的范德华引力都使溶质（试样）的核磁共振谱受到影响，即同一试样采用不同的溶剂，其化学位移往往是不同的，这种由于溶剂的不同使得化学位移发生变化的现象叫溶剂效应。

由于溶剂效应的存在，与报道的核磁共振数据或文献上已知化合物进行比较时，都应注意到所用的溶剂。溶剂效应对阐明结构有时会起很大作用。溶剂效应较好的溶剂有苯、吡啶、二甲基亚砜、三氟乙酸等。例如，平喘酮在 CDCl$_3$ 中测定，异丙基的甲基峰和环上的甲基峰互相重叠，峰形不易辨认 [图 3-28(a)]，改用苯作溶剂后，两种甲基明显分开 [图 3-28(b)]。环上的甲基 a 处于苯的屏蔽区而向高场位移，异丙基的甲基四重峰是由 2 组二重峰所组成的，甲基 b 处于羰基的屏蔽区，相应处在较高场，而甲基 c 则远离羰基屏蔽区相对在较低场。

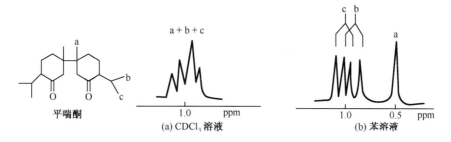

图 3-28 平喘酮甲基的溶剂效应

4. 位移试剂

在测定复杂分子的核磁共振谱时，往往由于信号重叠而难以分析，1969 年 Hinckley 报道了以 2,2,6,6-四甲基庚二酮-3,5 与金属铕的络合物 Eu(DPM)$_3$ 对含羟基的分子的核磁共振谱线能引起较大的向低场位移，而同时保留着因自旋偶合所引起的多重谱线。这种能使样品的化学位移引起较大移动使不同的吸收峰拉开距离的物质称为位移试剂。

位移试剂是具有顺磁性的金属络合物，通常用镧系金属铕（Eu）或镨（Pr）与 β-二酮的络合物，特别是 Eu(DPM)$_3$ 和 Pr(DPM)$_3$ 使用得最多。

$$
\left[\begin{array}{c} R_1 \\ H-C \overset{C-O}{\underset{C=O}{\diagdown}} \\ R_2 \end{array} \right]_3 M
$$

M＝Eu 或 Pr

R$_1$，R$_2$＝—CH$_3$，—C$_6$H$_5$，—C(CH$_3$)$_3$，—C$_2$H$_5$，—C$_3$F$_7$

DPM R$_1$＝R$_2$＝—C(CH$_3$)$_3$

位移试剂对带有孤对电子的化合物都有明显的位移作用，它对一些官能团的位移影响大小顺序如下：

$$-NH_2 > -OH > C=O > -O- > -COOR > -CN$$

样品中各种质子受位移试剂的影响不同，一般越靠近含未共用电子对基团的质子位移值越大。例如，正己醇的 ^1H NMR谱图中 ［图 3-29 （a）］，几个 CH_2 的吸收峰重叠在一起，无法辨认。加入位移试剂 $Eu(DPM)_3$ 后 ［图 3-29 （b）］，每个 CH_2 均能很好分开，且越靠近 OH 的 CH_2 位移得越多，峰形也变得清晰。

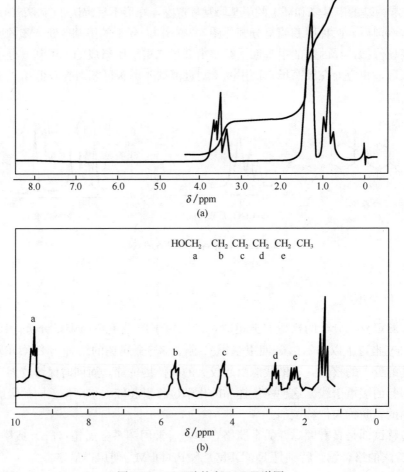

图 3-29　正己醇的 ^1H NMR谱图

同理，苄醇的芳环氢在未加位移试剂前是一个峰，但加入位移试剂后，三种芳氢的化学位移拉开距离，其中邻位氢位移最大 （11.7ppm），对位氢位移最小 （8.4ppm），—CH_2—的 δ 值则位移至 14ppm。

5. 双共振去偶

双共振（也称双照射）去偶是用两个频率不同的射频场同时照射样品，其中一个射频场（B_2）用于照射某一组核，而另一射频场（B_1）用于扫描其他核，观察它们的谱线强度、形状及精细结构的变化，从而确定谱图上各组谱线间的关系及归属。

双共振的原理是：磁核间的相互偶合使共振峰发生分裂，这种偶合要有一定的条件，即相互偶合的自旋核在某一自旋态（如 ^{1}H 核在 +1/2 或 -1/2 自旋态）的时间必须大于偶合常数的倒数。双共振技术，就是在用 B_1 扫描谱图的同时，加上 B_2 来照射互相偶合的某一组核，使其迅速饱和（高速往返于各种自旋态之间），从而使其在某一自旋态的时间很短，破坏偶合条件，达到去偶目的。

双共振可分为同核双共振和异核双共振，常用符号 A{X} 表示，A 表示被观测的核，{X} 表示要去偶的核。如质子的同核双共振表示为 ^{1}H {^{1}H}，^{13}C 核磁共振中质子去偶表示为 ^{13}C {^{1}H}。在核磁共振氢谱中最常用的双共振技术有以下几种：

（1）自旋去偶。目前双共振技术多用扫频法，即将第二射频场频率 ν_2 固定，对准要去偶的质子进行照射，而变动第一射频场的频率 ν_1，进行扫描其他核，则与 ν_1 对准的核有偶合作用的核都将产生去偶现象。例如，反巴豆酸乙酯的

^{1}H NMR 谱如图 3-30（a）所示，分子中 $\begin{smallmatrix} H_3C \\ \diagdown \\ C=C \\ \diagup \quad \diagup \\ H_A \quad H_B \end{smallmatrix}$ 的 3 种质子形成

ABX$_3$ 裂分系统，谱线比较复杂。当用 ν_2 照射烯甲基质子（δ1.8ppm），与其偶合的 H_A 和 H_B 发生去偶，谱线变成 AB 系统，见图 3-30（b）。

图 3-31 是甘露糖三乙酸酯的去偶前后的 ^{1}H NMR 谱图，当 ν_2 对准 H_5（δ4.62ppm）照射时，H_4、H_{61} 和 H_{62} 有明显的去偶，H_3 也有部分去偶（远程偶合）。

（2）核 Overhauser 效应（NOE）。核 Overhauser 效应是另一种双共振技术。在用双共振技术照射其中一组核并使其饱和时，空间位置与其相近的另一组核的共振信号会增强。这种空间偶极作用使信号相对强度发生改变的现象称为核 Overhauser 效应，简称 NOE 效应。NOE 效应对核与核之间的立体关系要求严格，因此，对确定化合物的立体结构很有用。例如，β,β-二甲基丙烯酸中的两个 CH$_3$ 的化学位移分别为 δ1.93ppm 和 2.18ppm，当照射 δ1.93ppm 的甲基时，

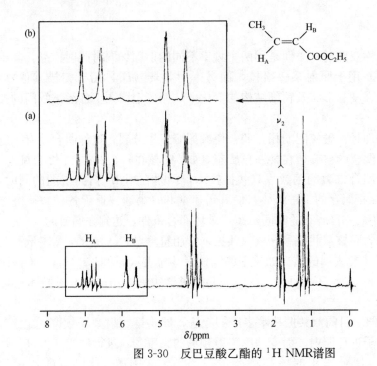

图 3-30　反巴豆酸乙酯的 ¹H NMR谱图

图 3-31　甘露糖三乙酸酯

(a) 自旋去偶谱图；(b) ¹H NMR谱图

H_a 的相对强度增加17％，而照射 δ2.18ppm 的甲基时，H_a 的相对强度不变，由此，可以确定 δ1.93ppm 的甲基和 H_a 处于顺式，δ2.18ppm 的甲基与 H_a 处于反式。

在1, 2, 3, 4 - 四甲基菲的 ¹H NMR谱图中，4 个甲基的化学位移值为 2.43ppm（6H）、2.63ppm（3H）、2.88ppm（3H）。已知芳环氢 H_5 的信号为

$\delta 8.52\mathrm{ppm}$，H_{10} 的信号为 $\delta 7.94\mathrm{ppm}$。用双共振技术来辨认甲基的归属：当照射 $\delta 2.43\mathrm{ppm}$ 时，H_5 和 H_{10} 信号的强度均不改变，说明 $\delta 2.43\mathrm{ppm}$ 是 2 和 3 位甲基 的信号；当照射 $\delta 2.63\mathrm{ppm}$ 时，H_{10} 信号强度增加了 11%，说明它为 1 位的甲基；照射 $\delta 2.88\mathrm{ppm}$ 时，H_5 信号增强了 33%，说明它为 4 位甲基。

3.7.3 图谱解析示例

【例 3.1】 某未知物分子式为 $C_5H_{12}O$，其核磁共振氢谱图如图 3-32 所示，求其化学结构式。

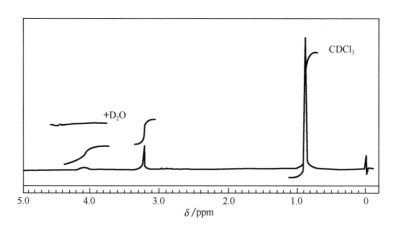

图 3-32 $C_5H_{12}O$ 的核磁共振氢谱图

解 从分子式 $C_5H_{12}O$ 求得化合物的不饱和度为零，故此未知物为饱和脂肪族化合物。未知物的核磁共振谱图中有 3 个单峰，其积分高度比为 1∶2∶9（从低场到高场），其中 $\delta 4.1\mathrm{ppm}$ 处的宽峰，经重水交换后消失，说明分子中存在羟基。$\delta 0.9\mathrm{ppm}$ 处的单峰相当于 9 个质子，可看成是连在同一个碳的 3 个甲基。$\delta 3.2\mathrm{ppm}$ 处的单峰相当于 2 个质子，对应于一个亚甲基，从其化学位移值可知该亚甲基是与电负性强的基团相连，即分子中存在 —CH_2OH 结构单元。因此未知物的结构式为

$$H_3C - \overset{\overset{\displaystyle CH_3}{|}}{\underset{\underset{\displaystyle CH_3}{|}}{C}} - CH_2 - OH$$

【例 3.2】 某化合物的分子式为 $C_6H_{10}O_3$，其核磁共振氢谱见图 3-33。试确定该化合物的结构式。

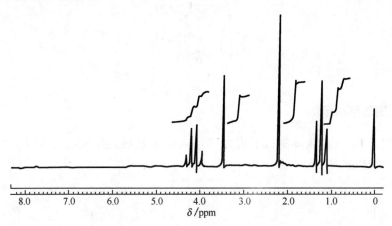

图 3-33 $C_6H_{10}O_3$ 核磁共振氢谱图

解 从化合物分子式 $C_6H_{10}O_3$ 求得未知物的不饱和度为 2，说明分子中含有 C≡O 或 C≡C。但核磁共振谱中化学位移 5 以上没有吸收峰，表明不存在烯氢。谱图中有 4 组峰，化学位移及峰的裂分数目为：$\delta4.1ppm$（四重峰），$\delta3.5ppm$（单峰），$\delta2.2ppm$（单峰），$\delta1.2ppm$（三重峰），各组峰的积分高度比为 2∶2∶3∶3，这也是各组峰代表的质子数。从化学位移和峰的裂分数可见 $\delta4.1ppm$ 和 $\delta1.2ppm$ 是互相偶合，且与强拉电子基团相连，表明分子中存在乙酯基（—COOCH$_2$CH$_3$）。$\delta3.50ppm$ 为 CH_2，$\delta2.2ppm$ 为 CH_3，均不与其他质子偶合，根据化学位移 $\delta2.2ppm$ 应与拉电子的羰基相连，即 CH$_3$—C≡O。综上所述，分子中具有下列结构单元

$$CH_3 - C = O, \quad -COOCH_2CH_3, \quad -CH_2-$$

这些结构单元的元素组成总和正好与分子式相符，所以该化合物的结构为

$$H_3C - \overset{\overset{\displaystyle O}{\parallel}}{C} - CH_2 - \overset{\overset{\displaystyle O}{\parallel}}{C} - O - CH_2CH_3$$

【例 3.3】 化合物的分子式为 $C_4H_6O_2$，其 ^1H NMR 谱图（300MHz）如图 3-34 所示，谱图中 $\delta12.5ppm$ 峰重水交换后消失，推导其结构式。

解 由分子式 $C_4H_6O_2$，可算出化合物的不饱和度为 2，^1H NMR 谱图中有

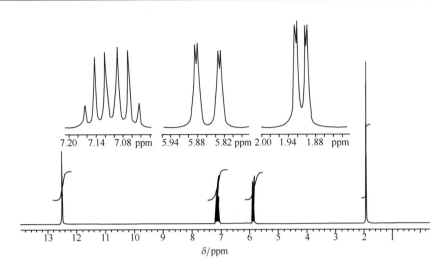

图 3-34　$C_4H_6O_2$ 的 ^1H NMR谱图

4 组峰，强度比 1：1：1：3，其中 $\delta12.5$ppm（单峰，1H），从化学位移表及易被重水交换，表明为—COOH。$\delta1.9$ppm（四重峰，3H）为与烯基相连的甲基 CH_3—CH＝CH—，它与烯基上 2 个质子有邻位偶合和烯丙基偶合（远程偶合）。其化学位移和裂分的峰形都与此结构相符合。$\delta7.2\sim5.8$ppm 范围有两组峰，分别为烯基上的 2 个质子，根据化学位移，$\delta5.85$ppm（多重峰，1H）应为与羧基相连的烯氢＝CH—COOH，甲基的推电子和羧基的拉电子作用，使其处于相对较高场，受到另一烯氢的邻位偶合和甲基的烯丙基偶合而裂分成多重峰。$\delta7.10$ppm（多重峰，1H）为与甲基相连的烯氢 CH_3—CH＝，受同样的电子偶极作用，处于相对较低场，受甲基和 $\delta5.85$ppm 烯氢的邻位偶合作用，峰形裂分成更清晰的多重峰（理论上应为八重峰）。因此该化合物的结构式可能为

$$
\begin{array}{cc}
\underset{H_1}{\overset{H_3C}{\diagdown}}C=C\underset{COOH}{\overset{H_2}{\diagup}} & \underset{H_1}{\overset{H_3C}{\diagdown}}C=C\underset{H_2}{\overset{COOH}{\diagup}} \\
A & B
\end{array}
$$

根据 Tobey-Simon 规则可以计算烯氢的 δ 值

$\quad A：\delta_{H_1}=5.25+0.45(Z_{同—CH_3})+1.41(Z_{顺—COOH})+0(Z_{反—H})=7.11$ppm

$\quad\quad\quad \delta_{H_2}=5.25+0.97(Z_{同—COOH})+(-0.22)(Z_{顺—CH_3})+0(Z_{反—H})=6.0$ppm

同样方法可计算出结构式 B 的化学位移值为 $\delta_{H_1}=6.41$ppm，$\delta_{H_2}=5.94$ppm，与实验值 7.10ppm 和 5.85ppm 相差较远，因而可确定化合物为反式丁烯酸 A。

【例 3.4】　　某未知物，元素分析结果为 C：50.46%，H：5.14%，Br：36.92%，质谱的分子离子峰为 $m/z\ 214$，其核磁共振氢谱如图 3-35 所示，各组

峰的化学位移和偶合常数为：$\delta 7.0$ppm，$\delta 4.0$ppm（$J=5.75$Hz），$\delta 3.5$ppm（$J=6.5$Hz），$\delta 2.2$ppm，试确定其化学结构式。

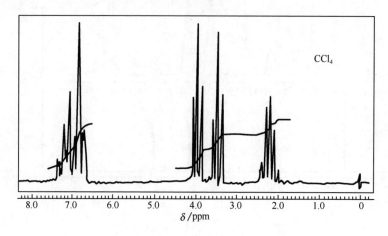

图 3-35　未知物的核磁共振氢谱图

解　从未知物的分子离子峰质荷比和元素分析结果可计算出分子式为 $C_9H_{11}BrO$，不饱和度为 4。化合物的不饱和度大于或等于 4 时，分子中可能含有苯环。核磁共振谱图中有 4 组峰，相当于 4 组化学环境不同的质子。从低场到高场，它们的积分比为 5∶2∶2∶2。$\delta 7.0$ppm 的多重峰代表 5 个质子，表示为一个单取代苯环。相比较苯的化学位移 $\delta 7.27$ppm，其化学位移值向高场位移，说明苯环上有给电子的取代基团。把 $\delta(6.7\sim 7.4)$ ppm 间的谱峰与苯基醚相比较，两者的峰形十分相似。由于苯环上极性的—OR 基团取代，使苯环上 5 个质子电子云分布发生变化，导致谱峰的复杂性。

中心在 $\delta 4.0$ppm 处的三重峰，积分值表明为两个等同的质子，即存在一个亚甲基 $CH_2(a)$，由于它被裂分为三重峰（$J=5.75$Hz），故这个亚甲基必然与另一个亚甲基 $CH_2(b)$ 相偶合。同理 $\delta 3.5$ppm 的三重峰（2H，$J=6.5$Hz），也相当于一个亚甲基 $CH_2(c)$，且也与另一个亚甲基相偶合。由于 $CH_2(a)$ 和 $CH_2(c)$ 的偶合常数不同，表明它们之间没有偶合关系。如果它们都与 $\delta 2.2$ppm（2H）的五重峰有关，则可以解析 $\delta(4.2\sim 1.9)$ppm 的 3 组峰峰形畸变的原因。两组三重峰中，靠高场的谱线均比靠低场的谱线强度大，表明与它们偶合的质子信号是在高场。而 $\delta 2.2$ppm 的五重峰，相对强度也是靠低场的较大，显示与其偶合的质子在低场，表明它即为 $CH_2(b)$，虽然它与 $CH_2(a)$ 和 $CH_2(c)$ 的偶合常数有区别，但很接近，因此峰形还是基本上遵循 $n+1$ 规则。

综合上述分析可知分子中存在如下的结构片段：

$$\delta/\text{ppm} \quad \overset{4.0}{-\underset{a}{CH_2}} - \overset{2.2}{\underset{b}{CH_2}} - \overset{3.5}{\underset{c}{CH_2}} -$$

通过查阅文献，比较相似的结构片段的谱图，可发现在饱和烃中—CH_2—的化学位移是 $\delta1.15\text{ppm}$；在 〔苯环〕—O—CH_2— 中的 —CH_2— 的化学位移为 $\delta3.90\text{ppm}$；在 Br—CH_2—中的—CH_2—化学位移为 $\delta3.30\text{ppm}$。同时，β、γ 位的取代基对 CH_2 的化学位移还有影响，通过对—CH_2—化学位移的计算可以进一步确定未知物的结构为 〔苯环〕—$OCH_2CH_2CH_2Br$。

【例 3.5】　一个含硫化合物，高分辨质谱确定其分子式为 C_2H_6OS，紫外光谱在 200nm 以上没有吸收峰，红外光谱 3367cm^{-1} 有一强而宽的谱带，1050cm^{-1} 附近有一宽峰，2558cm^{-1} 有一弱峰。氢核磁共振谱如图 3-36 所示，推导其结构式。

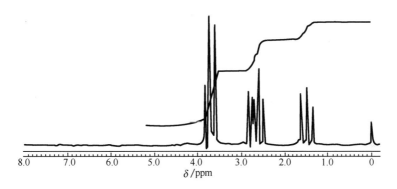

图 3-36　C_2H_6OS 的 ^1H NMR谱图

解　由分子式 C_2H_6OS 可知该未知物的不饱和度为零，紫外光谱 200nm 以上没有吸收峰也证明它为饱和化合物。红外光谱 3367cm^{-1} 强而宽的吸收峰为羟基的伸展振动吸收峰，可估计该未知物是醇类化合物，在 1050cm^{-1} 附近有宽峰，表明为伯醇。此外，分子中含有一个硫原子，且在 2558cm^{-1} 处有一个弱峰，表明该未知物分子中含有一个巯基。通常在此区域只有巯基和硼氢键才呈现吸收峰，而未知物不含硼原子。

除了一个—CH_2OH 和一个—SH，分子剩余部分为一个—CH_2—，因此，可以推测该化合物为HO—CH_2—CH_2—SH。^1H NMR谱进一步证明此结构。表面看，谱图上有 3 组峰，它们的积分比为 $3:2:1$（从低场至高场）。高场 $\delta1.50\text{ppm}$（1H）的三重峰为与亚甲基相连的—SH 基质子，偶合常数为 8Hz，与巯基相邻的—CH_2—质子，相当于中间的一组多重峰，它们与 SH 偶合裂分为双峰（$J=8Hz$），又与另一组—CH_2—偶合，裂分为多重峰（$J=6Hz$）。由于偶合常数不同，—CH_2—CH_2—SH 3 组质子构成了 A_2M_2X 裂分系统（图 3-37）。$\delta 3.75ppm$（3H）则是由连接羟基的亚甲基质子信号与羟基质子信号重叠产生的。通常 OH 和 SH 均可用重水交换除去，但 OH 形成氢键的能力比 SH 强，在给定的条件下，OH 比 SH 处于较低场位置。在通常 NMR 测定浓度下，OH 的质子进行快速交换，所以表现为单峰，与邻近的质子也不表现出与其的偶合关系，而 SH 在同样条件下（如在非水溶液中）并不发生快速交换，因此，它与邻接的亚甲基质子相偶合而裂分成三重峰。

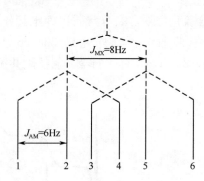

图 3-37　$HOCH_2CH_2SH$ 的 A_2M_2X 裂分系统

习　题

1. 某样品在 60MHz 仪器上测得的 ^1H NMR谱图上有 4 个单峰，均在 TMS 的低场，距离 TMS 分别为 132Hz，226Hz，336Hz，450Hz。试计算该样品在 300MHz ^1H NMR谱图上的化学位移，分别以 δ 和 Hz 值表示。

2. 下列化合物中，比较分子中各组质子的化学位移大小顺序：

(1) H_3C—$\overset{\displaystyle O}{\overset{\displaystyle \|}{C}}$—O—$CH_2$—$CH_2$—$CH_3$

(2) H_3C—CH_2—CH_2—$\overset{\displaystyle O}{\overset{\displaystyle \|}{C}}$—O—$CH_3$

(3) ⬡—CH_2—CH_2—Cl

(4) $\overset{\displaystyle H_3C}{\underset{\displaystyle H}{}}C{=}C\overset{\displaystyle H}{\underset{\displaystyle COOH}{}}$　　(5) 六元氧杂环

3. 用¹H NMR谱区分下列各组化合物的异构体，说明各化合物的谱图特征。

(1)

$$\text{C}_6\text{H}_5-\overset{\overset{\text{O}}{\|}}{\text{C}}-\text{OCH}_2\text{CH}_3 \quad\quad (a)$$

$$\text{CH}_3\text{CH}_2-\overset{\overset{\text{O}}{\|}}{\text{C}}-\text{O}-\text{C}_6\text{H}_5 \quad\quad (b)$$

$$\text{H}_3\text{C}-\text{C}_6\text{H}_4-\overset{\overset{\text{O}}{\|}}{\text{C}}-\text{OCH}_3 \quad\quad (c)$$

(2)

$$\text{CH}_3\text{O}-\text{CH}_2-\overset{\overset{\text{O}}{\|}}{\text{C}}-\text{N}\overset{\text{CH}_3}{\underset{\text{CH}_3}{\big<}} \quad\quad (a)$$

$$\text{CH}_3-\text{O}-\text{CH}_2-\overset{\overset{\text{O}}{\|}}{\text{C}}-\text{NH}-\text{CH}_2-\text{CH}_3 \quad\quad (b)$$

$$\underset{\underset{\text{NH}_2}{|}}{\text{CH}_3\text{CH}}-\overset{\overset{\text{O}}{\|}}{\text{C}}-\text{O}-\text{CH}_2-\text{CH}_3 \quad\quad (c)$$

(3)

$$\text{O}_2\text{N}-\text{C}_6\text{H}_4-\text{S}-\text{CH}_2-\text{CH}_3 \quad\quad (a)$$

$$\text{O}_2\text{N}-\text{C}_6\text{H}_4-\text{CH}_2-\text{S}-\text{CH}_3 \quad\quad (b)$$

$$\text{O}_2\text{N}-\text{C}_6\text{H}_4-\text{CH}_2-\text{CH}_2-\text{SH} \quad\quad (c)$$

4. 说明下列化合物中，各组质子间的偶合关系，推测各组峰的裂分数目，相互偶合的质子形成怎样的裂分系统（如 AX_2、AMX、AB 等）。

(1) $\text{H}_3\text{C}-\text{O}-\text{CH}_2-\text{CH}_3$

(2) $\text{C}_6\text{H}_5-\text{CH}_2-\text{CH}_2-\text{CH}_2-\text{C}_6\text{H}_5$

(3)

$$\underset{\text{Cl}}{\overset{\text{H}_3\text{C}}{\big>}}\text{C}=\text{C}\underset{\text{COOCH}_3}{\overset{\text{H}}{\big<}}$$

(4)

$$\text{O}_2\text{N}-\text{C}_6\text{H}_4-\text{NO}_2$$

(5)

$$\overset{\text{H}}{\underset{\text{H}}{}}\text{C}\overset{\text{O}}{\diagdown\diagup}\text{C}\overset{\text{Cl}}{\underset{\text{H}}{}}$$

5. 解析下列化合物的 ¹H NMR 谱（图 3-38～图 3-41）：

（A）

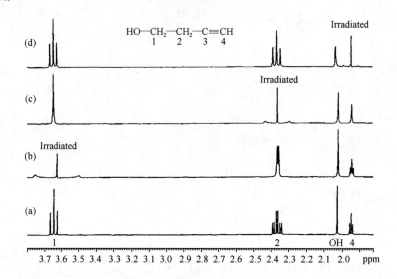

图 3-38　1-羟基-3-丁炔的选择质子去偶谱（300MHz，CDCl₃）

（B）

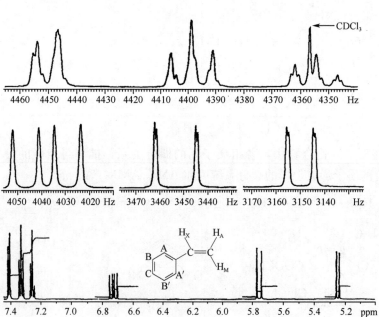

图 3-39　苯乙烯的 ¹H NMR 谱（600MHz）

(C)

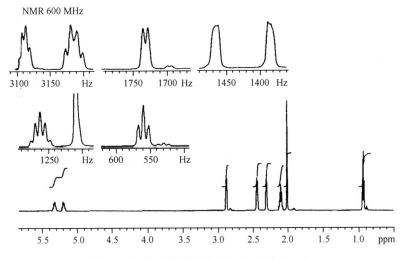

图 3-40　顺茉莉酮的 ¹H NMR 谱（600MHz）

(D)

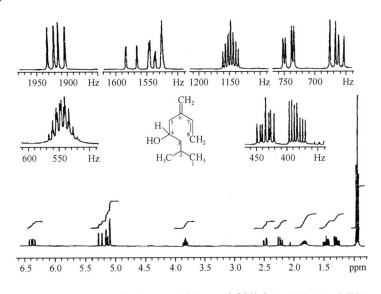

图 3-41　2-甲基-4-羟基-6-亚甲基-7-辛烯的 ¹H NMR（300MHz）

6. 某化合物的分子式为 C_5H_9ON，红外光谱中 $2200cm^{-1}$ 有一中等强度的尖峰，核磁共振氢谱图（300MHz）如图 3-42 所示，试推导化合物的结构式。

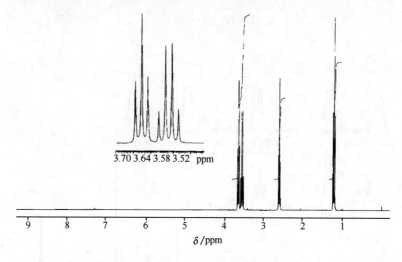

3.70 3.64 3.58 3.52 ppm

图 3-42　未知物 C_5H_9ON 的 ^1H NMR谱图

7. 某化合物分子式为 $C_9H_{11}O_2N$ 的 ^1H NMR谱如图 3-43 所示，推导其化学结构式。

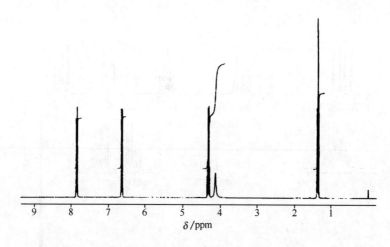

图 3-43　未知物 $C_9H_{11}O_2N$ 的 ^1H NMR谱图

8. 图 3-44 是二甲基吡啶 4 个异构体的 ^1H NMR谱图，指出各谱图对应化合物的结构，解析各组峰的归属。

(a)

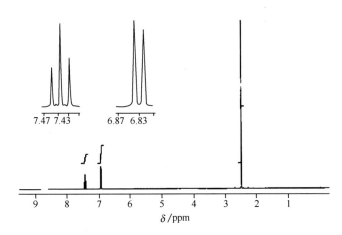

(b)

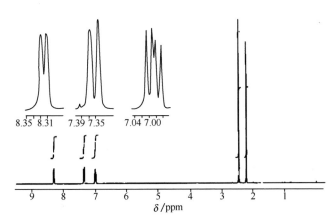

(c)

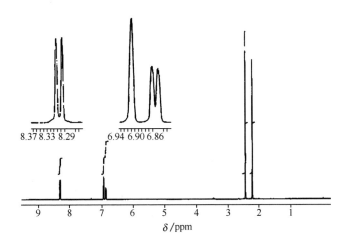

(d)

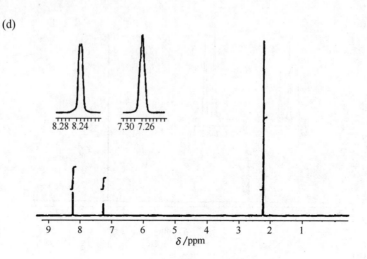

图 3-44   二甲基吡啶的 ^{1}H NMR谱图

9. 图 3-45 是 2-溴-3,4-二甲氧基苯甲醛的核磁共振谱图，各组峰的化学位移 δ（ppm）分别为：10.14、7.55、6.86、3.87、3.76，试对各峰进行解析。

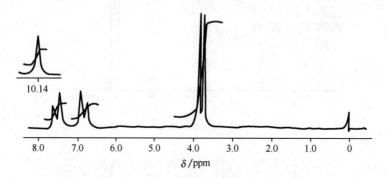

图 3-45   2-溴-3,4-二甲氧基苯甲醛的 ^{1}H NMR谱图

10. 从 ^{1}H NMR数据推导 3 个分子式为 $C_4H_8O_3$ 的异构体的结构式。

δ/ppm：A   1.3（3H, t, $J=7Hz$），3.6（2H, q, $J=7Hz$），
4.15（2H, s），12.1（1H, s）
B   1.29（3H, d, $J=7Hz$），2.35（2H, d, $J=7Hz$），4.15
（1H, 六重峰, $J=7Hz$），在重水存在下测定。
C   3.5（3H, s），3.8（3H, s），4.05（2H, s）

（括号中：s 表示单峰，d 表示双峰，t 表示三重峰，q 表示四重峰）。

11. 某化合物，高分辨质谱表明分子式为 $C_7H_{12}O_3$，紫外光谱在 280nm 有弱

吸收峰，红外光谱 $1715cm^{-1}$ 和 $1735cm^{-1}$ 有强的吸收峰，^1H NMR谱图如图 3-46 所示。推导该化合物的结构式。

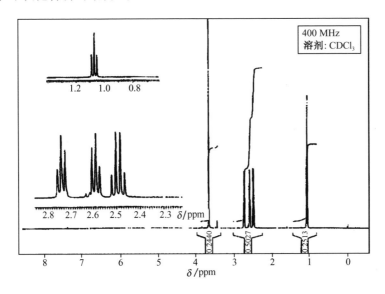

图 3-46　未知物 $C_7H_{12}O_3$ 的 ^1H NMR谱图

12. 某含 N、Cl 化合物 A，分子式为 $C_8H_9ClO_2N_2$，不溶于水和碱，可溶于稀盐酸，能与酰氯反应，与苯磺酰氯反应生成一个碱不溶的沉淀物。A 甚至在加热时也不与硝酸银反应，但它能与锡和浓盐酸作用，中和后得到分子式为 $C_8H_{11}ClN_2$ 的化合物。A 的核磁共振氢谱图如图 3-47 所示，确定未知物 A 的结构。

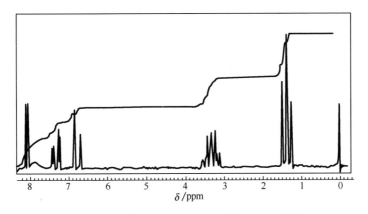

图 3-47　未知物 $C_8H_9ClO_2N_2$ 的 ^1H NMR谱图

参 考 文 献

陈耀祖. 1981. 有机分析. 北京：高等教育出版社

洪山海. 1980. 光谱解析法在有机化学中的应用. 北京：科学出版社

梁晓天. 1976. 核磁共振（高分辨氢谱的解析和应用）. 北京：科学出版社

宁永成. 2000. 有机化合物结构鉴定与有机化合物波谱学. 第二版. 北京：科学出版社

施耀曾，孔祥祯，蒋燕灏等. 1988. 有机化合物光谱和化学鉴定. 南京：江苏科学技术出版社

张华等. 2005. 现代有机波谱分析. 北京：化学工业出版社

赵天增. 1983. 核磁共振氢谱. 北京：北京大学出版社

朱淮武. 2005. 有机分子结构波谱解析. 北京：化学工业出版社

Abraham R J，Fisher J P，Loftus P. 1992. Introduction to NMR Spectroscopy. New York：John Wiley

Field L D，Sternhell S，Kalman J R. 2002. Organic Structures from Spectra. 3th ed. New York：John Wilry & Sons Ltd

Hollas J M. 1996. Modern Spectroscopy (Third Edition). New York：John Wiley

Lambert J B et al. 1998. Organic Structural Spectroscopy. New Jersey：Prentice-Hall，Inc

Silverstein R M，Webster F X，Kiemle D J. 2005. Spectrometric Identification of Organic Compounds. 7 th ed. New York：John Wiley & Sons Inc

Williams D H，Fleming I. 1995. Spectroscopic Methods in Organic Chemistry. UK. Berkshire：McGraw-Hill Pubishing Company

第 4 章　核磁共振碳谱

^{13}C 核磁共振谱（^{13}C NMR）的信号是 1957 年由 P. C. Lauterbur 首先观察到的。碳是组成有机物分子骨架的元素，人们清楚认识到 ^{13}C NMR 对于化学研究的重要性。由于 ^{13}C 的信号很弱，加之 ^{1}H 核的偶合干扰，使 ^{13}C NMR 信号变得很复杂，难以测得有实用价值的谱图。20 世纪 70 年代后期，质子去偶和傅里叶变换技术的发展和应用，才使 ^{13}C NMR 的测定变成简单易得。20 多年来，核磁共振技术取得巨大发展，目前，^{13}C NMR 已广泛应用于有机化合物的分子结构测定、反应机理研究、异构体判别、生物大分子研究等方面，成为化学、生物化学、药物化学及其他相关领域的科学研究和生产部门不可缺少的分析测试手段，对有关学科的发展起了极大的促进作用。

4.1　核磁共振碳谱的特点

1. 灵敏度低

NMR 的信号可用下式表示

$$\frac{S}{N} \propto \frac{nB_0\gamma^3 I(I+1)}{T} \tag{4.1}$$

式中：S/N——信噪比（信号与噪声的比值）；

$\quad B_0$——磁场强度；

$\quad n$——共振核数目；

$\quad \gamma$——旋磁比；

$\quad I$——自旋量子数；

$\quad T$——热力学温度，单位为 K。

核磁共振是灵敏度低的技术，而且碳谱的灵敏度比氢谱更低，原因是 ^{13}C 核的天然丰度很低，只有 1.108%，而 ^{1}H 的天然丰度为 99.98%。^{13}C 核的旋磁比 γ_C 也很小，只有 ^{1}H 核 γ_H 的 1/4。信号灵敏度与核的旋磁比 γ 的立方成正比，因此，相同数目的 ^{1}H 核和 ^{13}C 核，在同样的外磁场中，相同的温度下测定时，其信噪比为 1 : 1.59×10^{-4}，即 ^{13}C NMR 的灵敏度大约只有 ^{1}H NMR 的 1/6000。所以，在连续波谱仪上是很难得到 ^{13}C NMR 谱的，这也是 ^{13}C NMR 在很长时间内未能得到广泛应用的主要原因。

2. 分辨能力高

^{1}H NMR 的化学位移 δ 值通常在 0~15ppm，而 ^{13}C NMR 的 δ 值常用范围为 0~300ppm，约为 ^{1}H 谱的 20 倍。同时 ^{13}C 自身的自旋-自旋裂分实际上不存在，虽然 ^{13}C—^{1}H 之间有偶合，但可以用质子去偶技术进行控制。因此 ^{13}C 谱的分辨能力比 ^{1}H 谱高得多，结构不对称的化合物、每种化学环境不同的碳原子通常可以得到特征的谱线。例如，α-蒎烯的质子去偶谱（图 4-1），除二个亚甲基碳的化学位移相同，吸收峰重叠外，其他各碳都给出清晰的吸收谱线。图 4-1 中数字 1~9 对应于结构式中 C 的序号，英文字母表示吸收峰的裂分数：s 表示单峰，d 表示双峰，t 表示三重峰，q 表示四重峰。

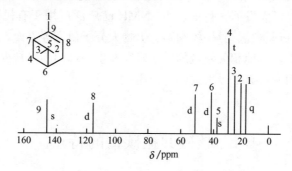

图 4-1　α-蒎烯的 ^{13}C NMR 谱图

3. 能给出不连氢碳的吸收峰

在 ^{1}H NMR 中不能直接观察到 C=O、C=C、C≡C、C≡N、季碳等不连氢基团的吸收信号，只能通过相应基团的 δ 值、分子式不饱和度等来判断这些基团是否存在。而 ^{13}C NMR 谱可直接给出这些基团的特征吸收峰。由于碳原子是构成有机化合物的基本元素，因此从 ^{13}C NMR 谱可以得到有关分子骨架结构的信息。

4. 不能用积分高度来计算碳的数目

^{13}C NMR 的常规谱是质子全去偶谱。对于大多数碳，尤其是质子化碳，它们的信号强度都会由于去偶的同时产生的 NOE 效应而大大增强，如甲酸的去偶谱与偶合谱相比，信号强度净增近 2 倍。季碳因不与质子相连，它不能得到完全的 NOE 效应，故碳谱中季碳的信号强度都比较弱。由于碳核所处的环境和弛豫机制不同，NOE 效应对不同碳原子的信号强度影响差异很大，因此不等价碳原子的数目不能通过常规共振谱的谱线强度来确定。

5. 弛豫时间 T_1 可作为化合物结构鉴定的波谱参数

在化合物中，处于不同环境的 ^{13}C 核，它们的弛豫时间 T_1 数值相差较大，可达 2～3 个数量级，通过 T_1 可以指认结构归属，窥测体系运动状况等。

4.2　核磁共振碳谱的测定方法

4.2.1　脉冲傅里叶变换法

NMR 的测定方法有连续波法（continual wave，CW）和脉冲傅里叶变换法（pulse Fourier transform，PFT）。早期曾用连续波谱仪采用时间平均法，在磁场稳定条件下，对 ^{13}C NMR 信号进行多次累加，做一些 ^{13}C 的参数测定和实验，但耗费时间太多，灵敏度不高，所以 ^{13}C NMR 的应用受到极大的限制。到了 20 世纪 70 年代，PFT-NMR 谱仪的出现，去偶技术的发展，才使 ^{13}C NMR 的测定成为切实可行并取得飞速的发展。

PFT 法是利用短的射频脉冲方式的射频波照射样品，并同时激发所有的 ^{13}C 核。由于激发产生了各种 ^{13}C 核所引起的不同频率成分的吸收，并被接收器所检测。从接受器检测得到的信号称为自由感应衰减信号（free induction decay，FID），FID 信号相当于样品中 ^{13}C 核吸收所有频率成分的再发射。单峰的 FID 信号是正弦波，它以指数函数衰减，此频率是激发脉冲波的中心频率和该核的进动频率之差。但对于 2 种或 2 种以上共振吸收峰时，FID 信号将变得十分复杂，为了从这些 FID 信号中得到有关 NMR 图谱的信息，通常必须进行傅里叶变换数学处理得到与 CW 法相同的频率域 NMR 图谱。这些处理都是借助电子计算机在短时间内完成。PFT 法比 CW 法的多次累加所得到的 ^{13}C NMR 谱图要节省很多时间，而且信噪比大大提高，样品用量也可大大减少。此外，由于 PFT 法能自动测定弛豫时间，在分子立体结构或动态平衡的研究中可发挥很大作用。

4.2.2　核磁共振碳谱中几种去偶技术

在有机化合物的 ^{13}C NMR 中，^{13}C—^{13}C 之间的偶合由于 ^{13}C 的天然丰度很低，可以不予考虑。但 ^{13}C—^1H 核之间的偶合常数很大，如 $^1J_{CH}$ 高达 120～320Hz，^{13}C 的谱线会被与之偶合的氢按 $n+1$ 规律裂分成多重峰，这种峰的裂分对信号的归属是有用的，但当谱图复杂时，加上 $^2J_{CCH}$、$^3J_{CCCH}$ 也有一定的表现，使各种谱峰交叉重叠，谱图难以解析。为了提高灵敏度和简化谱图，人们研究了多种质子去偶测定方法，以最大限度地获取 ^{13}C NMR 信息。其中常用的方法有：

1. 质子宽带去偶法

^{13}C NMR 的常规谱为质子宽带去偶谱。质子宽带去偶又称噪声去偶，是在测定 ^{13}C 核的同时，用一覆盖所有质子共振频率的射频照射质子，消除因 ^{1}H 偶合形成 ^{13}C 谱峰的裂分，使每一个磁等价的 ^{13}C 核成为一个信号，^{13}C NMR 谱呈现一系列的单峰。因为多重峰的合并和 NOE 效应，使峰强度也大为增加，信噪比 S/N 提高。质子宽带去偶使谱图简化，灵敏度提高，使信号的分离鉴定和归属也变得容易。图 4-2（a）为对二甲胺基苯甲醛的宽带质子去偶谱，谱图中清晰地显示出 6 种不同化学环境的碳原子化学位移和吸收峰的强度。

2. 偏共振去偶法

虽然质子宽带去偶有各种优点，但这种去偶方法使 ^{13}C 信号的多重峰完全失去，即完全除去了与 ^{13}C 核直接相连接的 ^{1}H 的自旋偶合，因此也失去了对结构解析有用的有关碳原子类型及偶合情况的信息。因此又发展了偏共振去偶的技术。

偏共振去偶是使用偏离 ^{1}H 核共振的中心频率 $0.5 \sim 1000\,\mathrm{Hz}$ 的质子去偶频率，使与 ^{13}C 核直接相连的 ^{1}H 和 ^{13}C 核之间还留下一些自旋偶合作用，偶合常数 $^1J_{\mathrm{C-H}}$ 比原来的偶合谱小，而 $^2J_{\mathrm{CCH}}$、$^3J_{\mathrm{CCCH}}$ 则不再表现出来。按 $n+1$ 规律，CH_3 显示四重峰，CH_2 显示三重峰，CH 显示二重峰，季碳显示单峰。图 4-2（b）为对二甲胺基苯甲醛的偏共振去偶谱，可见用偏共振去偶法可以确定与碳原子相连的质子数目，从而可判断各碳的类型。

3. 门控去偶法

宽带去偶损失了 J_{CH} 的信息，并因 NOE 效应不同而使信号的相对强度与碳数不成正比。为了既能获得谱峰多重性，又能获得增强效应，于是发展了门控去偶的方法。

门控去偶又称交替脉冲去偶。门控去偶的原理见图 4-3，此法在实验时，射频场（B_1）脉冲发射前预先施加去偶场（B_2）脉冲，此时自旋体系被去偶，同时产生 NOE 效应，接着关闭 B_2 脉冲，开启 B_1 射频脉冲，进行 FID 接收，由于 B_2 场的关闭，自旋核间立即恢复偶合。因发射脉冲为微秒数量级，而 NOE 的衰减和 T_1 均为秒数量级，所以接收到的信号既有偶合，又有呈 NOE 增强的信号，也是既保留峰的多重性，又达到谱峰强度增加的目的。对二甲胺基苯甲醛的门控去偶谱图见图 4-2（c）。

4. 反转门控去偶法

反转门控去偶又称抑制 NOE 的门控去偶。对发射场和去偶场的脉冲发射时

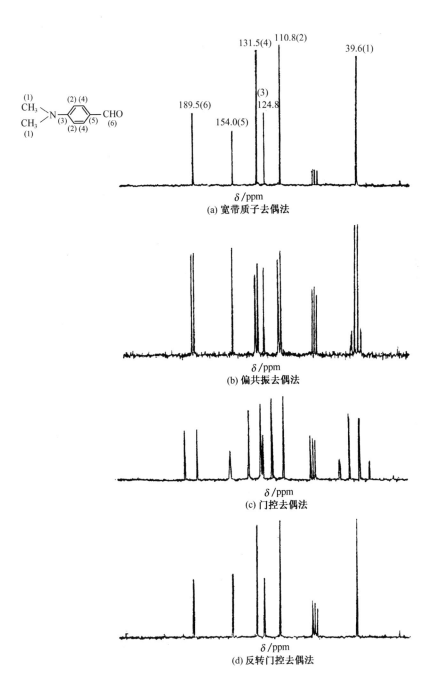

图 4-2　不同测定方法得到的对二甲胺基苯甲醛的^{13}C NMR 谱图

间关系稍加变动，即可得到消除 NOE 的宽带去偶谱。

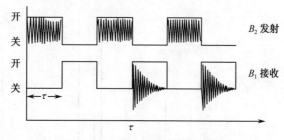

图 4-3　门控去偶的脉冲示意图

反转门控去偶的脉冲示意图见图 4-4，此方法是延长发射脉冲间隔，使核尽可能充分弛豫，趋于平衡分布。因为获得去偶所需的时间较短，产生 NOE 增强的时间较长，因此，在接受 FID 时，自旋体系受到 B_2 的照射而去偶，而 NOE 尚未达到较高值，可以得出碳数与信号强度基本上成比例的谱图。反转门控去偶常用于定量测定的目的。对二甲胺基苯甲醛的反转门控去偶谱图见图 4-2（d）。

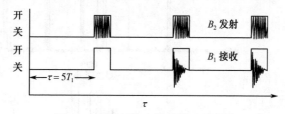

图 4-4　反转门控去偶的脉冲示意图

5. 选择质子去偶

如果对 ^{1}H NMR 谱图中某一特定官能团的信号在其共振频率下进行照射，则会使此官能团中的 ^{13}C 核信号成为单峰。使用此法依次对 ^{1}H 核的化学位移位置照射，可使相应的 ^{13}C 核信号得到准确的归属。例如，要确定糠醛中 3 位碳和 4 位碳的归属，可以分别照射 3 位和 4 位质子，使 3 位碳和 4 位碳的二重峰分别变成单峰，且强度增加。由图 4-5 可见，当照射 C_3—H 时，δ123ppm 峰变成单峰且强度增大；照射 C_4—H 时，δ114ppm 峰变成单峰，强度也增大，从而确定信号的归属。

6. INEPT 谱和 DEPT 谱

INEPT（insensitive nuclei enhanced by polarization transfer）法称为低灵敏核的极化转移增强法，DEPT（distortionless enhancement by polarization transfer）法称为不失真地极化转移增强法，是用于确定碳原子级数的有效方法。

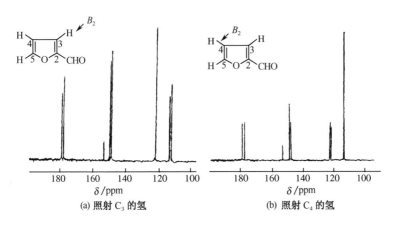

(a) 照射 C₃ 的氢　　　　　　(b) 照射 C₄ 的氢

图 4-5　糠醛的选择质子去偶谱图

常规的¹³C NMR 谱是指质子宽带去偶谱。在去偶的条件下，失去了全部 C—H 偶合的信息，质子偶合引起的多重谱线合并，每种碳原子只给出一条谱线。虽然用偏共振去偶技术可以分辨 CH₃、CH₂、CH 及季 C 的归属，但由于偏共振去偶谱中偶合常数分布不均匀，多重谱线变形和重叠，在复杂分子的研究中仍然受到限制。随着现代脉冲技术的发展，产生了一些新的能确定碳原子级数的新方法，如 J 调制法、APT 法、INEPT 法和 DEPT 法等，其中 INEPT 法和 DEPT 法已被广泛应用。

1）INEPT 法

由于核磁共振本身信号灵敏度很低，尤其是低天然丰度的核（如¹³C、¹⁵N 等）更为突出。INEPT 法是在具有两种核自旋的系统中，以 CH 为例，通过脉冲技术，把高灵敏¹H 核的自旋极化传递到低灵敏的¹³C 核上去，这样由¹H 到与其偶合的¹³C 的完全极化传递可使¹³C 信号强度增强 4 倍。INEPT 的脉冲序列如图 4-6 所示。

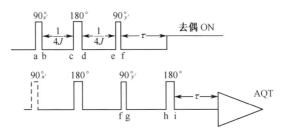

图 4-6　INEPT 脉冲示意图

　　因为在 INEPT 谱中不同碳的信号强度明显地与碳的磁化矢量在 2Δ 延迟期间的行为有关，只要实验时设置不同的 Δ 值，就可以得到能有效地区别伯、仲、叔碳信号的 INEPT 谱：当 $\Delta=1/(8J)$ 时，CH_3、CH_2 和 CH 的峰均为正峰；当 $\Delta=1/(4J)$ 时，只出现 CH 的正峰；当 $\Delta=3/(8J)$ 时，CH_3 和 CH 为正峰，而 CH_2 为负峰。由于实验中的极化转移是通过偶合的 C—H 键完成的，分子中的季碳没有极化转移的条件，因此在 INEPT 谱中不出现季碳的信号。图 4-7 为 β-紫罗兰酮的质子全去偶 ^{13}C NMR 和 INEPT 谱。

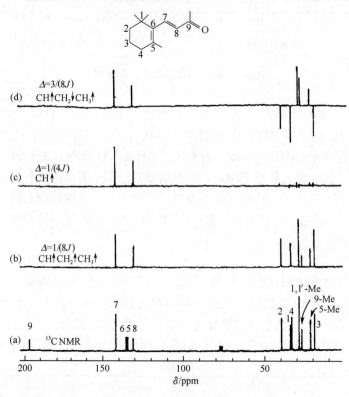

图 4-7　β-紫罗兰酮的 ^{13}C 和 INEPT 谱

2）DEPT 法

DEPT 法的脉冲序列如图 4-8 所示。

　　DEPT 的脉冲序列较 INEPT 短，明显减少了由于横向弛豫而损失的磁化矢量，也克服了 INEPT 法引起的强度比和相位畸变的缺点，使碳氢多重谱线具有正常的强度比和理想的相位。同时 DEPT 法对 J 及脉冲宽度要求也不如 INEPT 法严格，即使化合物中的 J 数值有一定的变化，实验中的脉冲宽度不够准确，谱峰的强度仍然变化不大，因此 DEPT 法可得到更好的结果，应用也更为

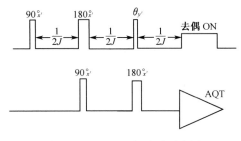

图 4-8　DEPT 法的脉冲示意图

广泛。

DEPT 的信号强度仅与脉冲的倾倒角 θ 有关（CH_3：$I = 3/4\,[\,I_0\,(\sin\theta +$ $\sin3\theta)\,]$；CH_2：$I = I_0\sin2\theta$；CH：$I = I_0\sin\theta$），因此只要在进行 DEPT 测定时，设置脉冲发射为：θ—$45°$，$90°$，$135°$分别做二次实验，就可以得到可区分不同连氢碳的 DEPT 谱。图 4-9 为香叶醇的 ^{13}C 和 DEPT 谱，图中（a）为常规宽带质子去偶 ^{13}C 谱；（b）为 DEPT-$135°$谱，CH_3 和 CH 为正峰，而 CH_2 的峰为负；（c）DEPT-$90°$谱，只出现 CH 的正峰；（d）DEPT-$45°$谱，CH_3、CH_2 和 CH 的峰均为正峰。与 INEPT 谱相同，在 DEPT 谱中也不出现季碳的信号。

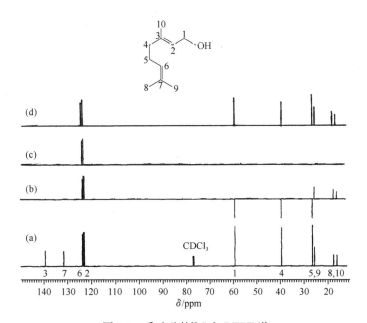

图 4-9　香叶醇的 ^{13}C 和 DEPT 谱

4.3 ^{13}C 的化学位移

从 ^{13}C NMR 谱图上可得到与结构有关的信号，如化学位移、自旋偶合、信号强度和弛豫时间等，其中化学位移是常规碳谱最有用的数据。

4.3.1 屏蔽常数

第 3 章我们已讨论了核磁共振的基本公式，对于 ^{13}C 的共振频率可写为

$$\nu_C = \gamma_C B_O (1-\sigma)/2\pi \tag{4.2}$$

式中：γ_C——^{13}C 核的磁旋比；

B_O——外磁场的磁场强度；

σ——碳核的屏蔽常数。

不同环境的碳，受到的屏蔽作用不同，σ 值不同，其共振频率 ν_C 也不同。σ 值与原子核所处化学环境的关系，可用下式表示

$$\sigma = \sigma_d + \sigma_p + \sigma_a + \sigma_s \tag{4.3}$$

σ_d 项反映由核周围局部电子引起的抗磁屏蔽的大小；σ_p 项主要反映与 p 电子有关的顺磁屏蔽的大小，它与电子云密度、激发能量和键级等因素有关；σ_a 表示相邻基团磁各向异性的影响；σ_s 表示溶剂、介质的影响。对于 ^{1}H 核主要受 σ_d 的贡献支配，而对 ^{13}C 核则主要受 σ_p 支配，σ_d 的贡献最大约为 15ppm。由于 ^{13}C 核的 σ_a 和 σ_s 影响与 ^{1}H 核相同，因此对化学位移范围较大的 ^{13}C 核就不重要。对一些激发能量较小或电子云密度较小的核，其 σ_p 较大，故化学位移在低场，例如，羰基碳原子电子云密度小和激发能量小，其共振峰在低场 160～220ppm。相反饱和烷烃中的碳原子，其电子云密度和激发能量都较大，故在高场出现共振信号。

4.3.2 影响 ^{13}C 化学位移的因素

1. 碳杂化轨道

碳原子的杂化轨道状态（sp^3、sp^2、sp）很大程度上决定 ^{13}C 化学位移。sp^3 杂化碳的共振信号在高场，sp^2 杂化碳的共振信号在低场，sp 杂化碳的共振信号介于前二者之间。以 TMS 为标准，对于烃类化合物来说，sp^3 碳的 δ 值范围在 0～60ppm；sp^2 杂化碳的 δ 值范围在 100～150ppm，sp 杂化碳的 δ 值范围在60～95ppm。

2. 诱导效应

当电负性大的元素或基团与碳相连时，诱导效应使碳的核外电子云密度降低，故具有去屏蔽作用。随着取代基电负性增强，或取代基数目增大，去屏蔽作用也增强，δ 值愈向低场位移。如卤代甲烷的化学位移如下：

化合物	CH_4	CH_3I	CH_3Br	CH_3Cl	CH_3F	CH_2Cl_2	$CHCl_3$	CCl_4
δ_C/ppm	−2.6	−20.6	10.2	25.1	75.4	52	77	96

3. 共轭效应

共轭作用会引起电子云分布的变化，导致不同位置碳的共振吸收峰向高场或低场移动。如反式丁烯醛，3 位碳带有部分正电荷（$\overset{+}{C}=C—C=\overset{-}{O}$），比 2 位碳化学位移较低场，而 $C=O$ 碳的 δ 值比乙醛（199.6ppm）处较高场。

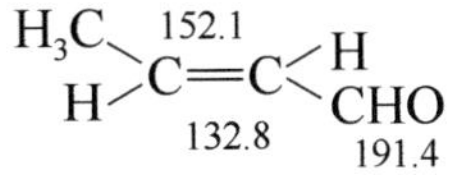

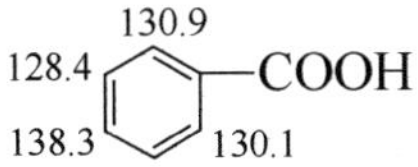

苯甲酸分子中由于羧基与苯环共轭，使芳环电子云密度降低，δ 值比苯（128.5ppm）大。苯环若被具有孤对电子的基团（如—NH_2，—OH 等）取代时，因为孤对电子的离域作用（p-π 共轭），使邻、对位碳的电荷密度增加，屏蔽作用增强，δ 值移向高场。不管苯环上的取代基是给电子基团还是吸电子基团，对于间位碳的化学位移值影响不大。δ 值基本上保持与苯相似。例如：

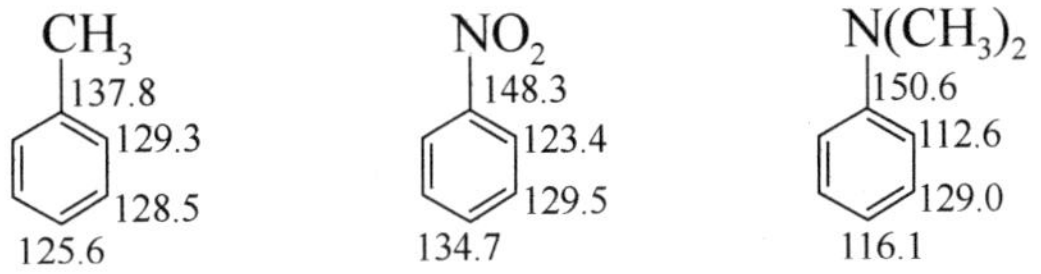

4. 立体效应

^{13}C 化学位移对分子的立体构型十分敏感。只要碳核间空间比较接近，即使间隔几个化学键，彼此还会有强烈的影响。如在 van der Waals 效应中，通常 ^1H 是处于化合物的边缘或外围，当 2 个氢原子靠近时，由于电子云的相互排斥，使 ^1H 核周围的电子云密度下降，这些电子云将沿着 C—H 键移向碳原子，使碳的屏蔽作用增加，化学位移向高场移动。如椅式的 1,4-二甲基环己烷中，取代基处于直立键比处平伏键时 γ 位碳的 δ 值小约 5ppm。

分子中存在空间位阻，常会影响共轭效应的效果，导致化学位移的变化，如邻位烷基取代的苯乙酮，随着烷基取代基数目增加，烷基的空间位阻使羰基与苯环的共轭效应减弱，羰基碳 δ 值向低场位移。

5. 测定条件

测定条件对 ^{13}C 的化学位移有一定的影响，如溶解样品的溶剂、溶液的浓度、测定时的温度等。

溶剂：同一溶质在不同的溶剂中测定，δ_C 值常会有一定差异，这个差异比 δ_H 大一些。如以环己烷作为溶剂测定 $CHCl_3$ 的 δ_C 值为标准，若以 CCl_4 为溶剂进行测定，$CHCl_3$ 的 δ_C 值增加 0.20ppm；若以苯作溶剂，$CHCl_3$ 的 δ_C 值增加 0.47ppm；以甲醇为溶剂，δ_C 值增加 1.35ppm；以吡啶为溶剂，则 δ_C 值增加 2.63ppm。可见，随所用溶剂极性的增加，$CHCl_3$ 的 δ_C 值也随之增加，这是因为 $CHCl_3$ 中 C—H 键与极性溶剂分子间的缔合作用，使 C 核顺磁效应增加，而使其 δ 值向低场位移。此外，样品的浓度改变也会使 δ 值发生变化，如 CH_3I 溶于环己烷中，随着溶液的稀释，CH_3I 的 δ_C 会向高场移动，最大可达 7ppm。

温度：测定温度的改变，也可能使 δ_C 有几个化学位移单位的变化。温度会影响溶质与溶剂间的缔合及离解，也会影响核之间的交换。因此，温度改变不但影响 δ_C，甚至还会引起谱线数目、分辨率的改变。在对分子动态及许多动力学过程研究中，就是利用改变温度来进行的。

对于一些能形成氢键的化合物，如羰基化合物，氢键的形成使 C=O 中碳核的电子云密度下降，羰基碳的 δ 值移向低场。如苯甲醛的 $\delta_{C=O}$ 为 192ppm，邻羟基苯甲醛的 $\delta_{C=O}$ 为 197ppm，苯乙酮的 $\delta_{C=O}$ 为 197ppm，邻羟基苯乙酮的 $\delta_{C=O}$ 为 240ppm，均是因为羟基与羰基形成分子内氢键的结果。若形成分子间氢键则与所用的溶剂、浓度和温度有关。

4.3.3 各类化合物的 ^{13}C 化学位移

图 4-10 给出了有机化合物常见结构单元的 ^{13}C 化学位移范围。下面分别对各

类碳的化学位移值进行讨论。

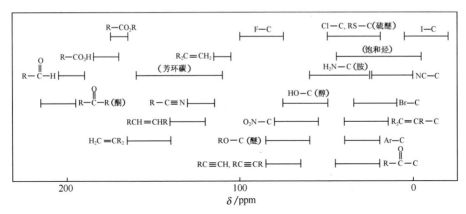

图 4-10 常见结构单元的¹³C 化学位移范围

1. 饱和碳的化学位移值

饱和烷烃：饱和烷烃的碳为 sp^3 杂化，其化学位移值一般在 $-2.5\sim55\text{ppm}$。甲烷碳的屏蔽最大，其 δ_C 为 -2.5ppm，如果甲烷中的氢依次被甲基取代后，中心碳的 δ_C 值逐步向低场位移，每增加一个 CH_3 取代，中心碳的 δ 值约增加 9ppm。新戊烷中心碳的 δ 值为 27.9ppm。某些直链及支链烷烃的¹³C 化学位移见表 4-1。

表 4-1 某些烷烃的 δ_C 值（单位：ppm）

化合物	分子式	C-1	C-2	C-3	C-4	C-5
甲烷	CH_4	−2.5	—	—	—	—
乙烷	CH_3CH_3	5.9	5.9	—	—	—
丙烷	$CH_3CH_2CH_3$	5.6	16.1	5.6	—	—
丁烷	$CH_3CH_2CH_2CH_3$	13.2	25.0	25.0	13.2	—
戊烷	$CH_3CH_2CH_2CH_2CH_3$	13.8	22.6	34.5	22.6	13.8
异丁烷	$H_3C-CH-CH_3$ 丨 CH_3	24.3	25.2	—	—	—
异戊烷	$H_3C-CH-CH_2-CH_3$ 丨 CH_3	22.0	29.9	31.8	11.5	—
异己烷	$H_3C-CH-CH_2-CH_2-CH_3$ 丨 CH_3	22.5	27.8	41.8	20.7	14.1
新戊烷	$H_3C-\overset{CH_3}{\underset{CH_3}{C}}-CH_3$	31.5	27.9	—	—	—

在总结大量实验数据的基础上，Grant 和 Paul 提出了计算烷烃碳化学位移的经验公式

$$\delta_{C_i} = -2.5 + \sum n_{ij}A_j + \sum S \qquad (4.4)$$

式中：-2.5——CH_4 的 δ_C 值；

n_{ij}——相对于 C_i 的 j 位取代基的数目，$j = \alpha$，β，γ，δ；

A_j——相对于 C_i 的 j 位取代基的位移参数；

S——修正值。

A_j 和 S 值列于表 4-2 中。

表 4-2　烷烃 δ_C 的位移参数 A_j 和修正值 S

C_j	A_j/ppm	C_j	S/ppm
α	9.1	1 (3)	-1.1
β	9.4	1 (4)	-3.4
γ	-2.5	2 (3)	-2.5
δ	0.3	2 (4)	-7.2
ε	0.1	3 (2)	-3.7
		3 (3)	-9.5
		4 (1)	-1.5
		4 (2)	-8.4

注：表中 1 (3)，1 (4)，2 (3)，2 (4)，分别代表 CH_3 与 CH，CH_3 与季碳，CH_2 与 CH，CH_2 与季碳相连，……，依此类推，表中未列出项，表明 S 值近于 0，可忽略不计。

下面举例说明式（4.4）的应用。

【例 4.1】　计算正戊烷各碳的 δ 值（括号内为实测值）。

解
$$\overset{\quad\quad\quad\alpha\quad\quad\beta\quad\quad\gamma\quad\quad\delta}{CH_3 - CH_2 - CH_2 - CH_2 - CH_3}$$
$$\underset{1\quad\quad 2\quad\quad 3}{}$$

$\delta_{C-1} = -2.5 + 1 \times A_\alpha + 1 \times A_\beta + 1 \times A_\gamma + 1 \times A_\delta$

$\quad\quad = -2.5 + 1 \times 9.1 + 1 \times 9.4 + 1 \times (-2.5) + 1 \times 0.3$

$\quad\quad = 13.8\text{ppm}$（13.9ppm）

$\delta_{C-2} = -2.5 + 2 \times A_\alpha + 1 \times A_\beta + 1 \times A_\gamma$

$\quad\quad = -2.5 + 2 \times 9.1 + 1 \times 9.4 + 1 \times (-2.5) = 22.6\text{ppm}$（22.8ppm）

$\delta_{C-3} = -2.5 + 2 \times A_\alpha + 2 \times A_\beta$

$\quad\quad = -2.5 + 2 \times 9.1 + 2 \times 9.4 = 34.5\text{ppm}$（34.7ppm）

【例 4.2】　计算 2，2-二甲基丁烷的 δ_C 值（括号内为实测值）。

解

$$CH_3$$
$$|$$
$$\underset{1}{CH_3} - \underset{2}{C} - \underset{3}{CH_2} - \underset{4}{CH_3}$$
$$|$$
$$CH_3$$

$$\delta_{C-1} = -2.5 + 1 \times A_\alpha + 3 \times A_\beta + 1 \times A_\gamma + S_{1(4)}$$
$$= -2.5 + 1 \times 9.1 + 3 \times 9.4 + 1 \times (-2.5) + (-3.4)$$
$$= 28.9\text{ppm} \ (28.8\text{ppm})$$

同理

$$\delta_{C-2} = -2.5 + 9.1 \times 4 + 9.4 \times 1 + (-1.5 \times 3) + (-8.4)$$
$$= 30.4\text{ppm}(30.3\text{ppm})$$

$$\delta_{C-3} = -2.5 + 2 \times 9.1 + 3 \times 9.4 + (-7.2) = 36.7\text{ppm}(36.4\text{ppm})$$

$$\delta_{C-4} = -2.5 + 1 \times 9.1 + 1 \times 9.4 + 3 \times (-2.5) = 8.5\text{ppm}(8.5\text{ppm})$$

取代烷烃：对于取代烷烃，取代基 X 对邻近位置的 ^{13}C 化学位移的影响见表 4-3。表中数据表明取代基 X 对 α 位碳的 δ 值影响最大，位移值大小与取代基电负性等因素有关。取代烷烃 δ_C 值计算，先利用式（4.4）计算相应烷烃 C_i 的 δ 值，再与表 4-3 中相应的取代参数相加。

表 4-3 取代烷烃中官能团的位移参数 A_j/ppm

取代基	$X-\overset{\alpha}{C}-\overset{\beta}{C}-\overset{\gamma}{C}$			$-\overset{\gamma}{C}-\overset{\beta}{C}-\overset{\alpha}{\underset{\underset{X}{\vert}}{C}}-\overset{\beta}{C}-\overset{\gamma}{C}$		
X	α	β	γ	α	β	γ
F	68	9	−4	63	6	−4
Cl	31	11	−4	32	10	−4
Br	20	11	−3	25	10	−3
I	−6	11	−1	4	12	−1
OH	48	10	−5	41	8	−5
OR	58	8	−4	51	5	−4
OAC	51	6	−3	45	5	−3
NH$_2$	29	11	−5	24	10	−5
NR$_2$	42	6	−3			−3
CN	4	3	−3	1	3	−3
NO$_2$	63	4		57	4	
CH=CH$_2$	20	6	−0.5			−0.5
C$_6$H$_5$	2.3	9	−2	17	7	−2
C≡CH	4.5	5.5	−3.5			−3.5
COR	30	1	−2	24	1	−2
COOH	21	3	−2	16	2	−2
COOR	20	3	−2	17	2	−2
CONH$_2$	22		−0.5	2.5		−0.5

【例 4.3】   计算 1,3-二氯丙烷的 δ_C 值（括号内为实测值）。

解
$$\overset{\alpha}{\underset{1}{Cl}}-CH_2-\underset{2}{CH_2}-\underset{3}{CH_2}-\overset{\gamma}{Cl}$$

先利用式（4.4）计算丙烷 δ 值，得 $\delta_{C-1}=16.0ppm$，$\delta_{C-2}=16.3ppm$，再计算1，3-二氯丙烷的 δ_C 值

X＝Cl，$\delta_{C-1}=16.0+31-4=43ppm$（42.0ppm）

（α 位和 γ 位各有 1 个 Cl 取代）

$\delta_{C-2}=16.3+11\times2=38.3ppm$（38.0ppm）（2 个 β 位 Cl 取代）。

【例 4.4】 计算 3，3-二甲基丁醇的 δ_C 值（括号内为实测值）。

解

$$\underset{1}{H_3C}-\underset{\underset{CH_3}{|}}{\overset{\overset{CH_3}{|}}{\underset{2}{C}}}-\underset{3}{CH_2}-\underset{4}{CH_2}-OH$$

（2,2-二甲基丁烷的 δ_C 见例 4.2）。

$\delta_{C-1}=28.9ppm$（29.0ppm）（δ 位 OH 取代，影响很小，忽略不计）

$\delta_{C-2}=30.4-5=25.4ppm$（26.0ppm）（$\gamma$ 位 OH 取代）

$\delta_{C-3}=36.7+10=46.7ppm$（46.8ppm）（$\beta$ 位 OH 取代）

$\delta_{C-4}=8.5+48=56.5ppm$（57.0ppm）（$\alpha$ 位 OH 取代）

环烷烃：环烷烃除环丙烷的吸收峰出现在高场（$-2.6ppm$）外，化学位移 δ_C 均在 23～28ppm 范围内。当环有张力时（如环丁烷、环戊烷），吸收峰在较高场，大于六元环的环烷烃 δ_C 均在 26ppm 左右，数值相差很小，且与环的大小无明显的内在关系。当环上有烷基取代时，吸收峰向低场位移。表 4-4 为一些环烷烃的化学位移值。

表 4-4　一些环烷烃的 δ_C 值（单位：ppm）

环数	化合物	δ_C	环数	化合物	δ_C
3	环丙烷	-2.6	11	环十一烷	26.6
4	环丁烷	23.3	12	环十二烷	24.4
5	环戊烷	26.5	13	环十三烷	26.4
6	环己烷	27.8	14	环十四烷	25.8
7	环庚烷	29.4	15	环十五烷	27.6
8	环辛烷	27.8	16	环十六烷	27.7
9	环壬烷	27.0	17	环十七烷	27.9
10	环癸烷	26.6			

2. 烯碳的 δ_C 值

烯碳为 sp^2 杂化，其 δ_C 为 100～165ppm。表 4-5 列出了一些烯烃的 δ_C 数值。分析这些数据可知在不对称的末端双键 1-烯中，2 个烯碳 δ_C 值相差较大（～25ppm），而且端烯碳 δ_C 较小，约为 110ppm。在 2-烯中，碳链多于 5 个碳时，2 个烯碳 δ_C 值之差为 7～10ppm。在 3-烯中，2 个烯碳 δ_C 之差仅为 1～2ppm。这些差别对判断分子中双键位置很有作用。对于开链烯烃

$$-\overset{\gamma}{C}-\overset{\beta}{C}-\overset{\alpha}{C}-\underset{i}{C}=C-\overset{\alpha'}{C}-\overset{\beta'}{C}-\overset{\gamma'}{C}-$$

烯碳的 δ_C 值可用经验公式进行计算

$$\delta_{C_i} = 123.3 + \sum n_{ij}A_i + \sum S \tag{4.5}$$

式中：123.3——乙烯的 δ_C 值；

n_{ij}——相对于烯碳 C_i 的 j 位取代基的数目，$j = \alpha$、β、γ、α'、β'、γ'；

A_i——取代基对烯碳化学位移的影响参数（表 4-6）；

S——校正值，它的数值取决于双键上取代基的相对位置（表 4-7）。

表 4-5 某些烯烃中烯碳的 δ_C 值（单位：ppm）

化合物	C_1	C_2	C_3	C_4
乙烯	123.3	123.3	—	—
丙烯	115.4	135.7	—	—
丁烯	112.8	140.2	—	—
戊烯	113.5	137.6	—	—
己烯	113.5	137.8	—	—
2-丁烯	—	124.5	124.5	—
2-戊烯	—	122.8	123.4	—
2-己烯	—	123.0	129.8	—
3-己烯	—	—	130.3	130.3
3-辛烯	—	—	132.2	130.3
2-甲基-1-丁烯	107.7	146.2	—	—
2-乙基-1-丁烯	105.5	151.7	—	—
2-甲基-2-丁烯	131.4	118.7	—	—
2-甲基-2-戊烯	130.1	125.7	—	—

表 4-6　取代基对烯碳 δ 值的位移参数 A_i（单位：ppm）

取代基	α	β	γ	α'	β'	γ'
C	10.6	7.2	-1.5	-7.9	-1.8	1.5
OH	—	6	—	—	-1	—
OR	29	2	—	-39	-1	—
OAc	18	—	—	-27	—	—
COCH$_3$	15	—	—	6	—	—
CHO	13	—	—	13	—	—
COOH	4	—	—	9	—	—
COOR	6	—	—	7	—	—
CN	-10	—	—	15	—	—
Cl	3	-1	—	-6	—	—
Br	-8	~ 0	—	-1	2	—
I	-38	—	—	7	2	—
C$_6$H$_5$	12	—	—	-11	—	—

表 4-7　校正值 S

校正项 S/ppm		校正项 S/ppm		校正项 S/ppm	
α, α'（反式）	0	α, α	-4.8	β, β	2.3
α, α'（顺式）	-1.1	α', α'	2.5	单取代烯	0

【例 4.5】　计算下列化合物烯碳的 δ 值（括号中为实测值）。

解

(1)
$$
\begin{array}{c}
CH_3O \qquad CH_2CH_3 \\
\underset{\text{1}}{C} = \underset{\text{2}}{C} \\
H \qquad\quad H
\end{array}
\qquad ; \qquad
(2)
\begin{array}{c}
CH_3-CH_2 \\
\underset{\text{2}}{C} = \underset{\text{1}}{CH_2} \\
CH_3-CH_2
\end{array}
$$

(1) $\delta_{C\text{-}1} = 123.3 + 1 \times A(\alpha) + 1 \times A(\alpha') + S(\alpha, \alpha')$（顺式）

$\quad = 123.3 + 1 \times 29 + 1 \times (-7.9) + (-1.1) = 143.3\text{ppm}(142.8\text{ppm})$

$\quad \delta_{C\text{-}2} = 123.3 + 1 \times 10.6 + 1 \times (-39) + (-1.1) = 93.8\text{ppm}(93.2\text{ppm})$

(2) $\delta_{C\text{-}1} = 123.3 + 2 \times A(\alpha') + 2 \times A(\beta') + S(\alpha', \alpha')$

$\quad = 123.3 + 2 \times (-7.9) + 2 \times (-1.8) + 2.5 = 106.4\text{ppm}(105.5\text{ppm})$

$\quad \delta_{C\text{-}2} = 123.3 + 2 \times A(\alpha) + 2 \times A(\beta) + S(\alpha, \alpha)$

$\quad = 123.3 + 2 \times 10.6 + 2 \times 7.2 - 4.8 = 154.1\text{ppm}(151.7\text{ppm})$

3. 炔碳的 δ_C 值

炔基碳为 sp 杂化，其化学位移介于 sp^3 与 sp^2 杂化碳之间，为 67～92ppm，其中含氢炔碳（≡CH）的共振信号在很窄范围 $\delta 67 \sim 70$ ppm，有碳取代的炔碳（≡CR）在相对较低场 $\delta 74 \sim 85$ ppm，两者相差约为 15ppm。不对称的中间炔，如 2-炔、3-炔等，2 个炔碳 δ_C 值相差很小，仅有 $1 \sim 4$ ppm，这对判断炔基是否在链端很有用处。但在共轭炔烃中，端基炔碳的 δ_C 值差异不那么突出，不足以作为分类鉴别之用。一些典型炔碳的 δ 值如

$$C_2H_5 \overset{85.0}{-} \overset{67.0}{C \equiv CH} \qquad\qquad C_4H_9 \overset{85.7}{-} \overset{70.0}{C \equiv CH}$$

$$C_3H_7 \overset{78.1}{-} \overset{74.9}{C \equiv C} -CH_3 \qquad\qquad C_3H_7 \overset{79.5}{-} \overset{81.4}{C \equiv C} -C_2H_5$$

$$C_6H_5 \overset{83.3}{-} \overset{77.3}{C \equiv CH} \qquad\qquad C_6H_5 \overset{83.3}{-} \overset{92.0}{C \equiv C} -C_2H_5$$

炔烃中炔碳的 δ_C 值也可由经验式计算

$$\overset{\gamma}{-C}-\overset{\beta}{C}-\overset{\alpha}{C}-\underset{i}{C}\equiv C-\overset{\alpha'}{C}-\overset{\beta'}{C}-\overset{\gamma'}{C}-$$

$$\delta_{C_i} = 71.9 + \sum n_{ij}A_i \qquad\qquad (4.6)$$

式中：71.9——乙炔的 ^{13}C 化学位移值；

A_i——取代基对炔碳 C_i 的取代参数；α、β、γ、α'、β'、γ' 的数值如下：

α	β	γ	α'	β'	γ'
6.7	6.3	-1.6	-5.3	0.6	0.4

【例 4.6】　计算 2-庚炔中炔碳的化学位移值（括号内为实测值）。

解　　　　　$$H_3C \overset{}{\underset{1}{}} \overset{}{\underset{2}{C}} \equiv \overset{}{\underset{3}{C}} - \overset{}{\underset{4}{CH_2}} - \overset{}{\underset{5}{CH_2}} - \overset{}{\underset{6}{CH_2}} - \overset{}{\underset{7}{CH_3}}$$

$$\delta_{C\text{-}2} = 71.9 + \alpha + \alpha' + \beta' + \gamma' = 71.9 + 6.7 + (-5.3) + 0.6 + 0.4$$
$$= 74.3 \text{ppm} (75.4 \text{ppm})$$
$$\delta_{C\text{-}3} = 71.9 + \alpha + \alpha' + \beta + \gamma = 71.9 + 6.7 + (-5.3) + 6.3 + (-1.6)$$
$$= 78.0 \text{ppm} (78.8 \text{ppm})$$

4. 芳环碳和杂芳环碳的 δ_C 值

芳环碳的化学位移值一般在 $120 \sim 160$ ppm 范围内（表 4-8）。芳环季碳共振峰往往出现在较低场，这点与脂肪族季碳峰在较低场是类似的。苯的 δ_C 值为 128.5ppm，取代苯环碳的化学位移可用式（4.7）计算

$$\delta_{C_i} = 128.5 + \sum_i Z_i \qquad\qquad (4.7)$$

式中：128.5——苯环 C 的 δ 值；

Z_i——苯环不同位置取代基的位移参数，见表 4-9。

表 4-8　某些芳烃的 δ_C 值（单位：ppm）

化合物	C-1	C-2	C-3	C-4	C-5	C-6
苯	128.5	128.5	128.5	128.5	128.5	128.5
甲苯	137.8	129.3	128.5	125.6	128.5	129.3
乙基苯	144.1	128.7	128.4	125.9	128.4	128.7
正丙基苯	142.5	128.1	128.4	125.9	128.4	128.1
邻二甲苯	136.4	136.4	129.9	126.1	126.1	129.9
间二甲苯	137.5	130.1	137.5	126.4	128.3	126.4
对二甲苯	134.5	129.1	129.1	134.5	129.1	129.1
1,2,3-三甲苯	136.1	134.8	136.1	127.9	125.5	127.9
1,3,5-三甲苯	137.6	127.4	137.6	127.4	137.6	127.4
1,2,3,4-四甲苯	133.5	134.4	134.4	133.5	127.3	127.3
五甲苯	133.0	132.1	134.5	132.1	133.0	131.5
六甲苯	132.3	132.3	132.3	132.3	132.3	132.3

表 4-9　芳环取代基的位移参数/ppm

取代基	$Z_{同}$	$Z_{邻}$	$Z_{间}$	$Z_{对}$
CH_3	8.9	0.7	−0.1	−2.9
CH_2OH	13.3	−0.8	−0.6	−0.4
$CH=CH_2$	9.5	−2.0	0.2	−0.5
CN	−19.0	1.4	−1.5	1.4
CO_2CH_3	1.3	−0.5	−0.5	3.5
CHO	9.0	1.2	1.2	6.0
$COCH_3$	7.9	−0.3	−0.3	2.9
F	35.1	−14.1	1.6	−4.4
Cl	6.4	0.2	1.0	−2.0
Br	−5.4	3.3	2.2	−1.0
I	−32.0	10.2	2.9	1.0
NH_2	19.2	−12.4	1.3	−9.5
OH	26.9	−12.6	1.8	−7.9
OCH_3	30.2	−15.5	0.0	−8.9
SCH_3	10.2	−1.8	0.4	−3.6
NO_2	19.6	−5.3	0.8	6.0

下面以硝基苯和间胺基苯甲醚为例，计算芳环碳的 δ 值（ppm），括号内为实测值。

硝基苯

$\delta_{C\text{-}1}=128.5+19.6=148.1\text{ppm}(148.3\text{ppm})$

$\delta_{C\text{-}2}=128.5+(-5.3)=123.2\text{ppm}(123.4\text{ppm})$

$\delta_{C\text{-}3}=128.5+0.8=129.3\text{ppm}(129.5\text{ppm})$

$\delta_{C\text{-}4}=128.5+6.0=134.5\text{ppm}(134.7\text{ppm})$

间胺基苯甲醚

$\delta_{C\text{-}1}=128.5+30.2+1.3=160.0\text{ppm}(160.5\text{ppm})$

$\delta_{C\text{-}2}=128.5+(-15.5)+(-12.4)=100.6\text{ppm}(101.0\text{ppm})$

$\delta_{C\text{-}3}=128.5+19.2+0.0=147.7\text{ppm}(148.2\text{ppm})$

$\delta_{C\text{-}4}=128.5+(-12.4)+(-8.9)=107.2\text{ppm}(108.0\text{ppm})$

$\delta_{C\text{-}5}=128.5+1.3+0.0=129.8\text{ppm}(130.0\text{ppm})$

$\delta_{C\text{-}6}=128.5+(-15.5)+(-9.5)=103.5\text{ppm}(104.0\text{ppm})$。

稠环芳烃和杂环芳烃中芳环碳的化学位移值也在苯及衍生物的 δ 值范围内（表 4-10）。

表 4-10　一些稠环和杂环芳烃中芳碳的 δ 值（单位：ppm）

名　称	结构式	δ_C				
		C-1	C-2	C-3	C-4	其　他
苯		128.5				
联苯		141.7	127.6	129.2	127.7	
萘		128.3	126.1	126.1	128.3	133.9(C-9)
蒽		130.3	125.7	125.7	130.3	132.8(C-9,C-10),132.4(C-11,C-12)

续表

名 称	结构式	δ_C				
		C-1	C-2	C-3	C-4	其 他
芘		125.4	126.3	125.4	127.9	131.5(C-11),125.1(C-15)
吡啶		150.2	123.9	135.9		
吡咯		118.7	108.4			
呋喃		142.8	109.8			
喹啉		151.1	121.7	136.2		128.5(C-5),127.0(C-6) 129.9(C-7),130.3(C-8) 149.8(C-9),129.9(C-10)

5. 羰基碳的 δ_C 值

羰基在 ^1H NMR 谱中没有相应的信号,而在 ^{13}C NMR 谱中却有特征的吸收峰。羰基化合物中,由于 C=O 中 π 键易极化形成 $\overset{+}{C}-O^-$,使羰基碳上的电子云密度变小,化学位移值比烯碳更趋于低场,一般为 160~220ppm。除醛基外,其他羰基碳的质子偏共振去偶谱中表现为单峰,而且没有 NOE 效应,峰的强度较小,因此在碳谱中羰基是容易辨认的。

羰基的 δ_C 值对结构变化很敏感,取代基的引入会使 δ_C 值发生明显变化。当与羰基相连的氢被烷基取代后,由于烷基的诱导作用,能使羰基 δ_C 值向低场位移~5ppm;当不饱和键或苯环与羰基共轭时,羰基的 δ_C 值会向高场位移,这在 α,β-不饱和羰基化合物中是极为普遍的。例如,醛基碳的 δ_C 值在 190~205ppm,CH_3CHO 的羰基 δ_C 为 199.6ppm,CH_2=CH—CHO 的羰基 δ_C 为 192.2ppm,苯甲醛的 $\delta_{C=O}$ 为 191.0ppm,酮的 $\delta_{C=O}$ 在 195~220ppm,丙酮的 $\delta_{C=O}$ 为 205.1ppm,苯乙酮的 $\delta_{C=O}$ 为 196.0ppm。羧酸及其衍生物的 $\delta_{C=O}$ 在 155~

185ppm 范围内，其中羧酸的 $\delta_{C=O}$ 为 $170 \sim 185$ppm，酰氯的 $\delta_{C=O}$ 为 $160 \sim$ 175ppm。酸酐的 $\delta_{C=O}$ 为 $165 \sim 175$ppm，酰胺的 $\delta_{C=O}$ 为 $160 \sim 175$ppm。表 4-11 给出一些典型羰基化合物的羰基碳的 δ_C 值。

表 4-11 某些羰基碳的 δ_C 值（单位：ppm）

化合物	δ_C	化合物	δ_C
CH_3CHO	199.6	CH_3COOCH_3	170.7
C_6H_5CHO	191.0	$C_6H_5COOCH_3$	167.0
CH_3COCH_3	205.1	CH_3COCl	168.6
$C_6H_5COCH_3$	196.0	C_6H_5COCl	168.5
CH_3COOH	177.3	环己酮	208.8
C_6H_5COOH	174.9	环戊酮	218.1
CH_3COONa	181.5	环戊烯酮	208.1
$(CH_3CO)_2O$	167.7	环己烯酮	197.1
CH_3CONH_2	172.7		

4.4 ^{13}C NMR 的自旋偶合及偶合常数

偶合常数来源于核与核之间的相互作用，^{13}C NMR 的自旋偶合有 $^{13}C-{}^1H$、$^{13}C-{}^{13}C$ 和 $^{13}C-X(X=D, {}^{19}F, {}^{31}P, \cdots)$，其中 $^{13}C-{}^{13}C$ 自旋偶合，因 ^{13}C 的天然丰度只有 1.1%，出现 2 个 ^{13}C 核相连的概率很低（$1/10^4$），所以通常可以忽略不计。对普通有机化合物来说，对 ^{13}C NMR 谱图影响最大的是 $^{13}C-{}^1H$ 间的偶合，而对含氟或磷元素的化合物，还要考虑 $^{13}C-{}^{19}F$ 或 $^{13}C-{}^{31}P$ 间的偶合作用。

4.4.1 $^{13}C-{}^1H$ 的自旋偶合

在 $^{13}C-{}^1H$ 的自旋偶合中，最重要的是 $^1J_{{}^{13}C-{}^1H}$（以下简称 $^1J_{C-H}$），其数值在 $120 \sim 320$Hz 范围内。碳原子杂化轨道的 s 成分，取代基的电负性及环张力等是影响 $^1J_{C-H}$ 的主要因素。表 4-12 显示出不同杂化轨道对 $^1J_{C-H}$ 的影响，随着杂化碳中 s 成分增加 $^1J_{C-H}$ 值增大。

表 4-12 不同杂化轨道的$^1J_{C-H}$值

化合物	杂化轨道	$^1J_{C-H}$/Hz
甲烷	sp³	125
己烷	sp³	124.9
环己烷	sp³	124
己烯	sp²	159
苯	sp²	158
己炔	sp	249

电负性取代基的诱导效应会使$^1J_{C-H}$数值增大，取代基电负性越大，取代基数目越多，$^1J_{C-H}$值也越大，见表 4-13。

表 4-13 取代基对$^1J_{C-H}$的影响

化合物	$^1J_{C-H}$/Hz	化合物	$^1J_{C-H}$/Hz
CH_4	125	CH_3F	149.1
CH_3CN	136.1	CH_2F_2	184.5
$CH_2(CN)_2$	145.2	CHF_3	239.1
CH_3OH	141.0	CH_3Cl	150.0
CH_3Br	151.5	CH_2Cl_2	178.0
CH_3NH_2	133.0	$CHCl_3$	209.0

$^1J_{C-H}$的取代效应近似地表现出加和性。对于 CHXYZ 型的分子，其$^1J_{C-H}$可写为

$$^1J_{C-H} = \varepsilon_X + \varepsilon_Y + \varepsilon_Z \tag{4.8}$$

式中：ε_X、ε_Y、ε_Z——各取代基对$^1J_{C-H}$的贡献。

表 4-14 列出了各取代基的ε_X值。取代基离碳原子较远时，对该碳的$^1J_{C-H}$的影响较小，且随着取代基的距离增大而减小。例如：

CH_4 $^1J_{C-H} = \varepsilon_H \times 3 = 125.1\,Hz$

CH_3CHNH_2 $^1J_{C-H} = \varepsilon_H + \varepsilon_{CH_3} + \varepsilon_{NH_2}$

$$= 41.7 + 42.6 + 49.6 = 133.9\,Hz$$

表 4-14　CHXYZ 中 $^1J_{C-H}$ 的 ε_X 值（单位：Hz）

取代基	ε_X	取代基	ε_X
—H	41.7	—NH$_2$	49.8
—CH$_3$	42.6	—NO$_2$	63.6
—CH=CH$_2$	38.5	—CN	52.2
—C$_6$H$_5$	42.6	—SCH$_3$	54.5
—C≡CH	47.0	—SOCH$_3$	54.5
—CHO	43.6	—F	65.3
—COCH$_3$	43.6	—Cl	66.6
—COOH	45.0	—Br	67.8
—COOCH$_3$	46.6	—I	67.6
—OH	58.3	—CCl$_3$	50.5
—OCH$_3$	56.6	—CHCl$_2$	47.6
—OC$_6$H$_5$	59.5	—CH$_2$Cl	44.5

对于环状化合物，$^1J_{C-H}$ 与环张力有关，从表 4-15 中数据可见，随着环张力增大，$^1J_{C-H}$ 的数值也增大。因此，由 $^1J_{C-H}$ 数值还可以判断环的大小。

表 4-15　环张力对 $^1J_{C-H}$ 的影响

化合物	杂化轨道	$^1J_{C-H}$/Hz	化合物	杂化轨道	$^1J_{C-H}$/Hz
CH$_3$—CH$_3$	sp^3	125	CH$_2$=CH$_2$	sp^2	159
六元环（环己烷）	sp^3	123	六元环（环己烯）	sp^2	157
五元环（环戊烷）	sp^3	128	五元环（环戊烯）	sp^2	160
四元环（环丁烷）	sp^3	136	四元环（环丁烯）	sp^2	170
三元环（环丙烷）	sp^3	161	三元环（环丙烯）	sp^2	226

$^1J_{C-H}$ 的自旋偶合对 ^{13}C NMR 的解析是有用的，在质子偏共振去偶谱中，由于直接相连的 ^{1}H 的偶合使 ^{13}C 共振峰发生裂分，且其影响符合 $n+1$ 规律，因此从谱图中共振峰裂分的数目可以判断与该碳直接相连的氢有多少。如四重峰代表 CH$_3$、三重峰代表 CH$_2$、二重峰代表 CH、单峰代表季碳。

通过 2 个键或 3 个键偶合的偶合常数 $^2J_{C-H}$、$^3J_{C-H}$ 在 $1\sim10Hz$ 范围内，而通过 4 个键以上偶合的 $^4J_{C-H}$ 一般在 1Hz 以下。远程偶合常数对判断苯环的取代类型有作用。如苯的 ^1H 和 ^{13}C 的偶合常数：$^1J_{C-H}$ 为 157.5Hz、$^2J_{C-H}$ 为 1.0Hz、$^3J_{C-H}$ 为 7.4Hz、$^4J_{C-H}$ 为 1.1Hz。可见，苯环碳与间位质子的偶合常数比邻位质子大。

4.4.2 $^{13}C-X$ 的自旋偶合

在测定含氟、含磷化合物时，除了考虑 $^{13}C-^1H$ 的偶合以外，还必须考虑 $^{13}C-^{19}F$、$^{13}C-^{31}P$ 的偶合。在测定 ^{13}C NMR 时，尽管采用质子去偶方法，^{13}C 与这些核的自旋偶合也会使 ^{13}C 吸收峰产生裂分。在 ^{13}C NMR 测定中，经常使用氘代溶剂，因此常能遇到 $^{13}C-D$ 的偶合。下面对 ^{13}C 与这些核的偶合常数作简要介绍：

1. $^{13}C-^{19}F$ 的偶合常数

^{19}F 对 ^{13}C 的偶合也符合 $n+1$ 规律，其偶合常数 $^1J_{C-F}$ 的数值很大，并为负值，$^1J_{C-F}$ 为 $-150\sim-360Hz$（在谱图上以绝对值存在）、$^2J_{C-F}$ 为 $20\sim60Hz$、$^3J_{C-F}$ 为 $4\sim20Hz$、$^4J_{C-F}$ 为 $0\sim5Hz$。表 4-16 给出一些含氟化合物的 $^1J_{C-F}$ 值。

表 4-16　一些氟化物的 $^1J_{C-F}$ 值（绝对值）

化合物	$^1J_{C-F}$值/Hz	化合物	$^1J_{C-F}$值/Hz
CH_3F	157	CF_3I	345
CH_2F_2	235	$CF_2=CH_2$	287
CH_3CF_3	271	$CF_3CH=CH_2$	270
CF_3CH_2OH	287	C_6F_6	362
CF_3COOH	283	C_6H_5F	245
$F_2CHCOOC_2H_5$	244	$p-FC_6H_4OCH_3$	238

2. $^{13}C-^{31}P$ 的偶合常数

^{13}C 与 ^{31}P 的偶合也符合 $n+1$ 规律，其偶合常数与磷的价数有关，一般五价磷与碳的 $^1J_{C-P}$ 为 $50\sim180Hz$，$^2J_{C-P}$、$^3J_{C-P}$ 在 $5\sim15Hz$，三价磷的 $^1J_{C-P}<50Hz$，$^2J_{C-P}$、$^3J_{C-P}$ 为 $3\sim20Hz$。例如，$(CH_3O)_2P(O)CH_3$ 的 $^1J_{C-P}$ 为 144Hz，$(C_6H_5)_3P=O$ 的 $^1J_{C-P}$ 为 105Hz，CH_3PH_2 的 $^1J_{C-P}$ 为 9.3Hz，$P(CH_3)_3$ 的 $^1J_{C-P}$ 为 $-13.6Hz$，$P(C_6H_5)_3$ 的 $^1J_{C-P}$ 为 12.4Hz。

3. ^{13}C—D 的偶合常数

在 ^{13}C NMR 中常使用氘代溶剂，因此常遇到碳与氘的自旋偶合。^{13}C—D 的偶合常数比 ^{13}C—^{1}H 的偶合常数小得多，$^{1}J_{C-H}/^{1}J_{C-D}$ 与两种核旋磁比的比值（$\gamma_H/\gamma_D = 6.52$）相近，即 $^{1}J_{C-D}$ 只有 $^{1}J_{C-H}$ 的 1/6 左右。

氘的自旋量子数为 1，所以—CD_3—、—CD_2—、—CD—的共振峰按 $2nI+1$ 规律分别显示七、五、三重峰，峰的裂距即为其偶合常数。氘代溶剂的 $^{1}J_{C-D}$ 值约为 18～34Hz。$^{1}J_{C-D}$ 值也随取代基团电负性增大而变大，并和碳原子的杂化轨道有关。例如，$CDCl_3$（δ_C 为 77ppm，$^{1}J_{C-D}$ 为 31.5Hz），CD_3OD（δ_C 为 47.05ppm，$^{1}J_{C-D}$ 为 22.0Hz），CD_3COCD_3 中的 CD_3（δ_C 为 28ppm，$^{1}J_{C-D}$ 为 19.5Hz），C_6D_6（δ_C 为 126.9ppm，$^{1}J_{C-D}$ 为 25.5Hz）等。

4. ^{13}C—金属原子的偶合常数

^{13}C 与金属原子核的偶合有时产生很大的偶合常数，如 $^{1}J_{C-Hg}$ 可大于 100Hz、$^{1}J_{C-Cd}$ 可达 500Hz、$^{1}J_{C-Pb}$ 为 395Hz、$^{1}J_{C-Sn}$ 为 −340Hz 等。在进行有机金属化合物的 NMR 研究时应给予注意。

5. ^{13}C—^{15}N 的偶合常数

由于 ^{15}N 的天然丰度很小，只有 ^{14}N 的 0.37%，因此 ^{13}C 与 ^{15}N 直接相连的概率很低，偶合常数也很小。一般 ^{13}C 与 ^{15}N 的偶合常数在 1～15Hz，例如，CH_3NH_2 的 $^{1}J_{C-N}$ 为 7.0Hz、$(CH_3)_4N^+$ 的 $^{1}J_{C-N}$ 为 5.8Hz、CH_3CN 的 $^{1}J_{C-N}$ 为 −17.5Hz 等。

4.5　核磁共振碳谱解析及应用

4.5.1　核磁共振碳谱谱图解析程序

^{13}C NMR 谱的解析并没有一个成熟、统一的程序，应该根据具体情况，结合其他物理方法和化学方法测定的数据，综合分析才能得到正确的结论。通常解析 ^{13}C NMR 谱是按以下步骤进行。

（1）确定分子式并根据分子式计算不饱和度。通过元素分析得到化合物的元素组成〔C、H、N、O、S、X（卤素）等〕。结合质谱的分子离子峰的质荷比或其他方法得到的相对分子质量，可以推导出化合物的分子式。也可从高分辨质谱直接得到分子式。根据分子式计算不饱和度，由不饱和度可以知道化合物是否含有不饱和键（烯键、炔键、羰基、腈基等）和环（饱和环和苯环、杂环等），以及不饱和键或环的数目。

（2）从^{13}C NMR 的质子宽带去偶谱，了解分子中含 C 的数目、类型和分子的对称性。如果^{13}C 的谱线数目与分子式的 C 数相同，表明分子中不存在环境相同的含 C 基团，如果^{13}C 的谱线数小于分子式中的 C 数，说明分子式中存在某种对称因素，如果谱线数大于分子中 C 数，则说明样品中可能有杂质或有异构体共存。

（3）分析谱线的化学位移，可以识别 sp^3、sp^2、sp 杂化碳和季碳，如果从高场到低场进行判断，0～40ppm 为饱和烃碳，40～90ppm 为与 O、N 相连的饱和碳，100～150ppm 为芳环碳和烯碳，大于 150ppm 为羰基碳及叠烯碳。

从化学位移和峰的强度，还可以判断季碳（强度较小）和羰基的类型，区分是醛、酮的羰基，或是羧酸、酯、酰胺类的羰基。

（4）分析偏共振去偶谱和 DEPT 谱，了解与各种不同化学环境的碳直接相连的质子数，确定分子中有多少个 CH$_3$、CH$_2$、CH 和季碳及其可能的连接方式。比较各基团含 H 总数和分子式中 H 的数目，判断是否存在—OH、—NH$_2$、—COOH、—NH—等含活泼氢的基团。

（5）如果样品中不含 F、P 等原子，宽带质子去偶谱图中的每一条谱线对应于一种化学环境的碳，对比偏共振去偶谱，全部偶合作用产生的峰的裂分应全部去除。如果还有谱线的裂分不能去除，应考虑分子中是否含 F 或 P 等元素。如果有谱线变宽现象，则应考虑有无四极矩的影响，如含^{14}N、^{79}Br 等，这些都可通过元素分析加以证实。

（6）从分子式和可能的结构单元，推出可能的结构式。利用化学位移规律和经验计算式，估算各碳的化学位移，与实测值比较。

（7）综合考虑[1]H NMR、IR、MS 和 UV 的分析结果，必要时进行其他的双共振技术及 T_1 测定，排除不合理者，得到正确的结构式。

4.5.2 核磁共振碳谱解析示例

【例 4.7】 未知物的分子式为 $C_6H_{12}O_2$，^{13}C NMR 质子偏共振去偶谱和宽带质子去偶谱图如图 4-11 所示，求其结构式。

解 由分子式 $C_6H_{12}O_2$ 计算不饱和度 $U=1+6-12/2=1$，表明化合物含有一个 C＝O 或 C＝C 双键。^{13}C NMR 谱中 δ209.7ppm（单峰）表明分子中含有一个酮羰基。谱图中 100～150ppm 没有吸收峰，说明不存在其他 sp^2 杂化碳。δ69.5ppm、64.8ppm、31.8ppm、29.4ppm 为 sp^3 杂化碳，其中 δ29.4ppm 峰的强度大，相当于 2 个化学环境相同的等价碳，因此化合物含有 5 个饱和 C 原子和一个酮羰基，与分子式的碳数相符。但氧原子数与分子式不符，少一个氧原子，分子中可能存在一个—OH 或一个—OCH$_3$。从谱图上 δ31.8ppm 和 29.4ppm 是

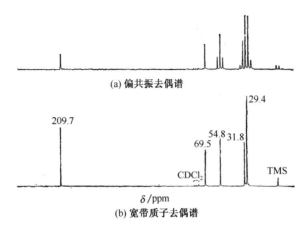

(a) 偏共振去偶谱

(b) 宽带质子去偶谱

图 4-11 未知物 $C_6H_{12}O_2$ 的 ^{13}C NMR 谱图

2 组四重峰的重叠，表明分子中存在 3 个甲基，其中 $\delta 31.8$ppm 是一个孤立甲基，$\delta 29.4$ppm 是 2 个等价的甲基，3 个甲基都在较高场，不可能与氧原子直接相连，即分子中不存在甲氧基，只可能有一个羟基。$\delta 54.8$ppm（三重峰）为 —CH_2—，按化学位移规律，可能与 C=O 相连，而不与氧原子直接相连。$\delta 69.5$ppm（单峰），强度也相对较弱，为季碳原子，—OH 可能直接连在此季碳上。因此，可以确定该化合物的结构式及各峰的归属为

$$
\underset{31.8}{H_3C} - \underset{\underset{O}{\|}}{\underset{209.7}{C}} - \underset{54.8}{CH_2} - \underset{\underset{CH_3}{|}}{\overset{\overset{CH_3}{|}}{\underset{69.5}{C}}} - OH
$$

【例 4.8】 某含氮未知物，质谱显示分子离子峰为 m/z 209，元素分析结果为 C：57.4%，H：5.3%，N：6.7%，^{13}C NMR 谱图如图 4-12 所示。图中 s 表

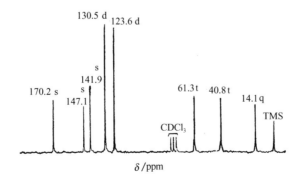

图 4-12 未知物的 ^{13}C NMR 谱图

示单峰，d 表示双峰，t 表示三重峰，q 表示四重峰，推导其化学结构式。

解 从质谱的分子离子峰质荷比和元素分析结果，计算出未知物分子含有 10 个 C，11 个 H，1 个 N 和 4 个 O 原子，即分子式为 $C_{10}H_{11}NO_4$，进而计算不饱和度为 $U=1+10+1/2-11/2=6$，说明未知物分子可能含有苯环或吡啶环。^{13}C NMR 谱图中有 8 条谱线，其中 sp^3 杂化碳有 3 条谱线，sp^2 杂化碳有 5 条谱线。从谱线的强度看，sp^2 杂化区域有 2 条谱线，强度分别相当于两个等价的碳，表明分子中存在某种对称因素。

分析各峰的化学位移和偏共振去偶得到的谱峰裂分数，可知分子中可能含有如下结构单元：

δ/ppm 饱和碳：14.1（q） C—CH$_3$ sp^2 碳：123.6（d） 2CH
　　　　　　　　40.8（t） C—CH$_2$ 　　　　130.5（d） 2CH
　　　　　　　　61.3（t） O—CH$_2$ 　　　　141.9（s）
　　　　　　　　　　　　　　　　　　　　147.1（s）
　　　　　　　　　　　　　　　　　　　　170.2（s） C=O

δ14.1ppm 和 61.3ppm 表明分子中含有—OCH$_2$CH$_3$，123.6～147.1ppm 的 4 条谱线代表 6 个 sp^2 杂化碳，表明存在一个对位取代的苯环，δ170.2ppm 为酯羰基碳，分子中剩余部分为一个—NO$_2$ 和一个—CH$_2$—。

综上分析，未知物分子结构式有 2 种可能，即

通过经验式计算两个化合物中苯环碳的 δ 值，结果如下：

δ/ppm		C-1	C-2	C-3	C-4	C-5	C-6
计算值	A	140.9	128.7	127.9	126.9	127.9	128.7
	B	145.2	123.2	129.9	143.0	129.9	123.2
实测值		147.1	123.6	130.5	141.9	130.5	123.6

可以判断该未知物结构是 B 而不是 A。

【例 4.9】 化合物的分子式为 $C_8H_6O_3$，其质子宽带去偶谱如图 4-13 所示，各峰的化学位移值 δ（ppm）和偏共振去偶谱得到的峰的裂分数为：190.2（d），153.0（s），148.7（s），131.8（s），128.6（d），108.3（d），106.5（d），102.3（t），试推导其结构式。

解 由分子式 $C_8H_6O_3$ 计算其不饱和度 $U=1+8-6/2=6$，可见化合物可能

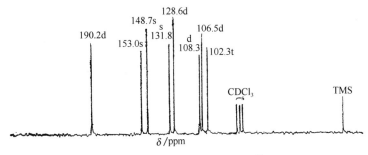

图 4-13　$C_8H_6O_3$ 的 ^{13}C NMR 谱图

含有一个苯环。^{13}C NMR 谱图中有 8 条谱线，对应于分子式中的 8 个碳原子，说明分子中不存在等价碳。

　　分析各峰化学位移，$\delta 190.2$ppm 为醛基的羰基碳，$\delta 153.0 \sim 106.5$ppm 为 6 个苯环碳，因为苯环中 6 个 C 的化学位移均不相同，表明不可能为单取代、对位取代、相同基团的邻位二取代等具有对称因素的结构形式。

　　从分子式扣除一个—CHO 和一个苯环，共占 5 个不饱和度后，剩余部分为 CH_2O_2，占一个不饱和度，且此碳的化学位移为 δ 为 102.3ppm（三重峰），表明它是与强拉电子基团直接相连的—CH_2—，可能结构是与苯环相连构成环状的 —O—CH_2—O—单元。其与苯环的连接和与醛基的相对位置有 2 种可能

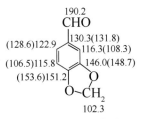

通过计算苯环碳的 δ 值，表明此化合物的结构为 A，而不是 B，各碳的化学位移值归属如下（括号内为实测值）

【例 4.10】　某未知物的质谱分子离子峰为 $m/z\ 138$，其红外光谱、核磁共振氢谱、碳谱和 DEPT 谱如图 4-14 所示，推导其化学结构式。

　　解　首先从 ^{13}C NMR 质子去偶谱可知未知物含有 6 种不同环境的碳原子，

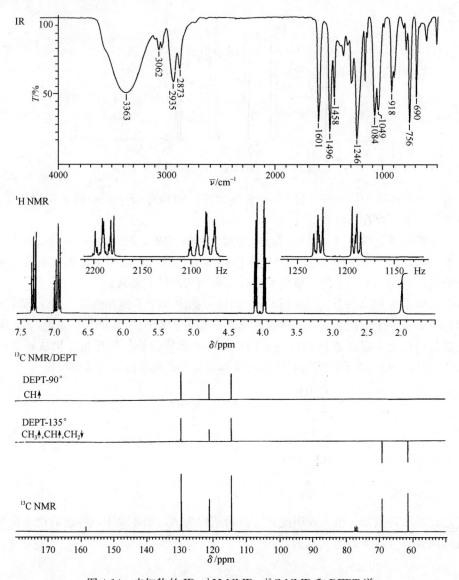

图 4-14　未知物的 IR、^{1}H NMR、^{13}C NMR 和 DEPT 谱

DEPT 谱表明它们为 2 种 CH$_2$、3 种 CH 和 1 种季碳，分子中不含有 CH$_3$。分析各谱线的化学位移，2 个 CH$_2$ 均在较低场（δ 69.0ppm 和 61.2ppm），说明它们都与电负性基团相连；3 种 CH（δ 129.5ppm，121.0ppm 和 114.5ppm）为 sp^2 杂化碳，可为烯碳或芳环碳，从峰的强度看出 δ 129.5ppm 和 114.5ppm 分别代表 2 个环境相同的碳原子；1 个季碳也是 sp^2 杂化碳，可能为连有取代基团的苯环碳。综合上述分析，未知物应含有 1 个单取代苯环。IR 中的 3062cm^{-1}（苯环

的 ν_{C-H}）、1601cm^{-1} 和 1496cm^{-1}（苯环的骨架振动）、756cm^{-1} 和 690cm^{-1}（单取代苯环 C—H 面外弯曲振动）也说明单取代苯环的存在。

^{1}H NMR 有 5 组吸收峰，化学位移为 $\delta 7.30(2H，m)$，$6.95(3H，m)$ 分别为单取代苯环上的邻位和间、对位氢；$\delta 4.10(2H，t)$ 和 $3.96(2H，t)$ 是两组相互偶合的质子，化学位移在较低场也表明它们均与电负性基团相连。IR 中存在 3363cm^{-1} 强而宽的吸收峰，表明有羟基存在。^{1}H NMR 中的 $\delta 1.98(1H，s)$ 也是 δ_{O-H} 的吸收峰。

除了可能的结构单元 ⬡—、—CH$_2$—CH$_2$— 和 —OH 外，质谱分子离子峰为 $m/z138$，可知未知物分子中还有一个氧原子，红外光谱中 1246cm^{-1} 强吸收峰为醚的 ν_{C-O-C} 吸收，因此可以确定此化合物的结构为

$$\text{⬡—O—CH}_2\text{—CH}_2\text{—OH}$$

4.6 自旋-晶格弛豫时间（T_1）

分子中碳原子的自旋-晶格弛豫时间（T_1）也是 ^{13}C NMR 谱的重要参数。T_1 数值随化学环境不同而有很大的差别，因此 T_1 的测定对谱线的标识、结构鉴定、分子运动的研究等方面都有重要意义。由于 PFT-NMR 谱仪和计算机的应用，而且在 ^{13}C NMR 中因采用质子噪音去偶，各种碳都表现为一个单峰，^{13}C 的 T_1 又比较长（一般在 0.1～100s），故各种碳的 T_1 较易测定，对其研究和报道也较多。

4.6.1 自旋-晶格弛豫机理

第 3 章已经介绍核磁共振的弛豫过程，跃迁到高能态的核可通过 2 个途径回到低能态，一种是把能量传给自旋体系内部低能态的核，称为自旋-自旋弛豫，其速率用 $\dfrac{1}{T_2}$ 表示，T_2 为自旋-自旋弛豫时间。另一种是自旋-晶格弛豫，是激发态的核将其能量传递给周围环境，回到低能态重建玻耳兹曼分布，其速率用 $\dfrac{1}{T_1}$ 表示，T_1 为自旋-晶格弛豫时间。一般情况 $T_2 < T_1$，T_1 也比 T_2 更为重要。在含有大量分子的体系中，某激发态的核受其他核磁矩提供的瞬时万变的局部磁场作用，该局部磁场有各种不同的频率。当某一频率恰好与某一激发态核的回旋频率相同时，即可发生能量转移而产生弛豫。

自旋-晶格弛豫要求起伏的局部场，而这种局部场来源于核的相互作用，包

括偶极-偶极弛豫（DD）、核的自旋-转动弛豫（SR）、化学位移各向异性弛豫（CSA）、标量偶合弛豫（SC）等。因此，弛豫时间可能反映分子的结构和它的运动状态。能够给核自旋系统提供起伏局部场，就可能满足弛豫的要求，所以弛豫有各种各样机理，我们测定到的弛豫速率（$1/T_1$）是各种弛豫贡献的总和，即

$$\frac{1}{T_1(测)} = \frac{1}{T_1(DD)} + \frac{1}{T_1(SR)} + \frac{1}{T_1(CSA)} + \frac{1}{T_1(SC)} + \cdots \qquad (4.9)$$

式中各项分别代表各种机理对弛豫速率的贡献。

1. 偶极-偶极弛豫（DD）

对于大多数 ^{13}C 核来说，偶极-偶极弛豫占有绝对优势。DD 弛豫与相关核之间的距离（r）及与碳直接相连的 H 核数目（n）有关，H 与 C 的距离越近，H 的数目越多，弛豫就越快，T_1 就越小。这种关系可近似地用下式表示

$$\frac{1}{T_1} \propto \frac{n}{r^6} \qquad (4.10)$$

所以，不同类型的碳的 T_1 值有如下规律：

$$\text{C}=\text{O} > -\overset{|}{\underset{|}{\text{C}}}- > -\overset{|}{\text{CH}}- > -\text{CH}_2- > -\text{CH}_3$$

而且，各个带 H 的碳的弛豫速率$\left(\dfrac{1}{T_1}\right)$的比值与其所带 H 的数目比相近。例如：

$$\bigcirc\!\!\!-\text{CH}_2-\text{CH}_3, \quad \frac{1}{T_1(\text{CH}_2)} \ : \ \frac{1}{T_1(\text{CH}_3)} = 2:2.9$$

$$T_1/\text{s} \quad 13 \quad 9$$

$$\bigcirc\!\!\!-\text{CH}=\text{CH}_2, \quad \frac{1}{T_1(\text{CH})} \ : \ \frac{1}{T_1(\text{CH}_2)} = 1:2.2$$

$$T_1/\text{s} \quad 17.0 \quad 7.8$$

这些数据表明碳的弛豫速率比与所带 H 的数目比并不完全相同，说明除 DD 弛豫起主要作用外，其他机理对弛豫也有贡献。

2. 自旋-转动弛豫（SR）

自旋-转动弛豫是当分子整体或分子片段能自由转动时、核外电子绕核旋转所产生的局部磁场作用于激发态的核而引起的弛豫。这种自旋-转动相互作用的

效应正比于转动速率，反比于分子的惯量。

小分子的惯性小，翻转容易，或在较高的温度下，自旋-转动弛豫才比较重要。大分子的端基或分子片段、链节，如蛋白质氨基酸，磷脂、甾体等的侧链、直链的端甲基等，转动比较自由，SR 对弛豫速率有相当的影响。例如，正己烷、1-溴代正己烷和聚甲基丙烯酸丁酯分子中各碳的 $T_1(s)$ 值如下：

	CH₃—	CH₂—	CH₂—	CH₂—	CH₂—	CH₂X
X=H	21.9	14.8	15.9	15.9	14.8	21.9
X=Br	10.4	8.1	7.4	6.7	6.6	6.6

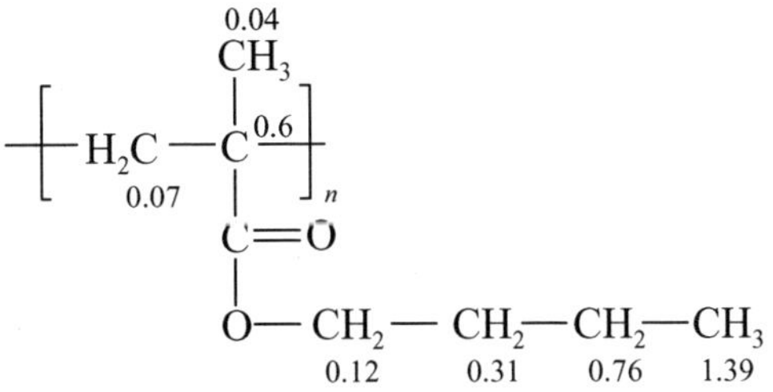

3. 化学位移各向异性弛豫（CSA）

化学位移各向异性引起的弛豫与外磁场强度的平方成反比。但对某些圆柱形分子，尤其是一些远离质子的碳原子或各向异性严重时，或在高磁场作用下，CSA 项可占相当比重。

例如：

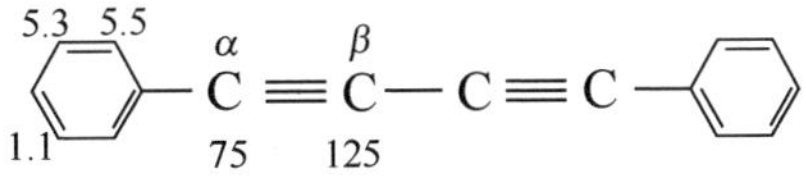

这种圆柱形分子中的 α 和 β 碳，距离 H 都太远，当 C 与 H 距离大于 0.3 nm 时，其弛豫以 CSA 为主，在低磁场下，CSA 弛豫约占 60%，在高磁场下，可占 90%。

4. 标量偶合弛豫（SC）

标量偶合弛豫是二级效应，相互偶合或交换的 2 个核 A 和 B，当 A 核快速弛豫或交换时，能使 B 核感受到磁场起伏，而加快弛豫。SC 弛豫一般不大，在整个弛豫中不可能单独占优势，但对于与四极矩的核相连的碳，SC 弛豫的贡献就不能忽视。

此外，对于 $I>1/2$ 的核，如 Cl、Br、I、^{17}O、^{14}N 等，它们都有较大的四

极矩，它们本身的弛豫都很快，T_1 很短（微秒数量级），是四极矩弛豫起主导作用。^{13}C 核的 $I=1/2$，没有四极矩，但 SC 弛豫机理与 $I>1/2$ 的核靠近时，将加快弛豫使 T_1 变小并使谱线变宽。例如：

$$Br\overset{8.8}{\underset{6.0\quad6.0}{\fbox{}}}\overset{47}{}CN, \quad \underset{8.8}{CH_3Br,} \quad \underset{1.63}{CHBr_3,} \quad Br\overset{8.0}{-}CH_2\overset{9.0}{-}CH_2\overset{8.8}{-}CH_2\overset{10.0}{-}CH_2\overset{12.8}{-}CH_3$$

当样品中有顺磁性物质存在时，各种核的弛豫都大大加快，原因是顺磁性物质有未成对电子，电子的磁矩比核磁矩大 3 个数量级，所以产生很大的局部磁场，Fe^{3+}、Co^{2+}、Ni^{2+}、Mn^{2+}、Cr^{3+} 等都有这种作用，O_2 也是一种顺磁性物质，也能引起弛豫，因此样品除氧前后测得的 T_1 有时也会很不相同。

4.6.2 T_1 值的应用

应用 T_1 值可以识别碳的类型、分子大小、分子的各向异性、分子内部运动等，下面作简单的说明。

1. 识别碳的类型和分子的大小

对于一般的有机分子，当以 DD 弛豫为主时，与 C 直接相连的 H 越多，弛豫越快，T_1 越短，因为季碳弛豫慢，在 ^{13}C NMR 谱中信号小，容易辨认。一些链烃、高分子、生物大分子化合物中的长碳链或侧链中的端甲基由于有 SR 贡献，其 T_1 一般比—CH_2—长。稠环芳烃中的各种季碳，T_1 都比较长，可根据 T_1 和 NOE 效应使峰增强来识别。较大骨架上的碳，T_1 在 1s 以下，如甾体骨架上的碳，合成高分子主链上的碳，T_1 都在 $0.05\sim0.5s$ 范围内。中等大小的分子 $(C_{10}\sim C_{50})$，T_1 在 $0.1\sim20s$ 范围。小分子及高度对称的四面体、八面体，T_1 较长，甚至达到 100s 以上，如 CCl_4 的 T_1 为 160s。表 4-17 列出一些类型化合物的 T_1 值。

2. 估计分子的各向异性情况

分子如有不对称性，运动时就有各向异性，圆柱形分子绕长轴转动较易，绕短轴转动较难，如取代苯，分子绕取代基与 C 键的轴转动，即绕 C_2 轴转动占优势，因而苯环上邻、间位的碳及对位碳运动情况就不同，由于化学位移各向异性，绕 C_2 轴转动的速度要大一些，对位碳的 T_1 比邻、间位碳的 T_1 就小一些。因此，在一般情况下，可以由邻、间、对位碳的 T_1 值估计分子运动的各向异性的程度。

表 4-17　一些化合物中 ^{13}C 的 T_1 值（单位：s）

化合物	C-1	C-2	C-3	C-4	C-5	C-6	C-7	C-8
正己烷	21.9	14.8	15.9	15.9	14.8	21.9		
正辛烷	12.8	10.8	10.1	9.6	9.6	10.1	10.8	12.8
甲基环丁烷	42.8	31.0	22.6	31.0	30.5			
甲基环戊烷	34.2	26.3	27.9	27.9	26.3	17.1		
$(CH_3)_2C=CHCH_3$（顺）	23.4	25.1						
$(CH_3)CH=CH(CH_3)$（反）	27.0	14.5						
$CH_3CH=CH_2$	25.8	40.0	20.6					
甲苯 $-CH_3$	58.0	20.0	21.0	15.0	21.0	20.0	16.3	
苯胺 $-NH_2$	50.0	11.5	11.7	8.8	11.7	11.5		
苯酚 $-OH$	21.5	4.4	3.9	2.4	3.9	4.4		
硝基苯 $-NO_2$	56.0	6.9	6.9	4.8	6.9	6.9		
苯乙烯 $-CH=CH_2$	75.0	14.8	13.5	11.9	13.5	14.8	17.0	7.8
苯乙炔 $-C≡CH$	107.0	14.0	14.0	8.2	14.0	14.0	132.0	9.3

3. 了解分子内部旋转运动、分子链的柔顺性

高分子化合物（合成高分子、生物大分子等）、各种取代基团、侧链和端基有无内旋转及运动的快慢，也可从 T_1 数据判断。例如，胆固醇，在环上骨架的各个碳 T_1 都较小，且与它们直接连接的 H 数成反比，角甲基的 T_1 为 1.5s，主要是 SR 的贡献，侧链上沿着链长延伸，T_1 逐步增大，到达自由运动的端甲基，因端甲基的内旋转增快，T_1 值达到 2.0～2.1s。可见，虽然分子整体运动比小分子慢（T_1 值都较小），但角甲基和侧链相对地有较快的内旋转，因此 T_1 值比骨架上的碳大得多。又如二丁基甲酰胺，分子在 N 原子上以 y 形连接，使正丁基运动受阻较大，仍可观察到正丁基上四个碳的 T_1 值的差异。

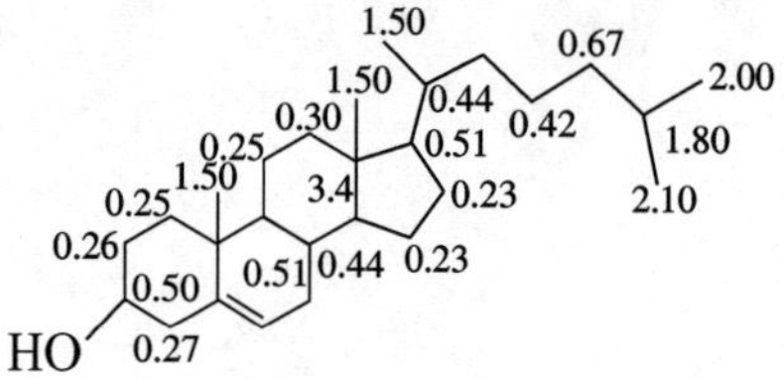

胆固醇

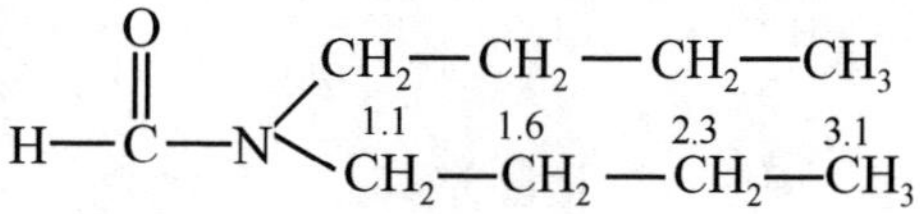

二丁基甲酰胺

4. 研究分子的空间位阻

分子中的甲基如受到邻近基团的空间位阻作用，转动减慢，加速弛豫，T_1 减小。如以下萜类化合物，它们下方的 2 个 CH_3 的 T_1，与烃基处于反式的都比另一个处于顺式的要大，说明烷烃基链端取代虽有相当的变化，且对下方甲基丙烯基的运动有影响，但对反式及顺式位 2 个甲基的影响比例未变，反式位运动受阻较小，T_1 较大。

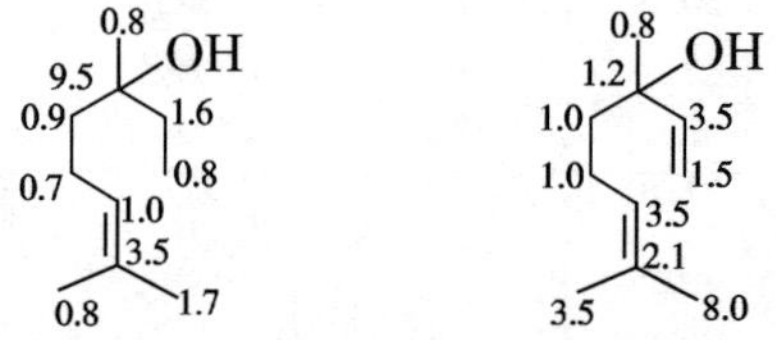

4.7 二维核磁共振谱

二维核磁共振谱（two-dimensional NMR spectroscopy, 2D NMR）是 Jeener 于 1971 年首先提出来的，经过 Ernst（1991 年诺贝尔化学奖获得者）和 Freeman 等的努力，确立了它的理论基础，进行了大量卓有成效的研究工作，使 2D NMR 迅速发展成为有机化合物的分子结构测定和多肽、核酸、蛋白质等复杂化合物研究中重要而有力的工具。

4.7.1　二维核磁共振谱的基本原理

在一维 NMR 谱中，横坐标同时表示化学位移和偶合常数 2 种不同的核磁共振参数。如果把这两种参数分离并在二维坐标轴上分别表示，如其中一个坐标表示化学位移，另一个坐标表示偶合常数，被观察核的信号强度可以受两个变量的影响，这样得到的核磁共振谱称为二维谱。

对于一个二维 NMR 实验的脉冲序列一般可分为 3 个时期：预备期→演化期（t_1）→检测期（t_2），见图 4-15(a)。

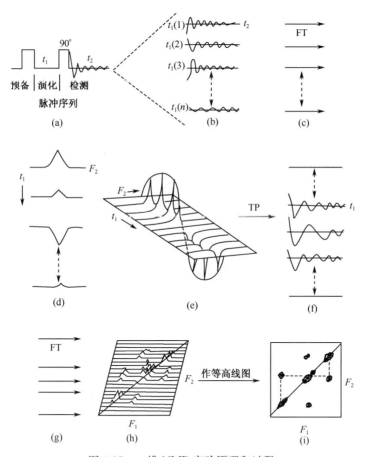

图 4-15　二维 NMR 实验原理和过程

每个 2D NMR 实验都需要脉冲序列之间的弛豫延迟，预备期就是为 2D NMR 实验建立可以再现的起始条件。在演化期 t_1 内，磁化强度的 x，y 和 z 分量将发生演化。由于 t_1 通常是一个不断增加的时间变量，因此，每个不同的 t_1，如 $t_1(1)$、$t_1(2)$、$t_1(3)$、…、$t_1(n)$ 所对应的磁化强度的相位和幅度也是不同的。

在 t_1 期末尾，用一观察脉冲（90°）进行观察核的检测，随即对 FID 进行取数（t_2），从而可获得 n 个 FID ［图 4-15(b)］。这些 FID 不仅是 t_2 的函数，同时也与 t_1 有关，将这些 FID 进行傅里叶变换 ［图 4-15(c)］，可获得一系列 F_2 频率域的转换谱 ［图 4-15(d)］。这些谱峰对应的频率与普通一维谱完全一样，但其强度是 t_1 的函数 ［图 4-15(e)］。将这些光谱簇转动 90°（transposition，TP），就可看到一个新的 FID ［图 4-15(f)］。把这些新的 FID 进行第二次傅里叶变化 ［图 4-15(g)］，就可以获得信号强度随 F_1 和 F_2 变化的二维透视图 ［图 4-15(h)］。为了方便解析和处理，通常将这些透视图画成等高线图 ［图 4-15(i)］，即是我们通常见到的二维谱。

4.7.2　二维核磁共振谱的分类和应用

根据脉冲实验的不同，2D NMR 谱中 F_1 和 F_2 的具体含义可以不一样，因而有各种不同类型的 2D NMR 谱。在化合物分子结构测定中应用较多的二维谱是二维 J 分解谱和二维化学位移相关谱，下面对这两类二维谱作简要的介绍。

1. 二维 J 分解谱（2DJ）

复杂分子的一维核磁共振谱中，吸收峰常常密集地排布在一个较小的频率范围内，对偶合常数的测定带来很大困难。2DJ 分解谱把化学位移与谱峰的多重性完全分开，使原来一维谱中重叠的多重峰分散在二维平面上，可在 F_2 域显示化学位移，在 F_1 域上确定偶合常数，从而使谱峰间的偶合常数显得清清楚楚。

1）同核 2DJ 分解谱

同核 2DJ 分解谱的脉冲序列如图 4-16 所示，在演变期中间插入一个核选择 180°脉冲，由于 180°脉冲的重聚作用，在演变期末，消除了化学位移的影响，保留了偶合作用。图 4-17 是 β-紫罗兰酮的高场区同核[1]H，[1]H 2DJ 分解谱。由图 4-17(b)可见，2 位的 a-H 和 e-H 相互偶合，裂分为双峰后进一步被 3 位氢裂分而显示六重峰，图 4-17(c) 提供了精确的偶合裂分关系。同样，3-H 的 a、e 质子首先裂分为双峰，再被邻位（2-H 和 4-H）的 a、e 质子进一步裂分为十二重峰，但由于有些峰相互重叠，在 2DJ 分解谱中只显示 10 个点。5 位甲基没有受

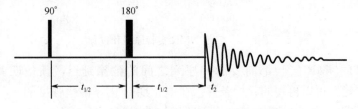

图 4-16　同核 2DJ 分解谱的基本脉冲序列图

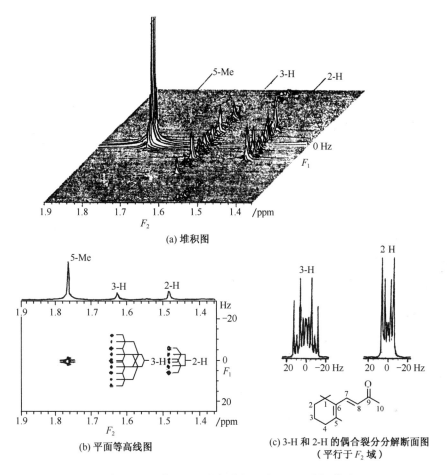

(a) 堆积图

(b) 平面等高线图

(c) 3-H 和 2-H 的偶合裂分分解断面图
（平行于 F_2 域）

图 4-17　β-紫罗兰酮的部分^{1}H，^{1}H 2DJ 分解谱图

到偶合，因此只在 $F_1 = 0$ 轴上显示单峰。

2）异核 2DJ 分解谱

异核 2DJ 分解谱是以被测定核的化学位移为一维，该核与另一种核间偶合的多重峰的裂分为另一维的分解谱。

异核 2DJ 分解谱的基本脉冲序列如图 4-18 所示，在异核偶合^{13}C—^{1}H 体系中，必须在^{13}C 通道上加上 180°脉冲，同时在^{1}H 通道上也加上 180°脉冲，才能保存异核间的偶合作用。图 4-19 是 β-咔啉的^{13}C，^{1}H 2DJ 分解谱（平面等高线谱），图中表明虽然芳环碳的化学位移很接近，但它的 2DJ 分解谱清晰，结合化学位移知识就容易识别各^{13}C 峰的归属。

2. 二维化学位移相关谱

二维化学位移相关谱（two-dimesional chemical shift correlation spectrosco-

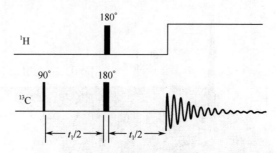

图 4-18　异核 2DJ 分解谱的基本脉冲序列图

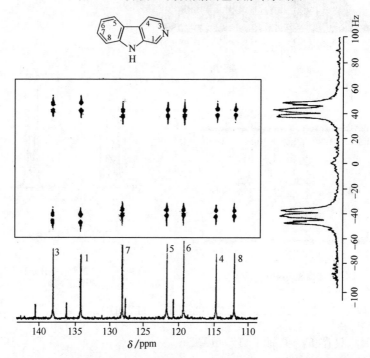

图 4-19　β-咔啉的^{13}C，^{1}H 2DJ 分解平面等高线谱图

py，2D COSY）的二维坐标 F_1 和 F_2 都表示化学位移。从 2D COSY 可以得到各组核之间连接的信息。因此在实际使用上显得比 2DJ 分解谱更为重要，应用也更为广泛。

1）^{1}H，^{1}H 化学位移相关谱（^{1}H，^{1}H COSY）

^{1}H，^{1}H COSY 是同核化学位移相关谱的一种，是指在同一个偶合体系中的质子之间的偶合相关谱，它主要用于研究^{1}H 同核偶合体系。^{1}H，^{1}H COSY 实验相当于对^{1}H NMR 谱中所有化学位移不同的质子，做一系列的连续选择性去偶实验而求得偶合关系，并用于确定质子之间的连接顺序。由于连续选择性去偶

实验很费时间，且有些峰重叠而难以进行选择性去偶实验。^{1}H，^{1}H COSY 解决了此问题，不但可以简化多重峰，而且能直接地给出偶合关系，即由谱中的交叉峰建立起来的 J 偶合网来确定质子的连接顺序。但 ^{1}H，^{1}H COSY 不能代替选择性去偶实验而求得偶合常数值。

^{1}H，^{1}H COSY 的基本脉冲序列如图 4-20 所示。^{1}H，^{1}H COSY 实验是经过多次累加测量完成的。每次测量是在两个 90°脉冲之间逐步延迟时间 t_1，而在时间 t_2 进行检测，得到自由感应衰减信号（FID），经 FT 变换后得到频率域 F_2 谱，对 t_1 方向的 FT 变换给出的 ^{1}H，^{1}H COSY 中的第二个频率域坐标 F_1，就得到一个完整的 ^{1}H，^{1}H COSY。图 4-21 是 AX 系统的 ^{1}H，^{1}H COSY 的等高线示意图。在该图谱中有两类谱峰：对角峰（diagonal peak）和交叉峰（cross peak）。对角峰落在谱图的对角线上，与一维谱相类似，表示核 A 和核 X 的化学位移分别是对角线上的（δ_A，δ_A）和（δ_X，δ_X）两组峰。偏离对角线的交叉峰，以对称的形式出现在对角线的两侧，它说明对应于对角线上的两个质子之间存在着标量偶合。图 4-22 是环氧乙烷基苯甲醚的 ^{1}H，^{1}H COSY。图中对角线（虚线）上各点标出的数字表明分子式中各个 ^{1}H 核的化学位移，对角线两侧交叉峰与对角线上的 2 组对角峰连成正方形，由此可推测出对角线上相关 2 组峰的偶合关系，如苯环上的 H_2 与 H_3、H_4 的偶合，5 位 CH_2 上 2 个不等价质子（5、5′）

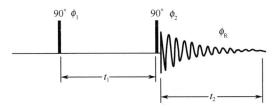

图 4-20　^{1}H，^{1}H COSY 的基本脉冲序列

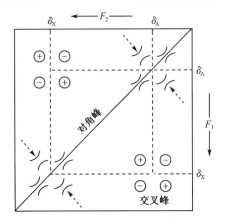

图 4-21　AX 系统的 ^{1}H，^{1}H COSY 示意图

间的偶合及它们与 H_6 的偶合，环氧乙烷基上 7 位的 2 个不等价质子（7、7′）间的偶合及它们与 H_6 的偶合关系都清楚地显示出来，从而使它们明确地被指认。

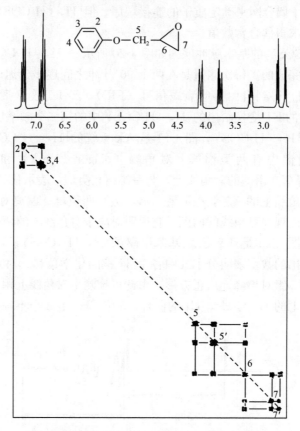

图 4-22 环氧乙烷基苯甲醚的 ^{1}H，^{1}H COSY 谱图

2）^{13}C，^{1}H 化学位移相关谱（^{13}C，^{1}H COSY）

^{13}C，^{1}H COSY 的基本脉冲序列如图 4-23 所示，在第一个 90°脉冲后 t_1 期间内，^{1}H 磁化矢量发展并标记各个 ^{1}H 核的自旋频率。在 t_1 结束时，同时加上 ^{1}H

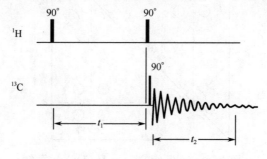

图 4-23 ^{13}C，^{1}H COSY 的基本脉冲序列

和^{13}C 两个 90°脉冲，使^{1}H 核的极化作用转移到^{13}C 核上，在 t_2 期间检测到的^{13}C 共振信号被^{1}H 核自旋频率调制成 t_1 的函数，经 FT 变换后，F_2 域是观察^{13}C 核的频率域（^{13}C 的化学位移），F_1 域是^{1}H 频率域（^{1}H 的化学位移）。在常规的^{13}C，^{1}H COSY 中只呈现每一个碳所直接键连着的氢的交叉峰，而没有^{1}H，^{1}H COSY 中的对角峰，能直接得到碳与氢之间的偶合关系。可从一个已知的^{1}H 信号，根据相关关系找到与之相连的^{13}C 信号；相反，从已知的^{13}C 信号，通过交叉峰也可以找到与其相连的^{1}H 信号，图 4-24 是环氧乙烷基苯甲醚的^{13}C，^{1}H COSY 谱图，图中黑点即为相关核的交叉峰，碳和氢之间的连接非常清楚，容易指认，如 δ4.16ppm 和 3.80ppm 是连在 5 位碳上的 2 个氢，δ2.83ppm 和 2.69ppm 是连在环氧乙烷基 C_7 上的 2 个氢，δ3.25ppm 则是连在 C_6 上的氢。因此二维谱在化合物结构测定中的作用是一维的氢谱或碳谱都不能比拟的。

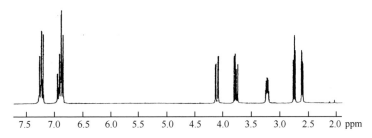

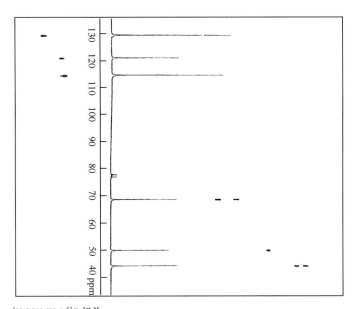

^{1}H(250MHz)/^{13}C 相关

图 4-24　环氧乙烷基苯甲醚的^{13}C，^{1}H COSY 谱

3. 检测¹H 的化学位移相关谱

为了提高检测灵敏度，发展了 HMQC 谱和 HMBC 谱，下面对这两种方法作简要的介绍。

1) HMQC 谱

HMQC（¹H detected heteronuclear multiple quantum coherence）谱称为

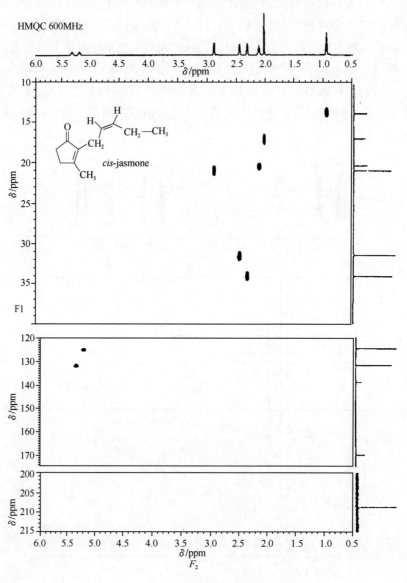

图 4-25　顺茉莉酮的 HMQC 图谱

^{1}H 检测异核多量子相干谱。HMQC 谱显示的是 ^{1}H 核和与其直接相连的 ^{13}C 核的相关性，它们的作用相应于 ^{1}H，^{13}C-COSY 谱。

HMQC 谱使用的脉冲序列与 ^{1}H，^{13}C-COSY 谱相似，两者都显示直接相连的 ^{1}H 和 ^{13}C 的相关。在二维 NMR 谱中，F_2 维方向的分辨率比 F_1 维好得多，通常用 F_2 维进行检测。在图谱的标度上，HMQC 的 F_1 维是 δ_C，F_2 维是 δ_H；而 ^{1}H，^{13}C-COSY 谱的标度正好相反，F_1 维是 δ_H，F_2 维是 δ_C。由于 ^{13}C 核的天然

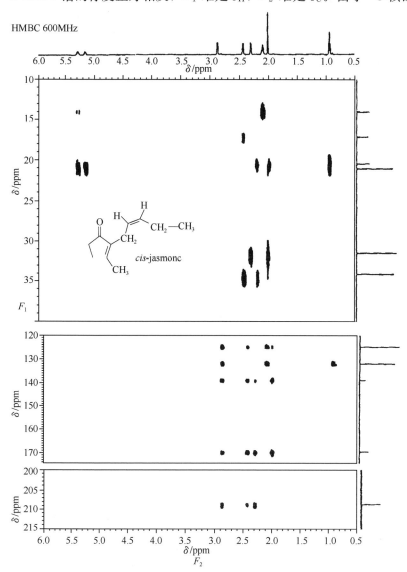

图 4-26　顺茉莉酮的 HMBC 图谱

丰度只占碳元素总量的 1‰, 在 ^1H, ^{13}C-COSY 谱中采用 ^{13}C 检测, 信号的灵敏度和分辨率均相对较低, 而在 HMQC 谱中则利用了 ^1H 天然丰度高的优点, 大大提高测定灵敏度, 因则可减少样品用量和缩短测试时间。图 4-25 显示的是顺茉莉酮的 HMQC 图谱。图 4-25 中清楚显示了碳谱上各连氢碳与氢谱上相应氢的关系, 两个烯键季碳和羰基碳则没有相关信号。

2) HMBC 谱

HMBC 谱 (^1H detected heteronuclear multiplebond correlation) 称为 ^1H 检测异核多键相关谱。HMBC 谱显示的是 ^1H 核和远程偶合的 ^{13}C 核的相关作用, 可用于解析分子中远程偶合的情况。图 4-26 是顺茉莉酮的 HMBC 谱, 图中显示了包括季碳在内的 ^{13}C 核与和它有 $^nJ_{CH}$ 远程偶合的 ^1H 核相关信息。同样, HMBC 谱的标度也是用 δ_C 为 F_1 维, δ_H 为 F_2 维, 用 ^1H 检测, 具有灵敏度较高、样品用量较少、测试时间短的优点, 在化合物结构测定中是确定基团间相互关系的常用方法。

习 题

1. 计算下列化合物中各 sp^3 碳的 δ 值

(1) $CH_3CH_2CH_2CH(CH_3)_2$　　　　(2) $CH_3CH_2C(CH_3)_2CH_2CH_3$

(3) $CH_3CH_2CH_2CH_2NO_2$　　　　　　(4) $HOCH_2CH_2CH_2Cl$

2. 计算下列化合物烯碳或芳碳的 δ 值

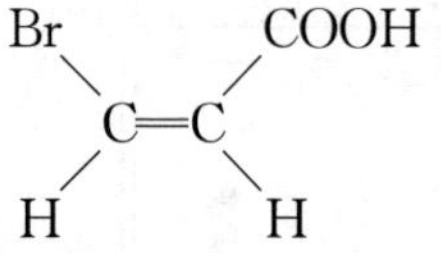

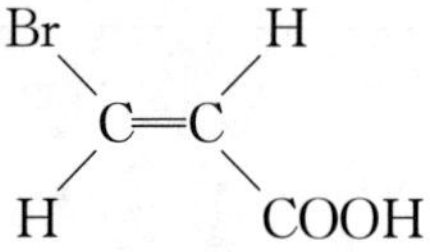

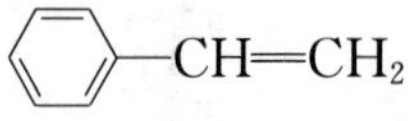

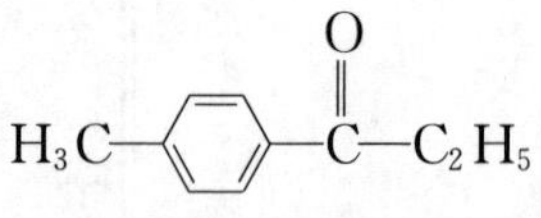

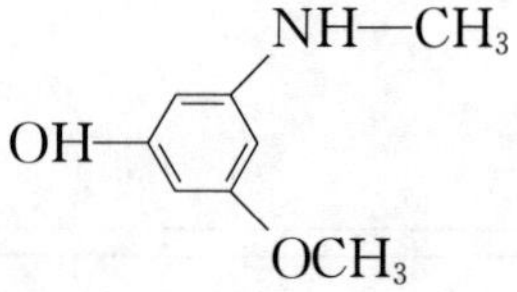

3. 用 ^{13}C NMR 区分以下各组同分异构体

(1) $CH_3CH_2CH_2CH_2NH_2$　　　　　$CH_3CH_2CH(NH_2)CH_3$

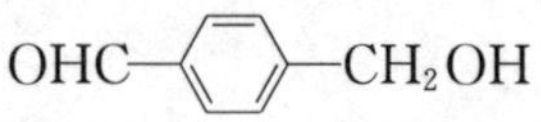

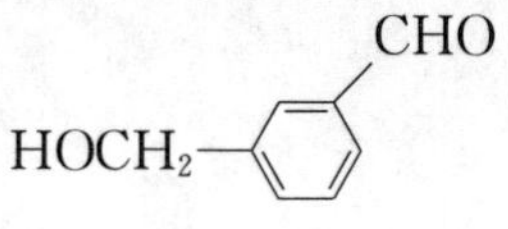

（3）

4. 某化合物分子式为 $C_6H_6O_3$，红外光谱显示 $1735cm^{-1}$ 强吸收峰（酯基），其 ^{13}C NMR 谱图如图 4-27 所示，推导其化学结构。

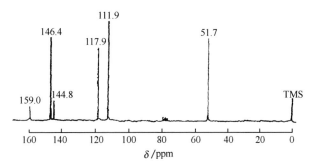

图 4-27　化合物 $C_6H_6O_3$ 的 ^{13}C NMR 谱图

5. 化合物 $C_{10}H_{13}NO_2$ 的 ^{13}C NMR 谱如图 4-28 所示，（a）为偏共振去偶谱，（b）为质子宽带去偶谱，图中 $\delta40.9ppm$ 的多重峰为溶剂 DMSO-d_6 的共振峰，推导其化学结构。

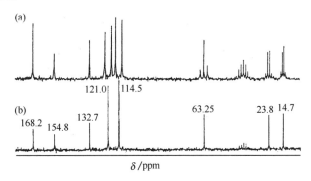

图 4-28　化合物 $C_{10}H_{13}NO_2$ 的 ^{13}C NMR 谱图

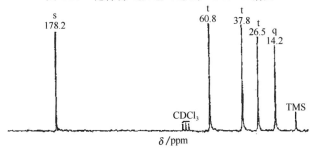

图 4-29　化合物 $C_5H_9O_2Br$ 的 ^{13}C NMR 谱图

6. 化合物 $C_5H_9O_2Br$ 的^{1}H NMR 谱上显示 4 组峰，化学位移 δ_H（ppm）为 $1.25(t), 2.85(t), 3.55(t), 4.20(q)$，^{13}C NMR 谱如图 4-29 所示，推导其结构。

7. 从天然产物分离得一化合物，分子式为 $C_{10}H_{16}$，可能为下列结构之一，^{13}C NMR谱的高场部分如图 4-30 所示，推导其结构。并解析各峰的归属。

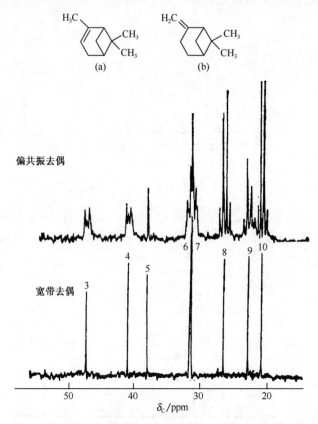

图 4-30　化合物 $C_{10}H_{16}$ 的^{13}C NMR 偏共振去偶和质子宽带去偶谱图（高场部分）

8. 化合物分子式为 $C_8H_5NO_2$，^{13}C NMR 质子宽带去偶谱如图 4-31 所示，偏共振去谱表明 1、2、5、6 四峰均为单峰，3、4 两峰为双峰，^{1}H NMR 表明分子中有一个可为 D_2O 交换的质子，推导其结构。

9. 化合物 $C_{11}H_{20}O_4$，^{1}H NMR 和^{13}C NMR 谱图如图 4-32 所示，红外光谱中 $1740cm^{-1}$ 强吸收峰，推导其结构。

10. 未知物的质谱分子离子峰为 $m/z100$，其红外光谱、核磁共振氢谱、碳谱和 DEPT 谱如图 4-33 所示，推导其化学结构并解析各谱数据。

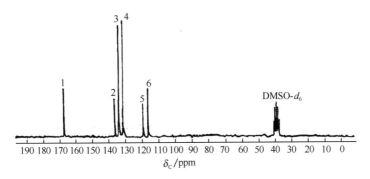

图 4-31　化合物 $C_8H_5NO_2$ 的 ^{13}C NMR 谱图

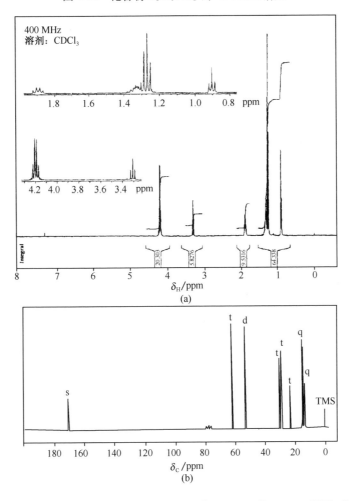

图 4-32　化合物 $C_{11}H_{20}O_4$ 的 ^1H NMR 谱图（a）和 ^{13}C NMR 谱图（b）

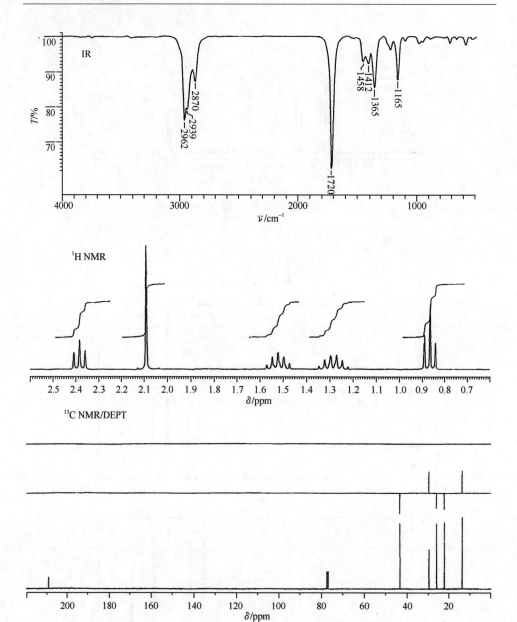

图 4-33 未知物的 IR、^{1}H NMR、^{13}C NMR 和 DEPT 谱

11. 未知物的质谱分子离子峰为 $m/z113$，其红外光谱有 $3294cm^{-1}$、$3209cm^{-1}$、$2927cm^{-1}$、$2858cm^{-1}$、$1662cm^{-1}$、$1439cm^{-1}$ 吸收峰，核磁共振氢谱、碳谱和 DEPT 谱如图 4-34 所示，推导其化学结构并解析各谱数据。

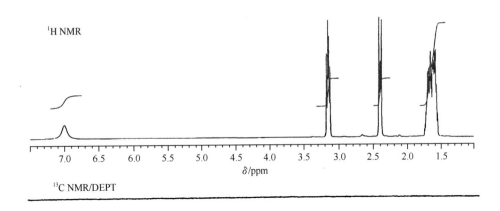

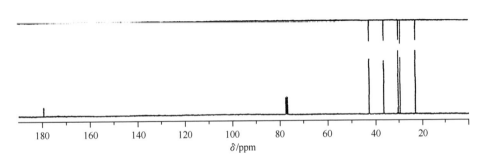

图 4-34　未知物的 ^{1}H NMR、^{13}C NMR 和 DEPT 谱

12. 未知物的质谱分子离子峰为 $m/z170$，主要离子峰有 $m/z172$（强度为 $m/z170$ 峰的 98%）、91、65、39，其红外光谱、核磁共振氢谱、碳谱和 DEPT 谱如图 4-35 所示，推导其化学结构并解析各谱数据。

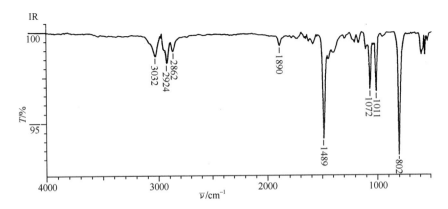

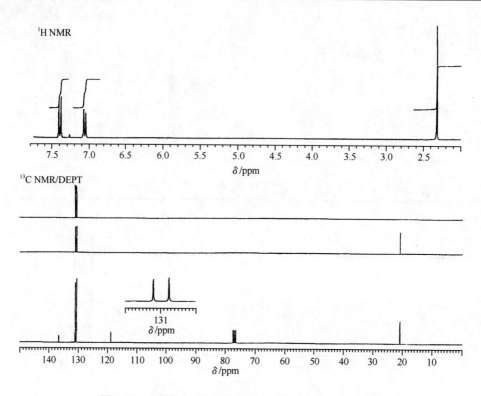

图 4-35 未知物的 IR、^{1}H NMR、^{13}C NMR 和 DEPT 谱

参 考 文 献

龚运淮. 1986. 天然有机化合物的^{13}C核磁共振化学位移. 昆明：云南科学技术出版社

洪山海. 1980. 光谱解析法在有机分析中的应用. 北京：科学出版社

孟令芝, 何永炳. 1997. 有机波谱分析. 武汉：武汉大学出版社

宁永成. 2000. 有机化合物结构鉴定与有机波谱学. 第二版. 北京：科学出版社

沈其丰, 徐广智. 1986. ^{13}C-核磁共振及其应用. 北京：化学工业出版社

田中诚之. 1986. 有机化合物的结构测定方法——利用^{13}C-NMR、^{1}H-NMR、IR 和 MS 图谱的综合解析. 姚海文译. 北京：化学工业出版社

杨立. 1996. 二维核磁共振简明原理及图谱解析. 兰州：兰州大学出版社

张华等. 2005. 现代有机波谱分析. 北京：化学工业出版社

张友杰, 李念平. 1990. 有机波谱学教程. 武汉：华中师范大学出版社

朱淮武. 2005. 有机分子结构波谱解析. 北京：化学工业出版社

Field L D, Sternhell S, Kalman J R. 2002. Organic Structures from Spectra. 3th ed. New York：John Wilry & Sons Ltd

Hollas J M. 1996. Modern Spectroscopy. 3th ed. New York：John Wiley

Lambert J B et al. 1998. Organic Structural Spectroscopy. New Jersey: Prentice-Hall Inc

Silverstein R M, Bassker G C, Morrill T C. 1991. Spectrometric Identification of Organic Compounds. 5th ed. New York: John Wiley & Sons Inc

Silverstein R M, Webster F X, Kiemble D J. 2005. Spectrometric Identification of Organic Compounds. 7th ed. New York: John Wiley & Sons Inc

第5章 质 谱

质谱法（mass spectrometry，MS）是在高真空系统中测定样品的分子离子及碎片离子质量，以确定样品相对分子质量及分子结构的方法。研究质谱法及样品在质谱测定中的电离方式、裂解规律以及质谱图特征的科学称为质谱学。质谱法测定的对象包括同位素、无机物、有机化合物、生物大分子以及聚合物，因此可广泛地应用于化学、生物化学、生物医学、药物学、生命科学以及工、农、林业、地质、石油、环保、公安、国防等领域。质谱法在鉴定有机物的四大重要工具核磁共振（NMR）、质谱（MS）、红外光谱（IR）、紫外光谱（UV）中，是灵敏度最高（可达 10^{-15} mol）、也是唯一可以确定分子式的方法（测定精度达 10^{-4}）。

20 世纪初，质谱法的发明者——被誉为现代质谱学之父的英国科学家 J. J. Thomson（1906 年获诺贝尔物理学奖）运用质谱法首次发现了氖的同位素 ^{20}Ne 和 ^{22}Ne，他还观察到在放电管中 $COCl_2$ 裂解所产生的碎片离子 Cl^+、CO^+、O^+、C^+，并检测得到了这些离子的质谱图。

$1911 \sim 1920$ 年，C. F. Knipp，A. J. Dempster，F. W. Aston 等先后开展了设计、组装、研制电子轰击离子源和质谱计的工作。1942 年，世界上出现了第一台商品质谱仪。

在相当长的一段时间内，质谱主要应用于分析同位素。20 世纪 50 年代以后，兴起了有机化合物的质谱分析。经过 10 多年的研究和探索，对质谱分析有机分子能够提供大量结构信息的认识，进一步促进了有机质谱研究工作的蓬勃开展。最早的有机质谱专著和学术期刊在 60 年代应运而生。

质谱分析在我国始于 20 世纪 50 年代末，初期只在同位素分析方面开展工作，80 年代初，我国一批高校及科研单位自国外引进有机质谱仪之后，有机质谱的研究工作日益发展。$1990 \sim 1996$ 年，我国有机质谱的研究进入到最快的发展阶段。

最近四五年间，基质辅助激光解吸电离飞行时间质谱、电喷雾电离质谱和傅里叶变换离子回旋共振质谱以及各种多级串联质谱和联用质谱的陆续引进，已使我国的质谱分析扩大到蛋白质、多糖、DNA 等生物大分子以及一些合成聚合物相对分子质量的分析测试等领域。

有机化合物种类繁多，涉及质谱的内容相当丰富。由于各种不同类型有机物的裂解规律及谱图特征研究得更为深入透彻，并已总结了较完整的谱图解析方法，积累了十多万张化合物的标准谱图，本章主要介绍有机质谱。

5.1 质谱的基本知识

5.1.1 质谱仪

质谱仪由以下几个部分组成：进样系统、离子源、质量分析器、检测器、计算机控制系统和真空系统。其中，离子源是将样品分子电离生成离子的装置，也是质谱仪最主要的组成部件之一。质量分析器是使离子按不同质荷比大小进行分离的装置，是质谱仪的核心。各种不同类型的质谱仪最主要的区别通常在于离子源和分析器。

常见离子源的种类包括电子轰击（electron impact，EI）源、快原子轰击（fast atom bombardment，FAB）源、化学电离（chemical ionization，CI）源、电喷雾电离（electron spray ionization，ESI）源、基质辅助激光解吸电离（matrix assisted laser desorption ionization，MALDI）源等。不同的离子源使样品分子电离的方式各不相同。EI 源使用具有一定能量的电子直接轰击样品而使样品分子电离。这种离子源能电离挥发性化合物、气体和金属蒸气，是质谱仪中广泛采用的一种离子源。EI 源要求固、液态样品汽化后再进入离子源，因此不适合难挥发和热不稳定的样品。FAB 电离源则特别适合分析高极性、大相对分子质量、难挥发和热稳定性差的样品，且既能够得到强的分子离子或准分子离子峰，又能够得到较多的碎片离子峰，其电离方式是使用具有一定能量的中性原子（通常是惰性原子）束轰击负载于液体基质上的样品而使样品分子电离。该电离源的主要缺点是 400 以下质量范围内有基质干扰峰，对非极性化合物测定不灵敏。CI 电离源通过试剂气体分子所产生的活性反应离子与样品分子发生离子-分子反应而使样品分子电离，其优点是能够得到强的准分子离子峰，碎片离子较少，灵敏度比快原子轰击电离源高，但化学电离源也必须首先使样品汽化，然后再电离，因此不能测定热不稳定和难挥发的化合物。ESI 电离使用强静电场电离技术使样品形成高度荷电的雾状小液滴从而使样品分子电离。电喷雾电离是很软的电离方法，通常只产生完整的分子离子峰而没有碎片离子峰，这种电离分析小分子通常得到带单电荷的准分子离子（如 $[M+H]^+$ 或 $[M-H]^-$），分析生物大分子时，由于能产生多电荷离子，可使仪器检测的质量范围提高几十倍甚至更高。电喷雾电离源易于与液相色谱和毛细管电泳联用，实现对多组分复杂体系的分析。MALDI 通过激光束照射样品与基质混合溶液挥发溶剂后形成的结晶而使样品分子电离。基质辅助激光解吸电离适合测定热不稳定、难挥发、难电离的生物大分子以及研究测定一些合成寡聚物或高聚物，这种电离也属于软电离方法，产生完整的分子离子而无明显的碎片离子，因此可直接分析多组分体系。

常见的质量分析器种类有扇形磁场、四极分析器、离子阱、飞行时间质量分析器、傅里叶变换离子回旋共振等。扇形磁场利用不同质量的离子在磁场中做圆周运动时具有不同轨道半径的性质分析离子，该分析器进行磁扫描的优点是能够保持灵敏度和分辨率不随质荷比值发生改变。四极分析器利用不同质荷比的离子在四极场中产生稳定震荡所需的射频电压不相同的性质分析离子，这种分析器的扫描速度比磁扫描快，且体积小，结构简单，造价低，是使用数量最多的一种质谱分析器。离子阱原理上与四极分析器类似，常称为四极离子阱，它除了分析功能外，还可以选择、储存某一质荷比的离子，因而能实现多极串联质谱分析。离子阱的灵敏度比四极质量分析器高。飞行时间质量分析器利用具有相同动能但不同质荷比的离子在离子漂移管中飞行速度不同的性质分析离子，此分析器最大的特点是测定的质量范围理论上无上限，扫描速度极快。傅里叶变换离子回旋共振分析器利用不同质荷比的离子在回旋池中具有不同回旋运动频率的性质分析离子，其优点是能够获得超高分辨率，具有多极串联质谱的功能，灵敏度随分辨率的提高而提高。

电子轰击质谱能够提供有机化合物最丰富的结构信息并具有较好的重复性。以 EI 为离子源、扇形磁场为分析器的质谱仪目前仍然是最为广泛应用的有机质谱仪，其结构示意图如图 5-1 所示。

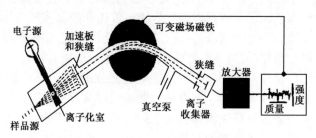

图 5-1　质谱仪的结构示意图

使用 EI 源使样品离子化的方法是在 10^{-5}Pa 的真空下，以 50～100eV（常用 70eV）能量的电子轰击离子源中的被测物分子，并使所产生的正离子经电场加速进入质量分析器。

离子在电场中经加速后，其动能与位能相等，即

$$mv^2/2 = zV \tag{5.1}$$

式中：m——离子质量；

v——离子的速率；

z——离子所带的电荷数；

V——离子的加速电压。

扇形磁场质量分析器由一个可变磁场构成。不同质量的离子进入磁场后，将以各自质量与所带电荷之比（m/z，简称质荷比）按不同的曲率半径作曲线运动（改变加速电压 V，离子运动的曲率半径也随之发生改变），离子在磁场中所受的向心力（Bzv）和离心力（mv^2/r）相等

$$Bzv = mv^2/r \tag{5.2}$$

式中：B——磁场强度；

r——离子运动的半径；

z、v、m——离子所带电荷、离子速率和离子质量。

由式（5.1）、式（5.2）可得

$$r = 1/B \times (2mV/z)^{1/2} \tag{5.3}$$

在质谱仪中，r 是固定的，质谱分析通常采用固定加速电压 V，改变磁场强度 B，即采用磁场扫描来进行。相同 m/z 值的离子汇聚成粒子束，不同 m/z 值的粒子束将在磁扫描的作用下先后通过离子收集器狭缝，进入检测系统。各种不同质量的离子束在检测系统中所产生的信号强度与该质量的离子数目的大小成正比。以可变磁场作分析器的质谱仪，常简称为磁质谱仪。由磁场和静电场结合构成的双聚焦质谱仪，具有很高的分辨率，质量准确度可达 5ppm，因此可以用于确定化合物的元素组成及分子式。

5.1.2　质谱仪主要性能指标

1. 灵敏度

灵敏度是标志仪器对样品在量的方面的检测能力。它与仪器的电离效率、检测效率以及被检测的样品等多种因素有关。

有机质谱常用某种标准样品产生一定信噪比的分子离子峰所需的最小检测量作为仪器的灵敏度指标。

2. 分辨率

分辨率指仪器对质量非常接近的两种离子的分离能力。

如果两个质量非常接近的离子（m_1 和 m_2）峰能被仪器分开，则仪器的分辨率 R 定义为

$$R = m_1（或 m_2）/\Delta m$$

其中

$$\Delta m = m_2 - m_1$$

例如，能被仪器分开的两个最接近的峰若质量数分别为 1000 和 1001，则此时仪器的分辨率为 $R=1000/(1001-1000)=1000$。分辨率 1000 还表示在质量数 100 附近，仪器能分开质量数分别为 100.1 和 100.0 的两个离子峰。因此，分辨率又可以理解为仪器在质量数 m 附近能分辨的最小相对质量差。

在一定的质量数附近，分辨率越高，能够分辨的质量差越小，测定的质量精度越高。

3. 质量范围

质量范围指质谱仪所能测量的最大 m/z 值，它决定仪器所能测量的最大相

对分子质量。自质谱进入生物大分子研究的分析领域以来，质量范围已成为被关注和感兴趣的焦点。各种不同质谱仪具有的质量范围各不相同。目前质量范围最大的质谱仪是基质辅助激光解吸电离飞行时间质谱仪（MALDI-TOF-MS），该种仪器测定的分子质量可高达 1 000 000u[①] 以上。

质量范围为 2000 的电喷雾质谱仪测定蛋白质大分子时，由于样品可产生多达20 多个电荷的分子离子峰，实际测量的最大分子质量可大大超过仪器的质量范围。

5.1.3　质谱图

图 5-2 为丙酮的质谱图。图 5-2 中的竖线称为质谱峰，不同的质谱峰代表具有不同质荷比的离子，峰的高低表示产生该峰的离子数量的多少。质谱图以质荷比（m/z）为横坐标，以离子峰的相对丰度为纵坐标。图中最高的峰称为基峰。基峰的相对丰度常定为 100%，其他离子峰的强度按基峰的百分比表示。在文献中，质谱数据也可以用列表的方法表示（表 5-1）。

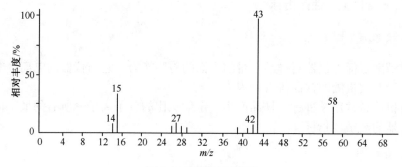

图 5-2　丙酮的质谱图

表 5-1　丙酮的质谱

m/z	相对丰度/%	m/z	相对丰度/%
15	34.1	39	4.4
26	6.7	42	7.5
27	8.9	43	100（基峰）
28	4.5	44	2.3
29	4.6	58	23.3（M$\dot{+}$）

5.1.4　质谱的离子类型

EI 质谱中的离子包括分子离子、碎片离子、同位素离子、亚稳离子、重排离子和多电荷离子等，这些离子能为谱图解析及鉴定化合物的结构提供非常有用

---

① 1u=1.660 54×10^{-27}kg。

的信息。

1. 分子离子

样品分子失去一个电子而形成的离子称为分子离子。分子离子常用符号 M^+ 表示。在质谱裂解反应式中，分子离子中自由基或电荷中心的形成与分子中化学键电子的电离能有关。电离能（I）越低的键电子越容易被电子束逐出。键电子容易电离的顺序是：n 电子＞π 电子＞σ 电子。几种键电子电离而产生分子离子的情况如下：

n 电子 $\qquad$ R—Ö—R′ $\xrightarrow{-e}$ R—$\overset{+\cdot}{\text{O}}$—R′ $\qquad$ (5.4)

π 电子 $\qquad$ RHC::CHR′ $\xrightarrow{-e}$ RH$\overset{+}{::}$CHR′ $\qquad$ (5.5)

σ 电子 $\qquad$ RH₂C:CH₂R′ $\xrightarrow{-e}$ RH₂C$\overset{+}{\cdot}$CH₂R′ $\qquad$ (5.6)

识别谱图中的分子离子可以确定被测样品的相对分子质量甚至元素组成。尽管分子离子易于形成（所需的能量仅约为 10eV），但在 EI 质谱图中，相对强度最大的离子峰并不一定是分子离子峰，因为多数分子离子在电子束的轰击下会裂解成碎片，从而使一些碎片离子的数量超过分子离子。若样品的分子离子不稳定全部都发生裂解，则其 EI 质谱图不显示分子离子峰。对于用 EI 这种"硬"电离方法得不到 M^+ 峰的样品，可尝试采用 FAB 或 CI 等"软"电离方法，取得分子离子信息。

分子离子必须是谱图中质量最高的奇电子离子；必须能够通过丢失合理的中性碎片产生谱图中高质量区的重要离子。由于电子轰击采用 70eV 的能量远远超过分子电离所需的能量，分子离子会进一步裂解产生一些碎片离子。例如，甲醇谱图（图 5-3）上几个强度较大的质谱峰，就可能是分子离子通过以下单分子裂解过程产生的。

像 CH_3OH^+ 这样带有未成对电子的离子称为"奇电子离子"（OE），以符号"$\overset{+}{\cdot}$"表示；像 CH_2OH^+、CH_3^+ 这样外层电子完全成对的离子则称为"偶电子离子"（EE），以符号"＋"表示。

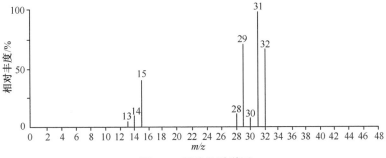

图 5-3　甲醇的质谱图

$$CH_3\!-\!OH + e \longrightarrow CH_3\!-\!OH^{\dot+} + 2e$$
$$m/z32$$

$$CH_3\!-\!OH^{\dot+} \longrightarrow CH_2\!=\!OH^+ + H\cdot$$
$$m/z31$$

$$CH_3\!-\!OH^{\dot+} \longrightarrow \ \begin{matrix} H \\ | \\ H\!-\!\overset{+}{C} \\ | \\ H \end{matrix} \ +\cdot OH$$
$$m/z15$$

$$CH_2\!=\!OH^+ \longrightarrow \ \overset{O}{\underset{}{\overset{\|}{^+CH}}} \ + H_2 \tag{5.7}$$
$$m/z29$$

2. 碎片离子

质谱碎片离子通过分子离子或较大碎片离子的单分子裂解反应而产生。一个特定碎片离子相对于分子离子和其他碎片离子的丰度，能够提供该碎片离子在分子中所处的结构位置及环境等宝贵信息。碎片离子既可以以奇电子离子、又可以以偶电子离子的形式存在。质谱中产生碎片离子的反应与裂解、光解、辐射分解以及其他高能反应极其相似，甚至与凝聚相（液相）有机反应也有许多大致的相似之处。碎片离子通过化学上合理的过程而形成。例如，在以下正丁醇的裂解反应中

$$CH_3CH_2CH_2CH_2OH^{\dot+} \longrightarrow CH_3CH_2CH_3CH^{\dot+} + H_2O$$
$$(A)\ m/z\ 56$$

$$C_3H_7\cdot + CH_2\!=\!\overset{+}{O}H \qquad\qquad C_3H_7^+ + \cdot CH_2\!-\!OH$$
$$(B)\ m/z\ 31 \qquad\qquad (C)$$
$$m/z\ 43 \tag{5.8}$$

$$C_3H_5^+ + H_2 \qquad\qquad C_2H_5^+ + CH_2\!:$$
$$(D)\ m/z\ 41 \qquad\qquad (E)\ m/z\ 29$$

$$CH_2\!=\!CH^+ + H_2$$
$$(F)\ m/z\ 27$$

（A）、（B）、（C）由分子离子直接裂解产生，而（D）、（E）、（F）则由较大的碎片离子进一步裂解而产生。（A）为奇电子碎片离子，（B）～（F）均为偶电子碎片离子。图 5-4 为正丁醇的质谱。

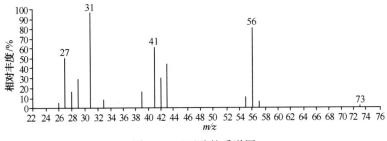

图 5-4　正丁醇的质谱图

3. 同位素离子

同位素离子由元素存在天然同位素引起。表 5-2 列出了有机化合物中常见元素的同位素及其天然丰度。由质谱图中的同位素离子峰，可以了解被测物的元素组成及有关的结构信息。

表 5-2　有机化合物常见元素同位素丰度表（低质量的同位素丰度计为 100）

元　素	同位素	天然丰度/%	同位素	天然丰度/%	同位素	天然丰度/%
氢	^1H	100	^2H	0.015	—	—
碳	^{12}C	100	^{13}C	1.11	—	—
氮	^{14}N	100	^{15}N	0.37	—	—
氧	^{16}O	100	^{17}O	0.04	^{18}O	0.20
氟	^{19}F	100	—	—	—	—
硅	^{28}Si	100	^{29}Si	5.06	^{30}Si	3.36
磷	^{31}P	100	—	—	—	—
硫	^{32}S	100	^{33}S	0.79	^{34}S	4.43
氯	^{35}Cl	100			^{37}Cl	31.99
溴	^{79}Br	100			^{81}Br	97.28
碘	^{127}I	100	—	—	—	—

氯、溴的同位素 ^{35}Cl 和 ^{37}Cl、^{79}Br 和 ^{81}Br 天然丰度较大，含这两种元素的同位素离子峰有明显的特征，较易辨认。如从氯乙烷的质谱图 5-5、溴乙烷的质谱图 5-6 中，可清楚地看到由氯、溴的同位素所产生的 $m/z64$ 和 $m/z66$、$m/z108$

和m/z110同位素分子离子峰。

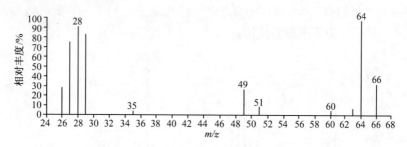

图 5-5 氯乙烷的质谱图

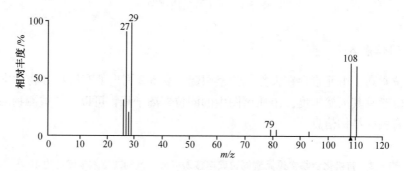

图 5-6 溴乙烷的质谱图

同位素离子峰的强度可按 $(a+b)^n$ 进行计算，其中：a 为轻同位素的相对丰度；b 为重同位素的相对丰度；n 为分子中含同位素原子的个数。例如，分子中有三个溴原子时：$n=3$，a 为 ^{79}Br 的相对丰度（50.52%），b 为 ^{81}Br 的相对丰度（49.48%）。将 $n=3$ 带入 $(a+b)^n$ 中计算得

$$(a+b)^3 = a^3 + 3a^2b + 3ab^2 + b^3 \tag{5.9}$$

由于 a、b 的相对丰度十分接近，即 $a \approx b$，根据 $a^3 + 3a^2b + 3ab^2 + b^3$ 及各项的系数可知：该含 3 个 Br 原子的化合物有 4 个质量分别为 M、$M+2$、$M+4$、$M+6$ 的同位素离子峰，强度比 $M:(M+2):(M+4):(M+6)$ 约为 $1:3:3:1$。M、$M+2$、$M+4$、$M+6$ 分别为含 3 个 ^{79}Br、含 2 个 ^{79}Br 和 1 个 ^{81}Br、含 1 个 ^{79}Br 和 2 个 ^{81}Br、含 3 个 ^{81}Br 的离子的质量。

图 5-7 示出了分子中含多个氯或溴原子化合物的质谱图。

4. 亚稳离子

在离子源中产生的离子绝大部分都能稳定地到达检测器。亚稳离子指那些不稳定、在从离子源抵达检测器途中会发生裂解的离子。由于质谱仪无法检测到这

种中途裂解的母离子，而只能检测到由这种母离子中途产生的子离子，所以又常将这种子离子称为亚稳离子。亚稳离子峰的峰形弱且宽，呈小包状，可跨越 2 至 5 个质量单位。虽然亚稳离子与其母离子在正常电子轰击下裂解产生的子离子结构相同，但其被记录在质谱图上的质荷比值却比后者小，且大多不是整数。亚稳离子峰的质荷比值称为亚稳离子的表观质量，用 m^* 表示。

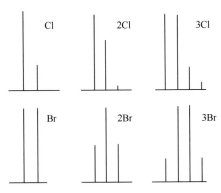

图 5-7 含多个氯、溴原子化合物的质谱图

某种母离子 m_1 与其在离子源内裂解产生的子离子 m_2 以及其按亚稳裂解方式产生的亚稳离子 m^* 之间有如下关系：

$$m^* - m_2^2/m_1 \qquad (5.10)$$

利用上述关系式，可以确定质谱图中哪两个离子成母子关系。例如，若某化合物的质谱图中存在 $m/z136$、121、93 质谱峰及 $m/z63.6$ 亚稳离子峰，根据式 (5.10) 计算，可以确定 $m/z136$ 和 $m/z93$ 为母离子和子离子的关系，即 $m/z93$ 离子由 $m/z136$ 离子裂解而产生。

亚稳离子对研究有机质谱的反应机理很有帮助。但一般化合物的质谱图中很少显示亚稳离子峰。在有些情况下，可专门采用亚稳扫描技术取得亚稳离子质谱峰来确定主要碎片离子之间的母子关系，从而进一步分析离子和分子的结构。

5. 重排离子

重排离子是由原子迁移产生重排反应而形成的离子。重排反应中，发生变化的化学键至少有两个或更多。重排反应可导致原化合物碳架的改变，并产生原化合物中并不存在的结构单元离子。

6. 多电荷离子

多电荷离子指带两个或两个以上电荷的离子。多电荷离子质谱峰的 m/z 值是相同结构单电荷离子 m/z 值的 $1/n$，n 为失去电子的数目。

5.2 离子裂解的机理

5.2.1 离子的单分子裂解

EI 离子源中样品的蒸气压相当低，离子与分子之间的碰撞或其他双分子反应几乎可以完全被忽略，因此质谱的裂解反应属于单分子反应。

具有较高内能的分子离子 $M^{+\cdot}$ 将裂解产生一个较小的离子和一个中性碎片，这个较小的离子若具备足够的能量会进一步裂解

$$\begin{aligned}
ABCD + e &\longrightarrow ABCD^{+\cdot} \\
ABCD^{+} &\longrightarrow A^{+} + BCD\cdot \\
&\longrightarrow A\cdot + BCD^{+} \\
&\qquad\qquad BCD^{+} \longrightarrow BC^{+} + D \\
&\longrightarrow D\cdot + ABC^{+} \\
&\qquad\qquad ABC^{+} \longrightarrow A + BC^{+} \\
&\xrightarrow{\text{重排}} AD^{+\cdot} + BC
\end{aligned} \tag{5.11}$$

以“ABCD”代表一个有机分子，在它的单分子裂解反应中，ABC^{+} 和 BCD^{+} 的丰度取决于它们的形成和分解的平均速率，而 BC^{+} 的丰度则同时受 ABC^{+} 和 BCD^{+} 以及其本身稳定性及分解速率的影响。

5.2.2 离子丰度的影响因素

一般地说，质谱图中较强的碎片离子峰由较稳定的离子所产生或与形成较稳定产物（离子和中性碎片）的反应相对应。影响离子丰度的因素主要包括以下几方面：

1. *产物离子的稳定性*

通常，质谱反应产生的离子稳定性越高，其丰度越大。例如，由于电荷能够分散于共轭体系，在相关化合物的质谱反应中，形成酰鎓离子 $CH_3—\overset{+}{C}=O$（$\leftrightarrow CH_3—C\equiv\overset{+}{O}$）和烯丙基正离子 $CH_2=CH—\overset{+}{C}H_2$（$\leftrightarrow H_2\overset{+}{C}—CH=CH_2$）是一个主要倾向。例如：

$$CH_3-\overset{\overset{\displaystyle +\cdot}{\parallel}}{\underset{O}{C}}\overset{\curvearrowleft}{\cap}CH_2C_5H_{11} \longrightarrow CH_3-C\equiv O^+ \longleftrightarrow CH_3-\overset{+}{C}=O \tag{5.12}$$

$$m/z\ 43(100\%)$$

2. Stevenson 规则

奇电子离子（OE^+）的单键断裂能产生两组离子和游离基产物

$$A\cdot + BCD^+$$

$$ABCD^+ \longrightarrow A^+ + BCD\cdot \tag{5.13}$$

形成 BCD^+ 或 A^+ 的概率与这两种离子对应的自由基 $BCD\cdot$ 或 $A\cdot$ 的电离能（I）有关。当电离能值 $I_{(BCD\cdot)} > I_{(A\cdot)}$ 时，形成 A^+ 的概率较高；反之，则形成 BCD^+ 的概率较高。即容易保留不成对电子而以自由基形式存在的碎片具有较高的电离能，I 值较低的自由基则容易形成碎片离子。以上规则称为 Stevenson 规则。例如：

$$\nearrow \overset{C_3H_7CH_2\overset{+}{}OCH_3}{\underset{8.0eV\quad 9.8eV}{}} \longrightarrow \overset{C_4H_9^+\ 或OCH_3^+}{\underset{25\%\quad 1\%}{}}$$

$$C_3H_7CH_2OHGH_3\overset{+}{} \tag{5.14}$$

$$\searrow \overset{C_3H_7\overset{+}{}CH_2OCH_3}{\underset{8.1eV\quad 6.9eV}{}} \longrightarrow \overset{C_3H_7^+\ 或H_2C=OCH_3^+}{\underset{4\%\quad 100\%}{}}$$

3. 质子亲和能（PA）

偶电子离子（EE^+）在裂解反应中，能量上有利于形成质子亲和能较低的中性产物。例如：

$$C_2H_5\overset{+}{O}=CH_2 \longrightarrow C_2H_5^+ + O=CH_2 \tag{5.15}$$
$$PA=7.9eV$$

$$C_2H_5\overset{+}{O}=CHCH_3 \longrightarrow C_2H_5^+ + O=CHCH_3 \tag{5.16}$$
$$PA=8.3eV$$

因为 PA 值 $O=CH_2 < O=CHCH_3$，所以式（5.15）裂解失去甲醛的倾向一定比式（5.16）裂解失去乙醛的倾向大，即式（5.15）反应的质谱图上 $C_2H_5^+$ 的离子丰度会更大一些。

4. 最大烷基丢失

值得注意的是，在反应中心首先失去最大的烷基游离基是一个普遍倾向。例如：

$$\begin{array}{c} CH_3 \\ | \\ C_2H_5-CH-C_4H_9{}^+ \end{array} \longrightarrow \begin{array}{c} CH_3 \\ | \\ C_2H_5-CH \\ | \\ + \end{array} + \begin{array}{c} CH_3 \\ | \\ C_4H_9-CH \\ | \\ + \end{array} + \begin{array}{c} C_2H_5 \\ | \\ C_4H_9-CH \\ | \\ + \end{array} +$$

$$\qquad\qquad A \qquad\qquad\qquad B \qquad\qquad\qquad C$$

$$\begin{array}{c} C_2H_5 \\ | \\ C_4H_9-C^+ \\ | \\ CH_3 \end{array} \qquad\qquad\qquad\qquad (5.17)$$

$$D$$

离子丰度：A＞B＞C＞D。这种低稳定度离子反而比高稳定度离子丰度大的情况表明，超共轭效应使得较大烷基自由基更稳定的因素可能在上述裂解反应中起主导作用。

5. 中性产物的稳定性

若裂解反应产物包括较稳定的中性游离基如烯丙基游离基或叔丁基游离基或稳定的小分子如 H_2、CH_4、H_2O、C_2H_4、CO、NO、CH_3OH、H_2S、HCl、$H_2C{=}C{=}O$ 和 CO_2 等，该反应产生的离子丰度随之增大。例如：

$$\overset{+\cdot}{CH_3(CH_2)_3CH_2OH} \longrightarrow CH_3(CH_2)_2CHCH_2{}^{\rceil+}_{\cdot} + H_2O \qquad (5.18)$$

$$m/z\,70$$

由于式（5.18）生成稳定中性 H_2O 分子的反应极易进行，1-戊醇的质谱图 5-8 中看不到 $m/z88$ 分子离子峰，而脱 H_2O 的离子峰 $m/z\,70$ 丰度较大。

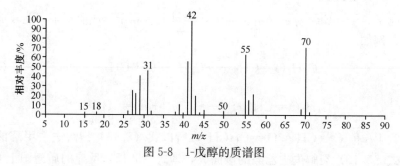

图 5-8　1-戊醇的质谱图

5.3　有机质谱中的裂解反应

在 70eV 能量的电子轰击下，有机化合物分子中所有的化学键几乎同时受到削弱，其中，较弱的键按裂解机理发生断裂，生成碎片离子、中性碎片和自由基。有些分子在化学键断裂的同时还会发生重排反应，生成重排离子。

为了表示化学键断裂时电子的转移方式，常用鱼钩"$\curvearrowright$"表示一个电子的转移，箭头"$\curvearrowright$"表示两个电子同时转移。

化学键的断裂可分为下列三种情况：

1. 均裂

$$X \longrightarrow Y \longrightarrow X\cdot \ + \ Y\cdot \tag{5.19}$$

也可用一根"鱼钩"表示均裂。例如：

$$R\text{—}\overset{|}{C}\text{—}R' \longrightarrow R\cdot \ + \ \overset{|}{C}\text{—}R' \tag{5.20}$$

2. 异裂

$$X \longrightarrow Y \longrightarrow X^+ \ + \ Y^- \tag{5.21}$$

例如：

$$RCH_2CH_2\text{—}\overset{+}{X} \longrightarrow RCH_2\overset{+}{C}H_2 \ + \ X\cdot \tag{5.22}$$

3. 半异裂

$$X\text{—}Y \xrightarrow{-e} X^+\cdot Y \longrightarrow X^+ + Y\cdot \tag{5.23}$$

例如：

$$R\text{—}R'^{\rceil\ddagger} \longrightarrow R\cdot + R' \longrightarrow R\cdot + R'^+ \tag{5.24}$$

有机质谱中的分子气相裂解反应主要包括由分子离子中的自由基中心或电荷中心引发的反应。

5.3.1　自由基中心引发的 α 断裂反应

自由基引发的 α 断裂反应，动力来自自由基强烈的电子配对倾向。该反应由自由基中心提供一个电子与邻接的原子形成一个新键，而邻接原子的另一个化学键则发生断裂。下面分述几种含 n、π 电子化合物发生 α 断裂反应的情况。

1. 饱和杂原子（Y）化合物的 α 断裂反应

反应通式

$$R\overset{\frown}{-}CR_2\overset{\curvearrowright}{-}\overset{\cdot+}{Y}R \xrightarrow{\alpha\text{断裂}} R\cdot \ + \ R_2C\overset{+}{=}YR \tag{5.25}$$

例如：

$$CH_3\overset{\frown}{-}CH_2\overset{\curvearrowright}{-}\overset{\cdot+}{O}C_2H_5 \longrightarrow CH_3\overset{\cdot}{\cdot} \ + \ H_2C\overset{+}{=}OC_2H_5 \tag{5.26}$$
$$m/z\ 59$$

$$\overset{\cdot+}{H_2N}\overset{\frown}{-}CH_2\overset{\curvearrowright}{-}CH_2\overset{}{-}OH \longrightarrow \overset{+}{H_2N}=CH_2 \ + \ \cdot CH_2OH \tag{5.27}$$
$$m/z\ 30$$

因为供电子能力 N>O，自由基电荷中心更易在 N 原子上形成，所以在 $H_2NCH_2CH_2OH$ 质谱图中，离子的丰度 $\overset{+}{H_2N}=CH_2\gg CH_2\overset{+}{=}OH$。

2. 含不饱和杂原子化合物的 α 断裂反应

反应通式

$$R\overset{\frown}{-}CH\overset{\curvearrowright}{=}Y \longrightarrow R\cdot \ + \ CH\overset{+}{\equiv}Y \tag{5.28}$$

例如：

$$\begin{array}{c}C_2H_5\\[-2pt]\diagdown\\ C=O\\[-2pt]\diagup\\ C_2H_5\end{array} \longrightarrow C_2H_5\cdot \ + \ C_2H_5C\equiv \overset{+}{O}$$

$$\qquad\qquad\qquad\qquad\text{酰镓离子(100\%)}$$
$$\qquad\qquad\qquad\qquad\text{（很稳定，常为强峰）}$$

$$\tag{5.29}$$

3. 碳不饱和键化合物的 α 断裂反应

$$R-CH_2-CH=CH_2 \longrightarrow R\overset{\frown}{-}CH_2\overset{\curvearrowright}{-}\overset{\cdot+}{CH}\overset{}{-}CH_2$$
$$\longrightarrow R\cdot + CH_2=CH\overset{+}{-}CH_2 \tag{5.30}$$
$$m/z\ 41$$
$$\text{烯丙基离子}$$

例如：

$$R-CH_2-\langle\text{苯环}\rangle \longrightarrow R\overset{\frown}{-CH_2}\overset{+}{\langle\text{苯环}\rangle} \longrightarrow R\cdot + CH_2=\overset{+}{\langle\text{苯环}\rangle} \longleftrightarrow \langle\text{七元环}\rangle^{\oplus}$$

m/z 91
草鎓离子

(5.31)

烯烃、芳烃的分子离子通过 α 断裂形成烯丙基离子、草鎓离子是质谱反应的一个重要规律，乙苯、三甲苯等质谱图上都有很强的 m/z 91 草鎓离子峰。

最大烷基自由基的丢失规则也适用于 α 断裂反应。不同类型和结构的有机物，α 键的数目各不相同。羰基　$\overset{O}{\underset{|}{-C-}}$　有 2 个 α 键；醇　$HO-\overset{|}{C}-$　和伯胺

$H_2N-\overset{|}{C}-$　各有 3 个 α 键；醚　$-\overset{|}{C}-O-\overset{|}{C}-$　有 6 个 α 键；叔胺　$\overset{|}{\underset{N}{C}}-$

有 9 个 α 键。3-甲基-3-己醇的质谱图 5-9 说明，该化合物的 α 断裂遵循最大烷基丢失规则，失去最大烷基正丙基形成的离子 $CH_3CH_2C^+(OH)CH_3$（m/z73）是丰度为 100% 的最强峰。

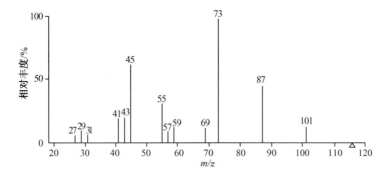

图 5-9　3-甲基-3-己醇的质谱图

5.3.2　电荷中心引发的 i 断裂反应

电荷中心引发的 i 断裂反应（诱导断裂），动力来自电荷的诱导效应，涉及正电荷对一对电子的吸引。

对于奇电子离子 OE⁺

$$R \overset{+\cdot}{-Y} - R \longrightarrow R^+ + \cdot YR \qquad (5.32)$$

例如：

$$C_2H_5 \overset{+\cdot}{-O} - C_2H_5 \longrightarrow C_2H_5^+ + \cdot OC_2H_5 \qquad (5.33)$$

对于偶电子离子 EE⁺

$$R \overset{+}{-YH} \longrightarrow R^+ + YH \qquad (5.34)$$

例如：

$$CH_2 = \overset{+}{O} - R \longrightarrow CH_2 = O + R^+ \qquad (5.35)$$

对于杂原子 Y，吸电子的能力：X（卤素）>O、S>N。

在决定一个离子形成和分解过程中的反应产物时，电荷稳定通常比游离基稳定更重要。由于 i 断裂涉及电荷转移，与自由基中心反应 α 断裂相比，这个反应较为不利。许多硝基烷烃、碘代烷烃、溴代仲烷烃、溴代叔烷烃以及氯代叔烷烃，较易产生 i 断裂反应。但 C—Y 键较强的 RH₂C—Y 化合物，如正烷醇和氯代正烷烃，则很难发生该反应。注意，杂原子为单键时，i 断裂和 α 断裂所引起的断键位置是不相同的：i 断裂（R′—CH₂ 〈 YR）中，键的断裂发生在电荷中心所在的原子和与其邻接的原子之间，而 α 断裂（R′〈 CH₂—YR）中，键的断裂则发生在自由基中心所在原子的 α 位原子与 β 位原子之间。

杂原子为重键时：i 断裂并不导致重键的断裂。例如：

$$\overset{R}{\underset{R'}{>}}C = O \quad (\longleftrightarrow \quad \overset{R}{\underset{R'}{>}}^+C - O\cdot \quad) \overset{i}{\longrightarrow} R^+ + R' - \dot{C} = O \qquad (5.36)$$

上述反应的产物恰好与由 α 断裂所形成的烷基自由基和酰锅离子互补

$$\overset{R}{\underset{R'}{>}}C = O \overset{\alpha}{\longrightarrow} R\cdot + R' - C \equiv \overset{+}{O} \qquad (5.37)$$

在涉及分子中只有一个键裂解的反应中，奇电子离子 OE⁺ 无论是发生 α 断裂，

还是发生 i 断裂，一定是产生一个偶电子离子 EE^+ 和一个中性自由基；而偶电子离子 EE^+ 发生 i 断裂时，占优势的裂解过程是产生另一个 EE^+ 和一个中性分子，EE^+ 因不带未配对电子，不发生自由基引发的 α 断裂反应。

5.3.3 环状结构的裂解反应

对于环状结构的化合物，分子中必须有两个键断裂才能产生一个碎片。因此，环的裂解产物中一定有一个奇电子离子 OE^+。例如：

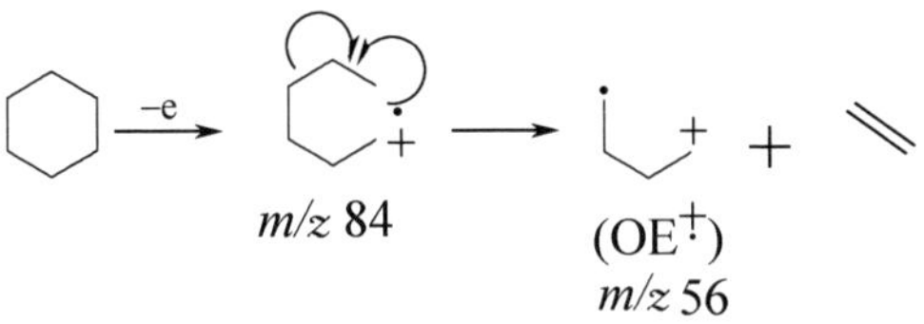

$$\text{(5.38)}$$

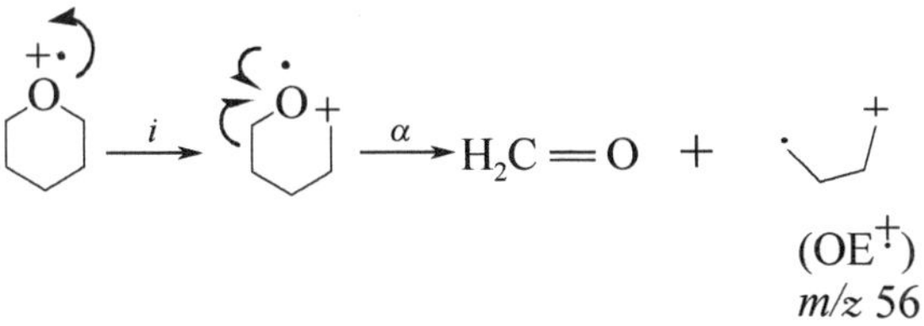

$$m/z\ 84 \qquad (OE^+) \\ m/z\ 56$$

$$\text{(5.39)}$$

$$(OE^+) \\ m/z\ 56$$

在上述环裂解反应中，带未成对电子的原子与其邻近的碳原子形成一个新键，同时邻近碳原子的另一个键断裂，有新键生成的部分成为中性碎片。

环己烯的六元环可以通过相当于逆 Diels-Alder 反应（RDA）发生裂解而形成碎片离子

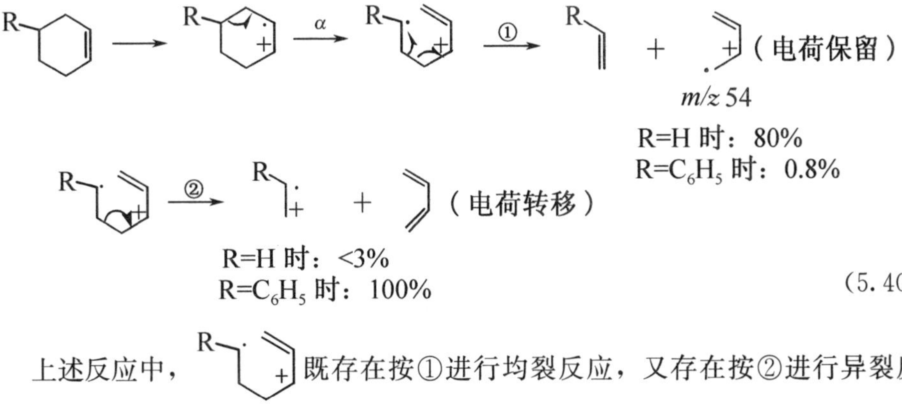

$$\text{(5.40)}$$

m/z 54

R=H 时：80%
R=C$_6$H$_5$ 时：0.8%

（电荷转移）

R=H 时：<3%
R=C$_6$H$_5$ 时：100%

上述反应中，既存在按①进行均裂反应，又存在按②进行异裂反应这两种可能。当 R 为 H 时，由于丁二烯的电离能 $I=9.1\text{eV}$，乙烯电离能 $I=10.5\text{eV}$，丁二烯离子的形成有利；而当 R 为 C_6H_5 时，苯乙烯的电离能 $I=8.4\text{eV}$，低于丁二烯的电离能，苯乙烯离子的形成更为有利。

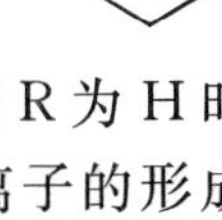

具有环内双键的多环化合物，也能进行逆 Diels-Alder 反应

$$(5.41)$$

$$(5.42)$$

当分子中存在其他较易引发质谱反应的官能团时，RDA 反应则可能不明显。环状化合物还可经历游离基引发开环、不成对电子转移、H 重排等复杂的裂解反应。

$$(5.43)$$

$$(5.44)$$

5.3.4 游离基中心引发的麦氏（McLafferty）重排反应

具有以下结构通式 A 的化合物，可进行 γ-H 重排到不饱和基团上，并伴随发生 β 键断裂的麦氏重排反应

$$(5.45)$$

式中：Q、X、Y、Z 可以是 C、N、O、S 任何一种组合。

麦氏重排是非常重要的质谱反应，结果包括 γ-H 转移至被电离的原子上并生成一个烯丙基型碎片。由于这个重排反应中 M^+ 有 2 个键断裂，同时将失去一

个烯烃或其他稳定分子，所以能形成一个奇电子离子 OE$^+$。

醛、酮、羧酸、酯都可发生麦氏重排，产生特征质谱峰。例如：

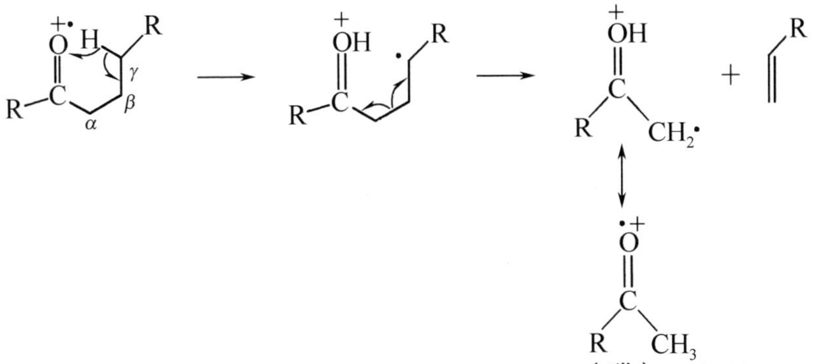

$$R=H（醛）\quad m/z\ 44$$
$$R=CH_3（酮）\quad m/z\ 58$$
$$R=OH（羧酸）\quad m/z\ 60$$

(5.46)

酯的麦氏重排可以发生在烷氧基或烷基处

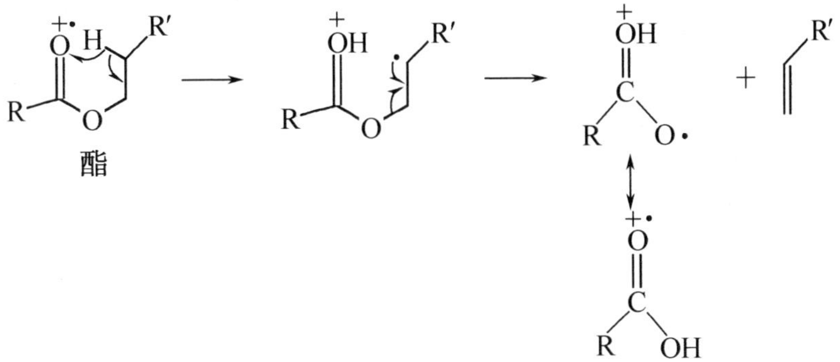

$$R=CH_3\quad m/z\ 60$$

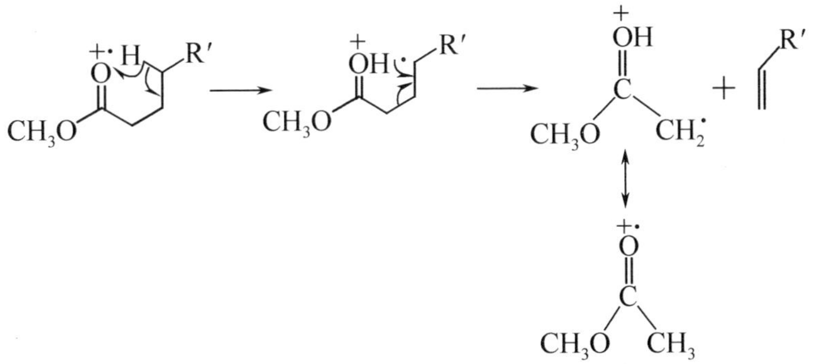

(5.47)

$$m/z\ 74$$

(5.48)

长链脂肪酸甲酯、乙酯的质谱中通常可看到类似式（5.48）反应所产生的强的 $m/z74$ 峰、$m/z88$ 峰。而乙酸的长链酯中，则可常看到由反应式（5.47）产生的 $m/z60$ 峰。

有些酯还可以进行多次麦氏重排反应。例如：

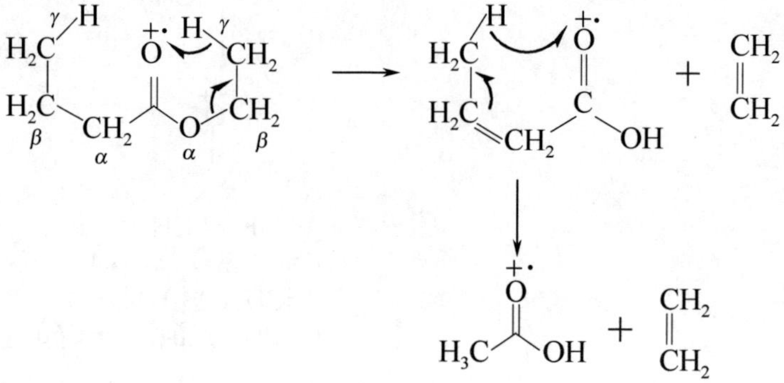

$$\text{(5.49)}$$

腙的麦氏重排

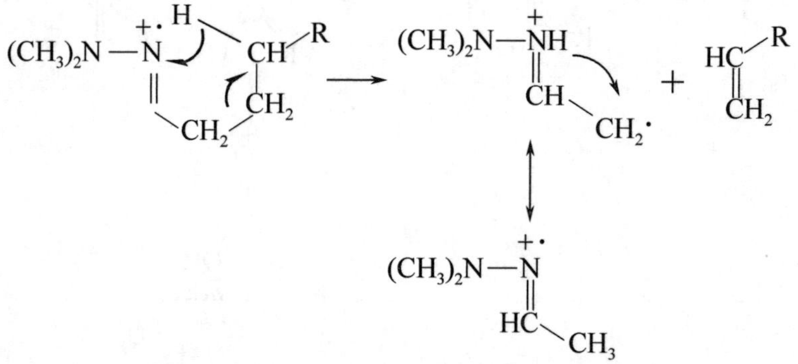

$$\text{(5.50)}$$

5.3.5 正电荷中心引发的重排反应

非环状偶电子离子可发生类似以下经四元环过渡态的重排

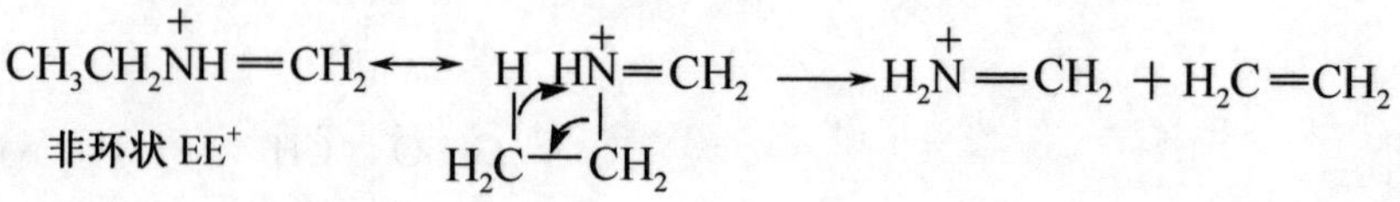

$$CH_3CH_2NH=CH_2 \longleftrightarrow H \; HN^+=CH_2 \longrightarrow H_2N^+=CH_2 + H_2C=CH_2$$

非环状 EE$^+$

$$\text{(5.51)}$$

5.3.6 氢重排到饱和杂原子上并伴随邻键断裂的反应

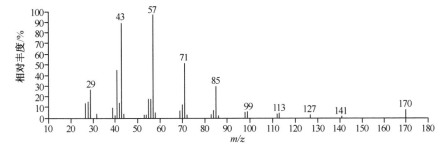

$$(5.52)$$

$$(5.53)$$

5.4 常见各类化合物的质谱

5.4.1 烃类

1. 饱和脂肪烃

1）直链烃

直链烃显示弱的分子离子峰，但具有典型的 $C_nH_{2n+1}^+$ 系列和 $C_nH_{2n-1}^+$ 系列离子峰，含 3 个或 4 个 C 的离子丰度最大。例如，正十二烷质谱（图 5-10）和正

图 5-10 正十二烷的质谱图

三十六烷质谱（图 5-11）中，m/z 29、43、57、71、85 均为（$C_nH_{2n+1}^+$）系列离子峰，m/z 27、41、55、69、83 则为（$C_nH_{2n-1}^+$）系列离子峰。两个质谱图中，m/z 43 和 m/z 57（含 3、4 个 C）的离子丰度都是最强的。

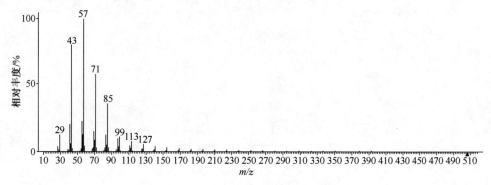

图 5-11　正三十六烷的质谱图

2）支链烃

链的支化会引起 M^+ 丰度降低。支链烷烃键的断裂往往发生在支化的碳原子处，优先丢失最大烷基而形成电荷保留的离子。支链烷烃的 $C_nH_{2n+1}^+$ 和 $C_nH_{2n}^+ \cdot$ 系列离子明显增强。

$$\underset{\underset{H}{|}}{\overset{\overset{R}{|}}{C_nH_{2n+1}-C-CH_2R'}}\ \rceil^{\dot{+}} \longrightarrow \underset{\underset{H}{|}}{\overset{\overset{R}{|}}{C_nH_{2n+1}-C^+}} + \ \cdot CH_2R' \qquad (5.54)$$

$CH_2R' > C_nH_{2n+1} > R$。

例如：

$$\qquad\qquad\qquad (5.55)$$

4-甲基十一烷 →

m/z 71
(70%)

m/z 155
(<1%)

m/z 127
(5%)

$C_3H_7^+$
m/z 43
(100%)

4-甲基十一烷的质谱图见图 5-12。

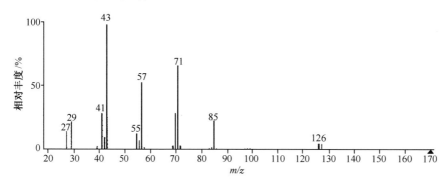

图 5-12　4-甲基十一烷的质谱图

2. 不饱和脂肪链烃

链状烯烃分子中的双键能引起 M^+、$C_nH_{2n-1}^+$ 及 $C_nH_{2n}^+$ 系列离子丰度增大。如 1-十二烯质谱图 5-13 中，$m/z41$、55、69 等均为 $C_nH_{2n-1}^+$ 系列离子。$m/z42$、56、70 等 $C_nH_{2n}^+$ 系列离子峰也很明显。

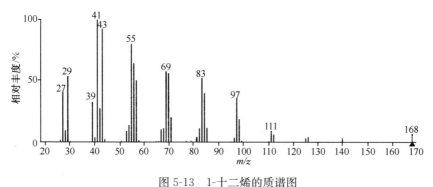

图 5-13　1-十二烯的质谱图

烯烃可以发生麦氏重排，如

$$\begin{array}{c}\left[\begin{matrix}CH_2 & \underset{HC}{\overset{H}{|}} CHR \\ HC & CH_2 \\ CH_2 \end{matrix}\right]^{+} \longrightarrow \left[\begin{matrix}CH_2 \\ \| \\ CH \\ CH_3 \end{matrix}\right]^{+} + \begin{matrix}CHR \\ \| \\ CH_2 \end{matrix}\end{array} \quad (5.56)$$

烯烃也可以发生烯丙基断裂

$$R'—CH_2—CH\overset{\cdot+}{—}CHR \xrightarrow{\alpha} R'\cdot + H_2C=CH\overset{+}{C}HR \longleftrightarrow \overset{+}{C}H_2—CH=CHR \quad (5.57)$$

例如：

$$H_2C=CH-CH_2-CH_2-CH_2R \longrightarrow CH_2^+\cdot HC-CH_2-CH_2-CH_2R$$

$$\longrightarrow H_2\overset{+}{C}-CH=CH_2 + \cdot CH_2CH_2R$$

烯丙基离子 (5.58)

3. 环烷烃

环烷烃的分子离子丰度比对应的链烷烃大，谱图较难解释。环的断开常发生在连接支链处。甲基环己烷的质谱图 5-14 中，基峰 $m/z83$ 可能为失去 CH_3 的环己烷碎片离子。丰度较大的 $m/z55$ 和 $m/z69$ 极可能是 $m/z56$ 和 $m/z70$ 丢失一个氢原子的产物

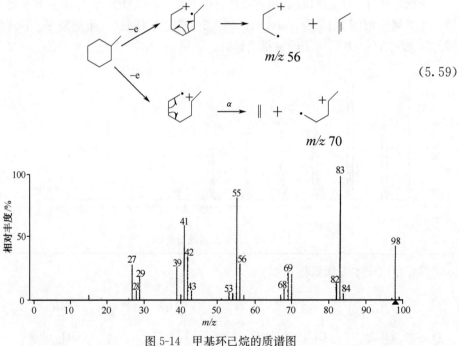

(5.59)

图 5-14 甲基环己烷的质谱图

4. 环烯烃

环己烯能进行逆 Diels-Alder 反应和 H—转移的断裂

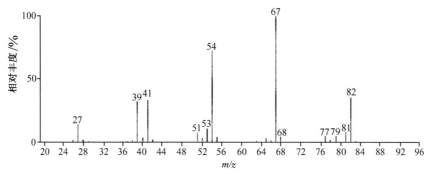

$$ \text{(5.60)} \quad m/z\ 54 $$

$$ \text{(5.61)} \quad m/z\ 67 $$

环己烯的质谱图见图 5-15。

图 5-15　环己烯的质谱图

5. 芳烃

苯的分子离子峰为基峰，烷基苯的特征离子系列为 $C_6H_5(CH_2)_n^+$，芳烃有明显的分子离子峰，且通常有 m/z 77、91、105、119、…质谱峰。

带侧链的芳烃易进行苄基裂解反应产生苄基离子与䓬鎓离子。䓬鎓离子有时可进一步裂解形成环戊二烯基离子或环丙烯基离子。

$$ m/z\ 91\ \text{䓬鎓离子} \qquad m/z\ 65 \qquad m/z\ 39 $$

$$ \text{(5.62)} $$

例如：

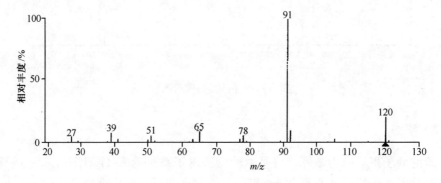

$$(5.63)$$

m/z 91(强峰)

草鎓离子通常是烃基苯的基峰。例如，正丙苯、正丁苯质谱（图 5-16、图5-17）中的基峰都是 *m/z*91 的草鎓离子峰。

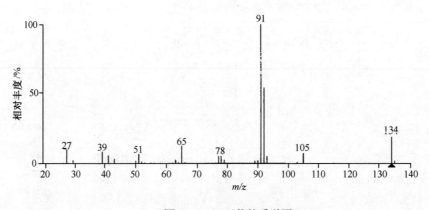

图 5-16　正丙苯的质谱图

图 5-17　正丁苯的质谱图

芳烃也可发生式（5.64）断裂反应，但 *m/z*77 峰不及 *m/z*91 峰强。

$$\text{(5.64)}$$

m/z 77

含 γ-H 的芳烃，还可发生麦氏重排反应

$$\text{(5.65)}$$

例如：

$$\text{(5.66)}$$

以下类型的芳烃还可进行逆 D-A 反应：

$$m/z\ 104 \qquad \text{(5.67)}$$

图 5-18 是 1,2,3,4-四氢萘的质谱图。

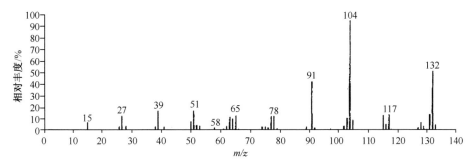

图 5-18 1,2,3,4-四氢萘的质谱图

5.4.2　醇类

1. 饱和脂肪链醇

（1）饱和脂肪醇易在电子轰击及电离加热时失水，质谱图上往往看不到醇的分子离子峰。醇脱水形成 $M-18$ 峰，1-丁醇和 1-壬醇都有较强和明显的脱水离子峰。例如：

$$RCH_2-\underset{\underset{\cdot\,OH}{\overset{\text{H}}{|}}{\overset{\text{H}}{|}}{C}-CH_2 \longrightarrow RCH_2CH-CH_2 \rceil^{\cdot+} + H_2O \tag{5.68}$$

$$M-18$$

（2）饱和醇羟基的 $C_\alpha-C_\beta$ 键易发生断裂，产生 $C_nH_{2n+1}O^+$ 特征系列离子峰。如 1-己醇、2-戊醇、叔丁醇谱图中的 $m/z\,31$（$CH_2\overset{+}{OH}$，伯醇）、45（$CH_3CH\overset{+}{OH}$，仲醇）、59 $[(CH_3)_2C\overset{+}{OH}$，叔醇] 等。

伯醇

$$R-\underset{\overset{|}{H}}{\overset{\overset{|}{H}}{C}}\overset{\cdot+}{OH} \longrightarrow H_2C=\overset{+}{OH} + R\cdot \tag{5.69}$$

$$m/z\,31$$

仲醇

$$R-\underset{\overset{|}{H}}{\overset{\overset{|}{CH_3}}{C}}\overset{\cdot+}{OH} \longrightarrow CH_3CH=\overset{+}{OH} + R\cdot \tag{5.70}$$

$$m/z\,45$$

叔醇

$$R-\underset{\overset{|}{CH_3}}{\overset{\overset{|}{CH_3}}{C}}\overset{\cdot+}{OH} \longrightarrow \underset{H_3C}{\overset{H_3C}{>}}C=\overset{+}{OH} + R\cdot \tag{5.71}$$

$$m/z\,59$$

1-己醇、2-戊醇、叔丁醇的质谱见图 5-19～图 5-21。

（3）开链伯醇还可能发生麦氏重排，同时脱水和脱烯。例如：

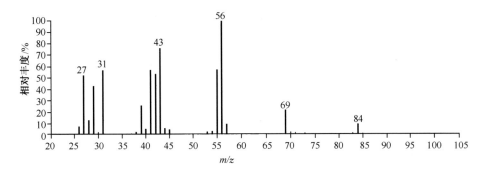

图 5-19　1-己醇的质谱图

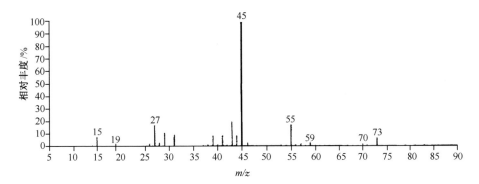

图 5-20　2-戊醇的质谱图

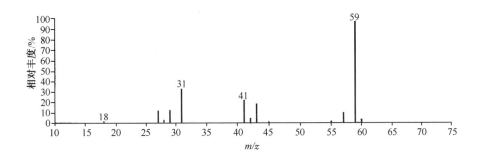

图 5-21　叔丁醇的质谱图

如果 β-C 上有甲基，则会脱去丙烯，形成 M—60 离子峰。

2. 脂环醇

环己醇的质谱图 5-22 表明，除了脱水反应之外，环己醇裂解还经历包括 H 转移的复杂过程

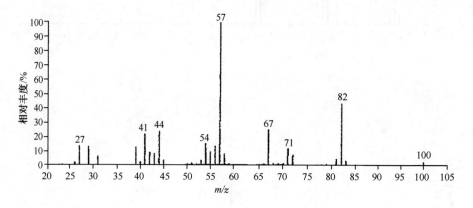

$$(5.73)$$

图 5-22 环己醇的质谱图

5.4.3 酚类

酚类的分子离子峰 M^+ 很强，往往是基峰。酚易失去 CO 和 CHO 形成 M—28和 M—29 的离子峰。例如：

$$(5.74)$$

邻甲苯酚类还可失水形成 $M-18$ 离子峰

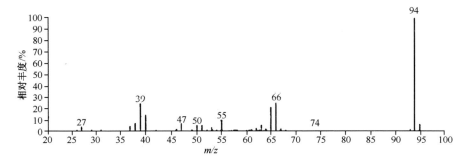

$$+ H_2O \qquad (5.75)$$

$m/z\ 90$

苯酚和邻甲苯酚的质谱见图 5-23 和图 5-24。

图 5-23　苯酚的质谱图

图 5-24　邻甲苯酚的质谱图

5.4.4　醚类

醚易发生 α 断裂形成锌离子，并进一步重排的反应。例如：

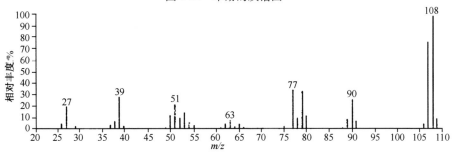

锌离子

$m/z\ 31\ (100\%)$

$$(5.76)$$

醚的上述反应产物的离子特征是 $C_nH_{2n+1}O^+$（如 $m/z31$、45、59、…）。

醚还可以进行由电荷中心引发的 i 断裂，生成 $m/z29$、43、57、71 等烷基离子的反应

$$R \overset{+\cdot}{\underset{}{O}} - R' \longrightarrow R^+ + \cdot OR \tag{5.77}$$

例如，乙醚 $CH_3CH_2OCH_2CH_3$ 的质谱图 5-25 中可看到 m/z 29（$C_2H_5^+$）离子峰

$$CH_3CH_2 \overset{+\cdot}{\underset{}{O}} - CH_2CH_3 \longrightarrow CH_3CH_2^+ + \dot{O}CH_2CH_3 \tag{5.78}$$
$$m/z\,29$$

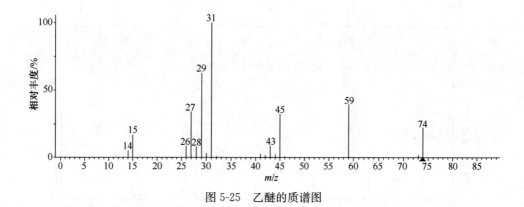

图 5-25　乙醚的质谱图

环醚可进行失去中性醛的反应

$$\tag{5.79}$$

$$\tag{5.80}$$
$$m/z\,56$$

2，5-二甲基环戊醚的质谱见图 5-26。

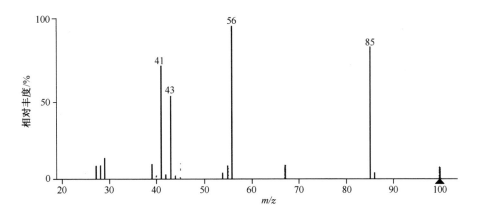

图 5-26 2，5-二甲基环戊醚的质谱图

5.4.5 醛、酮类

直链醛、酮显示有 $C_nH_{2n+1}CO$ 为通式的特征离子系列峰，如 m/z 29、43、57、…

例如：

$$H-\overset{\overset{\cdot+}{\parallel}}{\underset{}{C}}-CH_3 \longrightarrow H-\overset{+}{\underset{}{C}}\equiv O \; + \; \cdot CH_3 \qquad (5.81)$$
$$m/z \, 29$$

$$R-\overset{\overset{\cdot+}{\parallel}}{\underset{}{C}}-CH_3 \longrightarrow R\cdot \; + \; \overset{O}{\underset{}{C}}CH_3 \qquad (5.82)$$
$$m/z \, 43$$

具有 γ-H 的醛、酮可发生麦氏重排反应

$$(5.83)$$

醛 A=H
酮 A=R

环酮的质谱图中可看到明显的分子离子峰。环己酮的裂解可产生 M—CO、M—CHO 离子，并经历 H 转移等较为复杂的过程，产生乙烯酮离子

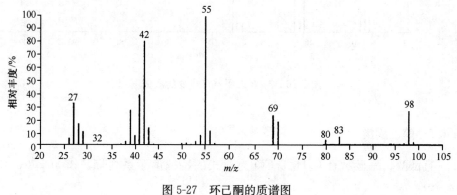

$$(5.84)$$

图 5-27 是环己酮的质谱图。

图 5-27　环己酮的质谱图

5.4.6　羧酸

（1）脂肪羧酸的分子离子峰很弱，$m/z60$ 是丁酸以上 α-碳原子上没有支链的脂肪羧酸最具特征的离子峰，由麦氏重排裂解产生

$$(5.85)$$

有些羧酸还可由 α 裂解产生 $m/z45$ 离子峰

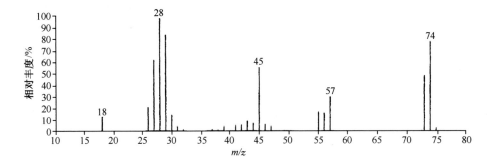

$$R \overset{\overset{\displaystyle \overset{\bullet +}{O}}{\|}}{\underset{\quad}{C}} - OH \longrightarrow R \cdot + \overset{+}{CO_2H}$$
$$m/z\ 45$$

(5.86)

低级脂肪酸还常有 $M-17$（失去 OH）、$M-18$（失去 H_2O）、$M-45$（失去 CO_2H）的离子峰。图 5-28 和图 5-29 分别是丙酸和丁酸的质谱。

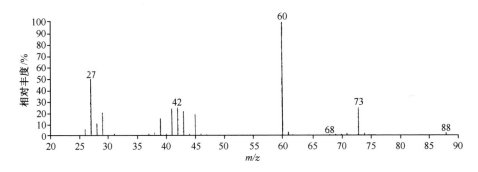

图 5-28　丙酸的质谱图

图 5-29　丁酸的质谱图

（2）芳香羧酸的 M^+ 峰相当强，显著特征是有 $M-17$、$M-45$ 离子峰。邻位取代的芳香羧酸产生占优势的 $M-18$ 失水离子峰。邻甲基苯甲酸的失水过程为

$$\text{(图示)} \qquad \xrightarrow[{-H_2O}]{\alpha\ 裂解} \qquad \text{(图示)} \qquad \longrightarrow \qquad \text{(图示)}$$

(5.87)

$M = 136$ 　　　　　　　　　　　　　　　　　　　　　　$(M\text{-}18)$

邻甲基苯甲酸、邻羟基苯甲酸（水杨酸）、邻氨基苯甲酸等邻位取代芳香羧酸的分子离子峰相当强，$M-18$ 均为基峰，这三种化合物的质谱见图 5-30～图 5-32。

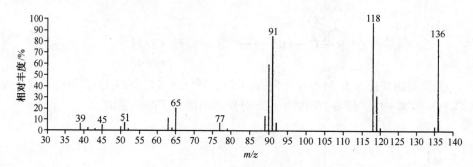

图 5-30　邻甲基苯甲酸的质谱图

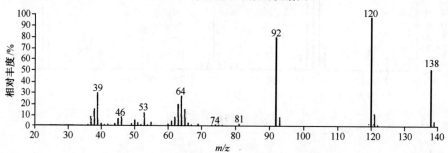

图 5-31　邻羟基苯甲酸（水杨酸）的质谱图

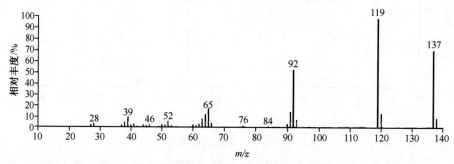

图 5-32　邻氨基苯甲酸的质谱图

5.4.7　酯

（1）芳香羧酸酯的 M^+ 比直链一元羧酸酯的 M^+ 明显。羧酸酯进行 α 裂解所产生的离子常成为质谱图中的强峰（有时为基峰）

$$R \overset{\overset{+\cdot}{\underset{\|}{O}}}{-}C-OR' \longrightarrow R^+ \begin{pmatrix} m/z\ 15、29、43、57\cdots \\ M\text{-}59、M\text{-}73\cdots \end{pmatrix} \ 或$$

$$\overset{\overset{+}{\underset{\|}{O}}}{C}-OR' \begin{pmatrix} m/z\ 59、73、87\cdots \\ M\text{-}15、M\text{-}29、M\text{-}43\cdots \end{pmatrix} \tag{5.88}$$

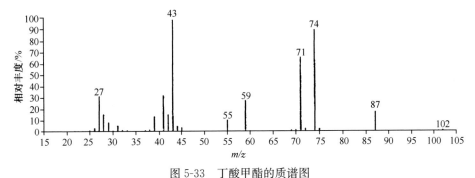

$$R-\overset{\overset{+\cdot}{O}}{\underset{}{C}}\overset{}{\underset{}{}}OR' \longrightarrow R-\overset{\overset{+}{O}}{\underset{}{C}} \quad \left(\begin{matrix} m/z\ 43、57、71 \cdots \\ M-31、M-45 \cdots \end{matrix}\right) \quad 或$$

$$^+OR' \quad \left(\begin{matrix} m/z\ 31、45、59 \cdots \\ M-43、M-47 \cdots \end{matrix}\right) \tag{5.89}$$

（2）酯也可以进行以下 γ-H 转移、β 断裂的麦氏重排

$$R' = CH_3 \quad m/z\ 74$$
$$R' = C_2H_5 \quad m/z\ 88$$
$$R' = C_3H_7 \quad m/z\ 102 \tag{5.90}$$

羧酸甲酯、乙酯的质谱（图 5-33、图 5-34）中，可以看到按以上麦氏重排产生的较强的 $m/z74$、$m/z88$ 离子峰。

图 5-33　丁酸甲酯的质谱图

有些酯也可能按另一种途径发生麦氏重排反应

$$R' = CH_3 \quad m/z\ 60$$
$$R' = C_2H_5 \quad m/z\ 74 \tag{5.91}$$

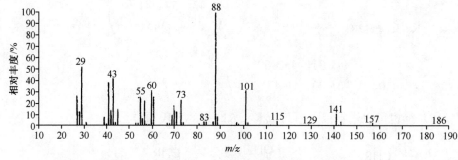

图 5-34　壬酸乙酯的质谱图

（3）某些酯可发生双氢重排产生质子化的羧酸

R = CH$_3$　m/z 61
R = C$_2$H$_5$　m/z 75

$$(5.92)$$

5.4.8　酸酐

脂肪酸酐的 M$^+$ 很弱，有些甚至在质谱图上无显示。酸酐的酰基离子峰一般都是最强峰。(M-CO$_2$)$^+$ 是二元羧酸环酐质谱图中的特征离子峰，该峰往往会进一步发生失去 CO 的裂解反应。图 5-35、图 5-36 分别是丙酸酐、丁烯二酸酐的质谱。

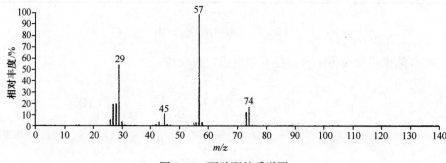

图 5-35　丙酸酐的质谱图

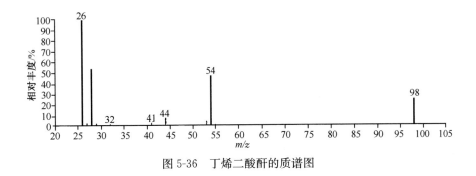

图 5-36 丁烯二酸酐的质谱图

5.4.9 酰胺

（1）含 4 个 C 以上的伯酰胺主要发生麦氏重排反应

$$
\begin{array}{cc}
& \text{A}＝\text{H} \quad m/z\ 59 \\
& \text{A}＝\text{CH}_3 \quad m/z\ 73 \\
& \text{A}＝\text{C}_2\text{H}_5 \quad m/z\ 87
\end{array}
$$

(5.93)

（2）不可能发生麦氏重排的酰胺主要发生 C＝O 或 N 的 α 键断裂，生成

$\overset{\text{NH}_2}{\underset{}{\text{C}}}\equiv\overset{+}{\text{O}}$（m/z44）的反应

(5.94)

图 5-37 是戊酰胺的质谱。

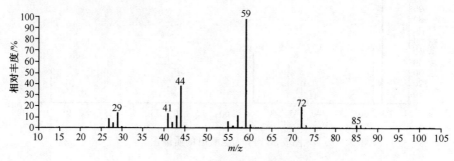

图 5-37　戊酰胺的质谱图

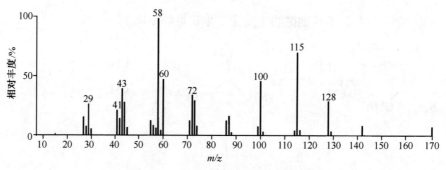

图 5-38　N,N-二乙基己酰胺的质谱图

在 N,N-二乙基己酰胺的质谱图 5-38 中，4 个较强的离子峰分别由羰基的 α 断裂（$m/z100$）、γ 断裂（$m/z128$）、麦氏重排（$m/z115$）、H 重排（$m/z58$）等裂解反应产生

$$(5.95)$$

5.4.10　胺类

（1）链状脂肪胺发生 α 断裂形成胺䥥离子，并以失去较大烷基为主要反应，直链脂肪族伯胺发生 α 断裂生成的 $m/z30$ 离子，通常成为质谱图上的基峰

$$RCH_2 \overset{\frown}{} CH_2 \overset{\frown}{} \overset{\cdot+}{NH_2} \longrightarrow RCH_2 \cdot + \underset{m/z\ 30}{H_2C = \overset{+}{NH_2}} \qquad (5.96)$$

支链脂肪伯胺类进行 α 裂解反应所产生的 $m/z44$、58 等离子，符合通式 $C_nH_{2n+2}N^+$。

$$CH_3(CH_2)_2 \overset{\overset{\overset{\cdot+}{NH_2}}{|}}{\underset{}{HC}} CH_3 \longrightarrow \underset{\substack{m/z\ 44 \\ \text{胺䥥离子}}}{H_3C - CH = \overset{+}{NH_2}} + CH_3CH_2CH_2^{\cdot} \qquad (5.97)$$

图 5-39、图 5-40 分别为庚胺、2-戊胺的质谱图。

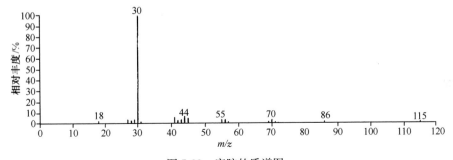

图 5-39　庚胺的质谱图

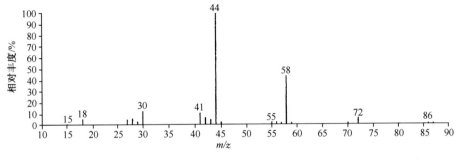

图 5-40　2-戊胺的质谱图

（2）N 原子在环上或直接与环烷相连的胺裂解比较复杂，包括游离基引发开环，电子转移及 H 重排等过程

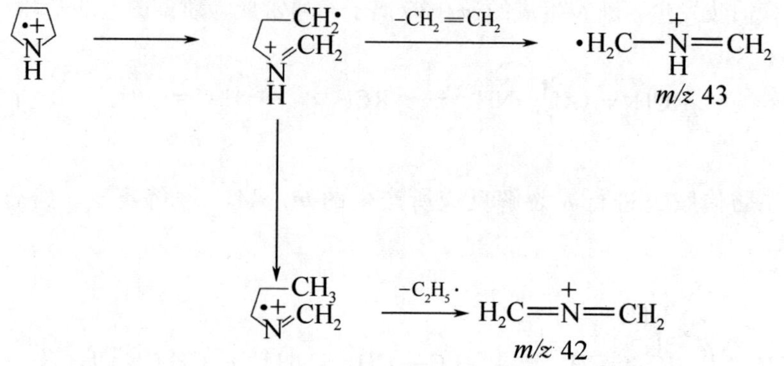

$$
(5.98)
$$

N 原子与碳环相连的胺进行裂解的例子见反应式（5.43）。

（3）芳胺的分子离子峰往往是最强峰，烷基苯胺也可发生 α 断裂反应

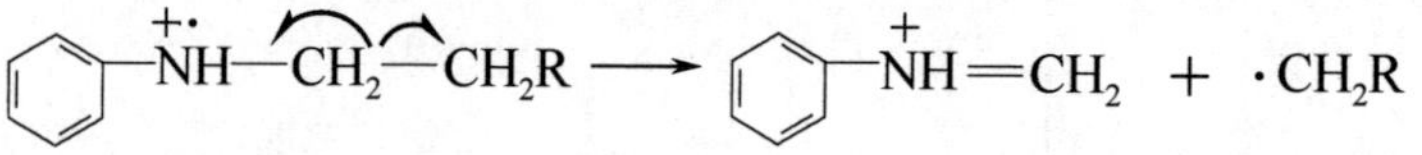

$$
(5.99)
$$

5.4.11　硝基化合物

（1）脂肪族一元硝基化合物的分子离子峰很弱或不出现，主要的特征离子峰是（M—NO$_2$）。谱图中还可看到 $m/z30$（NO$^+$）离子峰。

（2）芳香族硝基化合物的分子离子峰很强，并产生（M—NO$_2$）和（M—NO）离子峰。

例如：

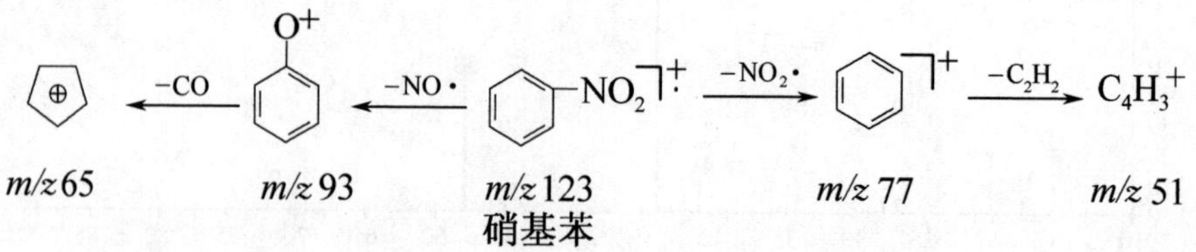

$$
(5.100)
$$

图 5-41、图 5-42 分别为硝基丁烷、硝基苯的质谱图。

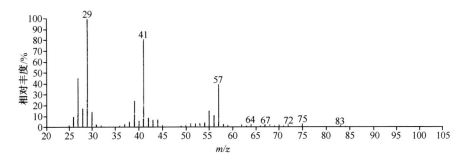

图 5-41 硝基丁烷的质谱图

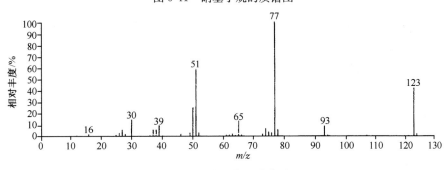

图 5-42 硝基苯的质谱图

5.4.12 腈类

（1）脂肪族腈的质谱图上通常只显示很弱的或者不显示分子离子峰。脂肪族腈发生麦氏重排产生通式为 $C_nH_{2n-1}N^+\cdot$。但由于该离子的质量与其他链烃分子可产生的 $C_nH_{2n-1}^+$ 质量相同，难以用于离子结构的分析确定。但各种脂肪腈通常具有强弱不等的 $(M-1)$ 峰，而且通过增强仪器进样口压力，可望得到 $(M+1)$ 峰，这些对判断腈类化合物有一定的作用。

（2）芳香族腈的分子离子峰很强，通常为基峰，丢失 HCN 是主要的裂解过程，$M-27$ 往往是第二强峰。图 5-43、图 5-44 分别为丙腈、间甲苯腈的质谱。

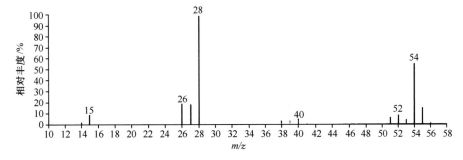

图 5-43 丙腈的质谱图

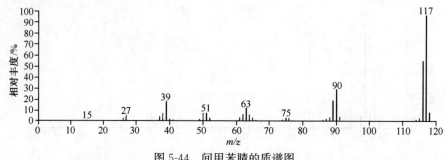

图 5-44　间甲苯腈的质谱图

5.4.13　硫醇和硫醚类

硫醇和硫醚的质谱与相应醇和醚的质谱类似，但硫醇和硫醚的分子离子峰比相应的醇和醚要强得多。

(1) 硫醇可发生 α 断裂，产生强的 $C_nH_{2n+1}S^+$ 峰（离子系列为 m/z 47、61、75、…）

$$CH_3\text{—}CH_2\text{—}\overset{+}{S}\text{—}H \longrightarrow CH_3^{\cdot} \; + \; CH_2=\overset{+}{S}H \tag{5.101}$$
$$\underset{(C_nH_{2n+1}S^+)}{\overset{m/z\,47}{}}$$

伯硫醇往往出现 $(M-SH_2)^{+\cdot}$ 和 $C_nH_{2n}^{+\cdot}$ 离子峰；仲硫醇常显示 $(M-SH)^+$ 离子峰。硫酚可产生类似于酚的裂解，同时硫酚类化合物还可特别形成 $(M-S)^+$、$(M-SH)^+$ 和 $(M-C_2H_2)^+$ 离子。

(2) 硫醚的 α 断裂可引起 $C_nH_{2n+1}S^+$ 系列离子的产生

$$CH_3\text{—}H_2C\text{—}\overset{+}{S}CH_2CH_2CH_3 \longrightarrow CH_3^{\cdot} + CH_2=\overset{+}{S}CH_2CH_2CH_3 \tag{5.102}$$
$$(C_nH_{2n+1}S^+)$$

此外，硫醚也可发生 S—C 键断裂形成 $C_nH_{2n+1}S^+$：

$$CH_3CH_2\overset{+}{S}\text{—}CH_2CH_3 \longrightarrow CH_3CH_2\overset{+}{S} + \cdot CH_2CH_3 \tag{5.103}$$
$$(C_nH_{2n+1}S^+)$$

图 5-45～图 5-47 分别为异丁硫醇、甲基正丁基硫醚、间甲基苯硫酚的质谱图。

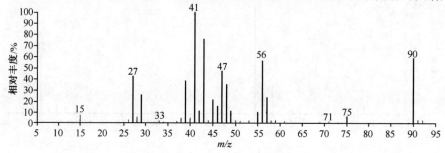

图 5-45　异丁硫醇的质谱图

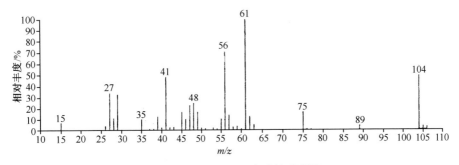

图 5-46 甲基正丁基硫醚的质谱图

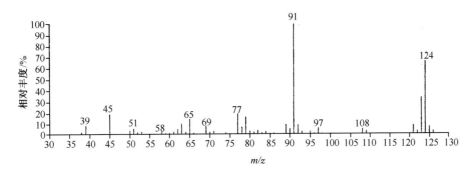

图 5-47 间甲基苯硫酚的质谱图

5.4.14 卤化物

（1）卤代烷可发生 i 断裂反应，生成（M—X）$^+$：

$$R \overset{+\cdot}{\frown} X \xrightarrow{\text{异裂}} \begin{array}{c} R^+ + X\cdot \\ (M—X)^+ \end{array} \qquad (5.104)$$

（2）发生 α 断裂产生符合 $C_nH_{2n}X^+$ 通式的离子：

$$R—CH_2 \overset{\frown}{—} CH_2 \overset{+\cdot}{—} X \xrightarrow{\alpha^-} R—CH_2\cdot + CH_2{=}\overset{+}{X} \qquad (5.105)$$

（3）含 Cl、Br 的直链卤化物易发生如下重排反应，形成符合 $C_nH_{2n}X^+$ 通式的离子

$$R \overset{\frown}{\underset{(CH_2)_n}{\frown}} \overset{\cdot+}{X} \xrightarrow{\text{重排}} R\cdot + \underset{(CH_2)_n}{\triangle}\overset{+}{X} \qquad (5.106)$$

（4）卤化物还可产生（M—HX）$^+$脱卤化氢和 $C_nH_{2n-1}^+$（$C_nH_{2n}X^+$丢失 HX）：

$$RCH\overset{H}{\underset{}{\vert}}-CH_2-\overset{+\cdot}{X} \longrightarrow R\overset{\cdot}{C}H-\overset{+}{C}H_2 + HX \qquad (5.107)$$
$$(M-HX)^{\overset{+}{\cdot}}$$

$$\overset{+\cdot}{Cl}-CHCH_2CH_2Cl \xrightarrow[i]{-Cl\cdot} CH_3\overset{+}{C}H-CH-CH_2 \longrightarrow$$
$$CH_3\overset{+}{C}HCH=CH_2+HCl \qquad (5.108)$$
$$(C_nH_{2n-1})^+$$

卤代苯大多有较强的分子离子峰，且易产生 M—X 离子峰。

图 5-48、图 5-49 分别为 1-溴丙烷、邻溴甲苯的质谱图。

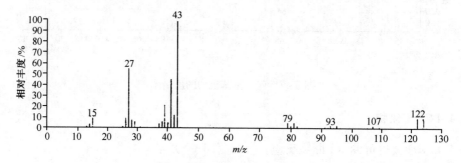

图 5-48　1-溴丙烷的质谱图

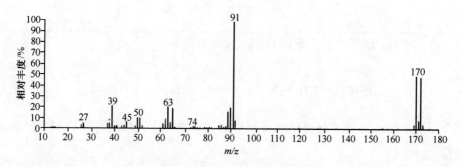

图 5-49　邻溴甲苯的质谱图

5.5 有机质谱的解析及应用

5.5.1 谱图解析步骤

（1）由分子离子峰获取相对分子质量及元素组成信息：质谱测定最主要的目的之一是取得被测物的相对分子质量信息。因此，根据分子离子峰的 m/z 值确定相对分子质量通常是谱图分析的第一步骤。分子离子必须是质谱图中质量最大的离子峰，谱图中的其他离子必须能由分子离子通过合理地丢失中性碎片而产生。特别值得注意的是：EI 质谱图中质量最大的离子有可能并不是分子离子，这是因为分子离子不稳定的样品，质谱图上往往不显示分子离子峰。另外，特殊情况下，质谱反应中有可能会生成质量比分子离子更大的离子。

如果质谱图中质量最大的离子与其附近的碎片离子之间质量差为 3、4、5～14 或 21、22～25，则可以肯定这个最大质量的离子不是分子离子。

除了相对分子质量之外，分子离子提供的信息还包括：

①是否含奇数氮原子。有机物分子中，含奇数个 N 原子的化合物相对分子质量为奇数。所以，当分子离子的质量为奇数时，则可断定分子中含有奇数个 N 原子。

②含杂原子的情况。氯、溴元素的同位素丰度较强。含氯、溴的分子离子峰有明显的特征，在质谱图上易于辨认。通过同位素峰的峰形，还可了解这两种元素在分子中的原子数目。根据谱图分子离子的同位素峰及丰度，也可以分析被测样品是否存在其他元素，如 Si 、S、P 等。

③ 对于化学结构不是很复杂的普通有机物，根据其分子离子的质量和可能的元素组成，可以计算分子的不饱和度（U）及推测分子式。

（2）根据分子离子峰和附近碎片离子峰的 m/z 差值推测被测物的类别：根据质谱图中分子离子峰与附近碎片离子峰的 m/z 差值，可推测分子离子失去的中性碎片以及被测物分子的结构类型。表 5-3 列出了一些由分子离子丢失中性碎片而产生的碎片离子、中性碎片以及可能的化合物类型之间的关系。

表 5-3 碎片离子、丢失的中性碎片以及可能的化合物类型之间的关系

碎片离子	失去的中性碎片	可能的化合物类型
$M-1$	H·	醛（某些酯、胺）
$M-2$	H_2	—
$M-14$	—	同系物
$M-15$	CH_3·	高度分支的碳链，在分支处甲基裂解，醛、酮、酯

碎片离子	失去的中性碎片	可能的化合物类型
$M-16$	$CH_3 \cdot + H$	高度分支的碳链，在分支处甲基裂解
$M-16$	O	硝基物、亚砜、吡啶 N-氧化物、环氧、醌等
$M-16$	NH_2	$ArSO_2NH_2$，$-CONH_2$
$M-17$	OH	醇 ROH、羧酸 $RCOOH$
$M-17$	NH_3	—
$M-18$	H_2O, NH_4	醇、醛、酮、胺等
$M-19$	F	氟化物
$M-20$	HF	氟化物
$M-26$	C_2H_2	芳烃
$M-26$	$C\equiv N$	腈
$M-27$	$CH_2=CH$	酯、R_2CHOH
$M-27$	HCN	氮杂环
$M-28$	CO、N_2	醌、甲酸酯等
$M-28$	C_2H_4	芳烃、乙醚、乙酯、正丙基酮 $(RC\overset{O^+}{\overset{\|}{-}}CH_2C_2H_5)^{\dagger} \longrightarrow (R-\overset{OH}{\overset{\|}{C}}-CH_2)+C_2H_4$、环烷烃、烯烃
$M-29$	C_2H_5	高度分支的碳链、在分支处乙基裂解、环烷烃
$M-29$	CHO	醛
$M-30$	C_2H_6	高度分支的碳链、在分支处裂解
$M-30$	CH_2O	芳香甲醚
$M-30$	NO	$Ar-NO_2$
$M-30$	NH_2CH_2	伯胺类
$M-31$	OCH_3	甲酯、甲醚
$M-31$	CH_2OH	醇
$M-31$	CH_3NH_2	胺
$M-32$	CH_3OH	甲酯
$M-32$	S	—
$M-33$	H_2O+CH_3	—
$M-33$	CH_2F	氟化物
$M-33$	HS	硫醇
$M-34$	H_2S	硫醇
$M-35$	Cl	氯化物（注意 ^{37}Cl 同位素峰）
$M-36$	HCl	氯化物

碎片离子	失去的中性碎片	可能的化合物类型
$M-37$	H_2Cl	氯化物
$M-39$	C_3H_3	丙烯酯
$M-40$	C_3H_4	芳香化合物
$M-41$	C_3H_5	烯烃（烯丙基裂解）、丙基酯、醇
$M-42$	C_3H_6	丁基酮、芳香醚、正丁基芳烃、烯、丁基环烷
$M-42$	CH_2CO	甲基酮、芳香乙酸酯、$ArNHCOCH_3$
$M-43$	C_3H_7	高度分支碳链分支处有丙基、丙基酮、醛、酯、正丁基芳烃
$M-43$	$NHCO$	环酰胺
$M-43$	CH_3CO	甲基酮
$M-44$	CO_2	酯（碳架重排）、酐
$M-44$	C_3H_8	高度分支的碳链
$M-44$	$CONH_2$	酰胺
$M-44$	CH_2CHOH	醛
$M-45$	$COOH$	羧酸
$M-45$	C_2H_5O	乙基醚、乙基酯
$M-46$	C_2H_5OH	乙酯
$M-46$	NO_2	$Ar-NO_2$
$M-47$	C_2H_4F	氟化物
$M-48$	SO	芳香亚砜
$M-49$	CH_2Cl	氯化物（注意^{37}Cl同位素峰）
$M-50$	CF_2	氟化物
$M-53$	C_4H_5	丁烯腈
$M-55$	C_4H_7	丁酯、烯 $Ar\text{-}n\text{-}C_5H_{11}$、$ArO\text{-}n\text{-}C_4H_9$、 $Ar\text{-}i\text{-}C_5H_{11}$、$ArO\text{-}i\text{-}C_4H_9$ 戊基
$M-56$	C_4H_8	酮、戊酯
$M-57$	C_4H_9	丁基酮、高度分支碳链
$M-57$	C_2H_5CO	乙基酮
$M-58$	C_4H_{10}	高度分支碳链
$M-59$	C_3H_7O	丙基醚、丙基酯
$M-59$	$COOCH_3$	$R-COOCH_3$
$M-60$	CH_3COOH	乙酸酯
$M-63$	C_2H_4Cl	氯化物
$M-67$	C_5H_7	戊烯酯

续表

碎片离子	失去的中性碎片	可能的化合物类型
$M-69$	C_5H_9	酯、烯
$M-71$	C_5H_{11}	高度分支碳链、醛、酮、酯
$M-72$	C_5H_{12}	高度分支碳链
$M-73$	$COOC_2H_5$	酯
$M-74$	$C_3H_6O_2$	一元羧酸甲酯
$M-77$	C_6H_5	芳香化合物
$M-79$	Br	溴化物（注意 ^{81}Br 同位素峰）
$M-127$	I	碘化物

（3）根据碎片离子的质量及所符合的化学通式，推测离子可能对应的特征结构片断或官能团。

表 5-4 列出了有机化合物质谱中的常见碎片离子。表 5-5 列出了有机化合物质谱中一些特征离子、对应的化学通式及可能的官能团。

表 5-4 有机化合物质谱中的常见碎片离子

m/z	裂片离子	m/z	裂片离子
14	CH_2	34	H_2S
15	CH_3	35	Cl
16	O	36	HCl
17	OH	39	C_3H_3
18	H_2O, NH_4	40	$CH_2C\equiv N$
19	F	41	$C_3H_5(CH_2C\equiv N+H)$
20	HF	42	C_3H_6
26	$C\equiv N$	43	$C_3H_7, CH_3C=O$
27	C_2H_3	44	$CO_2, (CH_2CHO+H), CH_2CH_2NH_2$
28	C_2H_4, CO, N_2	45	$CH_3CHOH, CH_2CH_2OH,$ $CH_2OCH_3, COOH, (CH_3CH-O+H)$
29	C_2H_5, CHO	46	NO_2
30	CH_2NH_2, NO	47	CH_2SH, CH_3S
31	CH_2OH, OCH_3	48	CH_3S+H
33	HS	50	C_4H_2

续表

m/z	裂片离子	m/z	裂片离子
51	C_4H_3	77	C_6H_5
54	$CH_2CH_2C\equiv N$	78	(C_6H_5+H)
55	C_4H_7	79	(C_6H_5+2H)、Br
56	C_4H_8	80	吡咯-2-CH_2、(CH_3SS+H),HBr
57	C_4H_9、$C_2H_5C=O$	81	呋喃-CH_2
58	(CH_3COCH_2+H)、$C_2H_5CHNH_2$、$(CH_3)_2NCH_2$、$C_2H_5CH_2NH$	82	$(CH_2)_4C\equiv N$
59	$(CH_3)_2COH$、$CH_2OC_2H_5$、$COOCH_3(NH_2COCH_2+H)$	83	C_6H_{11}
60	$(CH_2COOH+H)$、CH_2ONO	85	C_6H_{13}、$C_4H_9C=O$
61	$(COOCH_3+2H)$、CH_2CH_2SH、CH_2SCH_3	86	$(C_3H_7COCH_2+H)$、$C_4H_9CHNH_2$
68	$(CH_2)_3C\equiv N$	87	$COOC_3H_7$
69	C_5H_9、CF_3、C_3H_5CO	88	$(CH_2COOC_2H_5+H)$
70	C_5H_{10}、(C_3H_5CO+H)	89	苯基-C、$(COOC_3H_7+2H)$
71	C_5H_{11}、$C_3H_7C=O$	90	苯基-CH、CH_3CHONO_2
72	$(C_2H_5COCH_2+H)$、$C_3H_7CHNH_2$	91	(苯基-C$+2H$)、苯基-CH_2、(苯基-CH$+H$)
73	$COOC_2H_5$、$C_3H_7OCH_2$	92	(苯基-$CH_2$$+2H$)、吡啶-3-$CH_2$
74	(CH_2COOCH_3+H)	94	(苯基-O$+H$)、吡咯-2-C$=O$
75	$(COOC_2H_5+2H)$、$CH_2SC_2H_5$	95	呋喃-2-C$=O$

m/z	裂片离子	m/z	裂片离子
96	$(CH_2)_5C\equiv N$	108	(苯环-$CH_2=O$ +H)、N-甲基吡咯-$C=O$
97	噻吩-CH_2、C_7H_{13}	111	噻吩-$C=O$
98	呋喃-$CH_2=O$ +H	119	苯环-$C(CH_3)_2$ 、 CF_3CF_2 、 苯环(CHCH$_3$、CH$_3$) 、 苯环($C=O$、CH_2)
99	C_7H_{15}	121	苯环($C=O$、OH)
100	$(C_4H_9COCH_2+H)$、$C_5H_{11}CHNH_2$	123	苯环($C=O$、F)
101	$COOC_4H_9$	127	I
102	$(CH_2COOC_3H_7+H)$	128	HI
103	$(COOC_4H_9+2H)$	131	C_3F_5
104	$C_2H_5CHONO_2$	139	苯环($C=O$、Cl)
105	苯环-$C=O$ 、 苯环-CH_2CH_2 、 苯环-$CHCH_3$	149	苯环(CO-O-CO) +H
107	苯环-CH_2O		

表 5-5 有机化合物质谱中一些特征离子、对应的化学通式及可能的官能团

特征离子 m/z	化学通式	官能团
15、29、43、57	$C_nH_{2n+1}^+$	烷基 R^+
29、43、57、71	$C_nH_{2n-1}O^+$	醛、酮 HCO^+、RCO^+
30、44、58、72	$C_nH_{2n+2}N^+$	胺 $CH_2=\overset{+}{N}H_2$、$RCH=\overset{+}{N}H_2$
31、45、59、73	$C_nH_{2n+1}O^+$	醇、醚、$CH_2=\overset{+}{O}H$、$RCH=\overset{+}{O}H$、$RCH_2\overset{+}{O}=CH_2$

特征离子 m/z	化学通式	官能团
45、59、73、87	$C_nH_{2n-1}O_2^+$	酸、酯 $C\overset{+}{O}OH$、$C\overset{+}{O}OR$
47、61、75	$C_nH_{2n+1}S^+$	硫醇、硫化物 $CH_2{=}\overset{+}{S}H$、$RCH{=}\overset{+}{S}H$
49、63、77	$C_nH_{2n}Cl^+$	氯代物 $CH_2{=}\overset{+}{X}$、$RCH{=}\overset{+}{X}$
40、54、68	$C_nH_{2n-2}N^+$	腈 $CH_2{=}C\overset{+}{N}$、$RCH{=}C\overset{+}{N}$
27、41、55、69	$C_nH_{2n-1}^+$	烯基、环烷 $CH_2{=}CH^+$、$RCH{=}CH^+$
77、91、105、119	$C_nH_m(m\geqslant n)$ C_nH_{n-1}	芳基 

（4）结合相对分子质量、不饱和度、碎片离子结构及官能团等信息，合并可能的结构单元，搭建完整的分子结构。

在前几步对谱图分析的基础上，将可能的结构单元全部列出，再根据不饱和度、元素分析并结合其他波谱分析等方法，肯定合理或排除不合理的结构。例如，$m/z29$ 的离子峰可能对应 CHO^+ 或 $C_2H_5^+$，若样品的 IR 谱不显示 $C{=}O$ 特征吸收峰，则可肯定 $m/z29$ 为 $C_2H_5^+$。又如，$m/z45$ 的离子峰可能对应 $C\overset{+}{O}OH$ 或 $C_2H_5O^+$。若样品的 ^1H NMR 谱无羧酸质子峰，IR 谱也无羧酸特征吸收峰，则可肯定 $m/z45$ 为 $C_2H_5O^+$。此外，由计算不饱和度，也可帮助做出正确的判断。

（5）核对主要碎片离子。检查推测得到的分子是否能按质谱裂解规律产生主要的碎片离子。如果谱图中重要的碎片离子不能由所推测的分子按合理的裂解反应过程产生，则需要重新考虑所推测的化合物的分子结构。

（6）结合其他分析方法最终确定化合物的结构。如有必要可结合 NMR、IR、UV 谱图和元素分析结果对被测物的结构做出确定。

（7）质谱图的计算机数据库检索。

配备了质谱数据库的质谱仪，能对谱图进行自动检索，并给出被测物可能的相对分子质量、结构等信息。目前较普遍使用的谱库有：美国国家标准及技术研究院（national institute of standards and technology）的 NIST'98 质谱数据库，WILEY 质谱数据库，DRUG 质谱数据库等。NIST'98、WILEY 谱库已收集了 20 多万个化合物的质谱图。当质谱测定条件较好，谱库中又具有相应化合物的谱图时，检索结果的可信度较高，当检索结果并不十分理想时，所给出的未知物结构对推测正确的分子结构也会有启发和帮助。

5.5.2 质谱应用示例

【例 5.1】 请写出下列化合物质谱中基峰离子的形成过程。

（1）1,4-二氧环己烷（图 5-50）；

（2）2-巯基丙酸甲酯（图 5-51）；

（3）E-1-氯-1-己烯（图 5-52）。

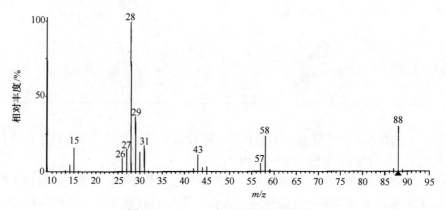

图 5-50　1，4-二氧环己烷的质谱图

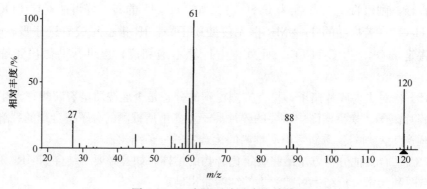

图 5-51　2-巯基丙酸甲酯的质谱图

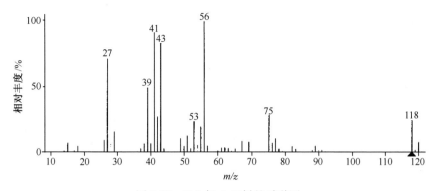

图 5-52　*E*-1-氯-1-己烯的质谱图

解　（1）1,4-二氧环己烷质谱图中基峰离子 $m/z28$ 可能的形成过程为

$$\text{（结构式）} \longrightarrow \text{（结构式）} \longrightarrow 2H_2C{=}O \ + \ C_2H_4^{+\cdot}$$
$$\hspace{9.5cm} m/z28$$

（2）2-巯基丙酸甲酯质谱图中基峰离子 $m/z61$ 可能的形成过程为

$$\text{（结构式）} \xrightarrow{\alpha} \text{（结构式）}$$
$$\hspace{8.3cm} m/z61$$

（3）*E*-1-氯-1-己烯质谱图中基峰离子 $m/z56$ 可能的形成过程为

$$\text{（结构式）} \xrightarrow{\text{H-氢转移}} \text{（结构式）} \xrightarrow{i} \text{（结构式）}$$
$$\hspace{9.5cm} m/z\ 56$$

【例 5.2】　试判断质谱图 5-53、图 5-54 分别是 2-戊酮还是 3-戊酮的质谱图。写出谱图中主要离子的形成过程。

解　由图 5-53 可知，$m/z57$ 和 $m/z29$ 很强，且丰度相当。$m/z86$ 分子离子峰的质量比附近最大的碎片离子 $m/z57$ 大 29u，该质量差属合理丢失，且与碎片结构 C_2H_5 相符合。据此可判断图 5-53 是 3-戊酮的质谱，$m/z57$ 由 α 裂解产生，$m/z29$ 由 i 裂解产生。图 5-54 是 2-戊酮的质谱，图中的基峰为 $m/z43$，其他离子的丰度都很低，这是 2-戊酮进行 α 裂解和 i 裂解所产生的两种离子质量相同的结果。

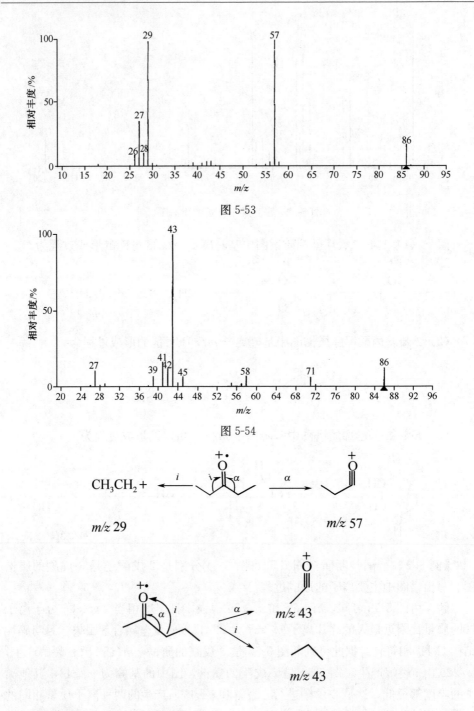

图 5-53

图 5-54

m/z 29

m/z 57

m/z 43

m/z 43

【例 5.3】 未知物质谱图如图 5-55 所示。红外光谱显示该未知物在 1150~1070cm^{-1}有强吸收，试确定其结构。

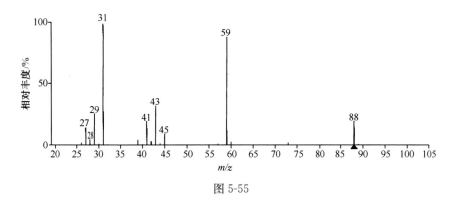

图 5-55

解 从质谱图可得知以下结构信息:

① $m/z88$ 为分子离子峰;

② $m/z88$ 与 $m/z59$ 质量差为 29u,为合理丢失。且丢失的片断可能为 C_2H_5 或 CHO;

③ 谱图中有 $m/z29$、$m/z43$ 离子峰,说明可能存在乙基、正丙基或异丙基;

④ 基峰 $m/z31$ 为醇或醚的特征离子峰,表明化合物可能是醇或醚。

由于 IR 谱在 $1740\sim1720\text{cm}^{-1}$ 和 $3640\sim3620\text{cm}^{-1}$ 无吸收,可否定化合物为醛和醇。因为醚的 $m/z31$ 峰可通过以下重排反应产生

$$\begin{array}{ccc} \overset{H}{\underset{CH_2CH_2}{|}} & & \\ CH_2CH_2 & \overset{+}{O}=CH_2 & \longrightarrow HO\overset{+}{=}CH_2 \; + \; CH_2=CH_2 \\ & m/z\,31 & \end{array}$$

据此反应及其他质谱信息,推测未知物可能的结构为

$$\diagdown\diagup O\diagdown\diagup$$

质谱中主要离子的产生过程

$$CH_3-CH_2-CH_2\overset{+\cdot}{-}O-CH_2CH_3 \xrightarrow{\alpha\text{ 断裂}} CH_2=\overset{+}{O}-CH_2-CH_2^{H} \longrightarrow$$

$$\quad m/z\,88 \qquad\qquad\qquad\qquad\qquad\qquad m/z\,59$$

$$CH_2=\overset{+}{O}H + CH_2=CH_2$$

$$m/z\,31$$

【例 5.4】 某化合物的质谱如图 5-56 所示。该化合物的 ^{1}H NMR 谱图中有 4 组峰,其中 $\delta\,2.3\text{ppm}$ 处的峰为单峰,试推测其结构。

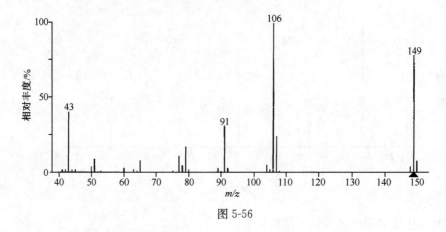

图 5-56

解 由该化合物质谱图可知：

① 分子离子峰 $m/z149$ 是奇数，说明分子中含奇数个 N 原子；

② $m/z149$ 与相邻峰 $m/z106$ 质量相差 43u，为合理丢失，丢失的碎片可能是 CH_3CO 或 C_3H_7；

③碎片离子 $m/z91$ 表明，分子中可能存在 ⬡—CH₂ 结构单元。

综合以上几点以及题目所给的 ^1H NMR 谱图数据得出该化合物可能的结构为

$$CH_2NHCCH_3 \quad (O)$$

图 5-56 质谱图中离子峰的归属为

$$H_2C—NH—C—CH_3 \longrightarrow H_2C—NH—C—CH_3 \longrightarrow H_2C=NH + \cdot CCH_3$$

$$m/z\ 106 \qquad m/z\ 91 \quad m/z\ 43$$

(a) $m/z\ 106$

【例 5.5】 由高分辨质谱测定得到某化合物的分子式为 $C_9H_8O_2$。该化合物的 ^1H NMR谱中有 3 组峰，其中 2 组三重峰的氢原子数目之比为 1∶1。试根据该化合物的质谱图 5-57 确定其结构。

解 该化合物的不饱和度较大（$[(2×9+2)-8]/2=6$），质谱图中又存在

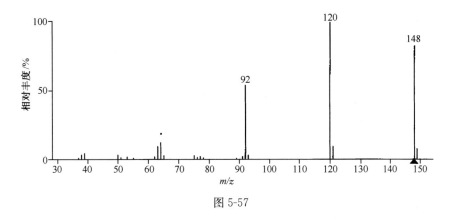

图 5-57

$m/z\,92$ 离子峰，因此分子中极有可能存在苯环。该化合物的分子离子峰 $m/z\,148$ 与邻近碎片离子峰 $m/z\,120$ 的质量差和 $m/z\,120$ 与 $m/z\,92$ 质谱峰的质量差相同，均为 28u，可估计分子中存在与此质量相符的 CO 或 C_2H_4 结构单元。因苯环的不饱和度为 4，除苯环外，分子结构的其他部分从不饱和度推测应该有以下几种可能的情况：存在两个双键或两个环或一个叁键或一个双键加一个环。若根据分子中各原子的数目推测分子中存在一个 ⬡ 、一个 C≡O、一个 CH_2CH_2，则 C 原子数目刚好与分子式相符，氢原子的部分结构信息也与 ^1H NMR 谱反映的情况一致。再结合考虑分子中氧原子的数目为 2，可得出该化合物可能的结构为

(a)　或　(b)　或　(c)

以上 3 种结构均可发生 RDA（逆 Diels-Alder）反应，其中只有（b）能够通过此反应脱去 C_2H_4、产生与谱图相一致的离子峰 $m/z\,120$；此外，（b）具有环酮结构，也可以进行脱去 CO 的反应，因此，可以确定该化合物的结构为（b）。

（b）可能经历的质谱裂解过程如下。

$m/z\,148$ 　$-CH_2{=}CH_2$　 $m/z\,120$ 　$-CO$　 $m/z\,92$

【例 5.6】 请写出所给质谱图中较强碎片离子的形成过程。

① 十氢萘质谱图 5-58 中的 $m/z\,81$、$m/z\,67$、$m/z\,41$ 离子。

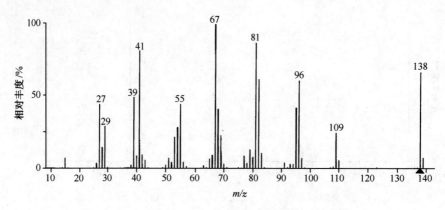

图 5-58 十氢萘的质谱图

解

图 5-59 环亚己基丙酮的质谱图

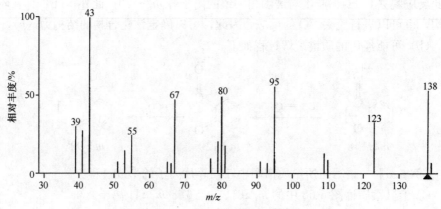

② 环亚己基丙酮质谱图 5-59 中的 $m/z123$、$m/z95$、$m/z80$、$m/z67$、$m/z43$ 离子。

解

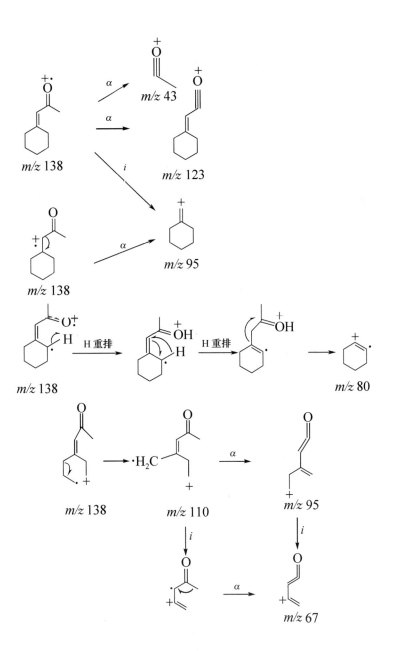

5.6 最新质谱技术及应用简介

5.6.1 基质辅助激光解吸电离飞行时间质谱和电喷雾电离质谱

1988 年以来，用于研究测定多肽、蛋白质、核酸和多糖等生物大分子的基质辅助激光解吸电离飞行时间质谱（matrix assisted laser desorption/ionization time-of-flight mass spectrometry，MALDI-TOF MS）和电喷雾电离质谱（electrospray ionization mass spectrometry，ESI MS）迅速发展，质谱分析进入了生命科学研究的崭新领域。MALDI-TOF MS 和 ESI MS 对生物大分子分析的灵敏度极高，检测限可达飞摩（10^{-15} mol）、甚至阿摩（10^{-18} mol）级。MALDI-TOF MS 检测的质量范围理论上无上限，可测得相对分子质量达百万以上的完整的单电荷分子离子。ESI/FT-ICR MS（电喷雾电离/傅里叶变换离子回旋共振质谱）也能够检测到分子质量达 1.1×10^8 u 的 DNA 片段的多电荷分子离子。使用 MALDI-TOF/TOF MS 串联质谱和 ESI 多级串联质谱（MS^n）技术并结合蛋白质质谱数据库检索，可以快速准确地分析多肽和蛋白质的一级结构。在人类基因组测序工作完成后随之开展的蛋白质组研究中，MALDI-TOF MS 和 ESI MS 已成为必不可缺的重要工具。MALDI-TOF MS 已开展的研究内容还包括：直接对细胞和组织进行测定以监测蛋白质的表达和表征蛋白质的后翻译修饰、分析蛋白质的空间分布、对细菌进行分类、分析单核苷酸多态性等。ESI MS 的研究内容则包括：蛋白质的构象分析、酶反应中间体分析、酶抑制剂机理分析等。MALDI-TOF MS 和 ESI MS 还可应用于磷酸化或糖基化蛋白质的鉴定、蛋白质分子中二硫键位置和数目的测定。由于都属于软电离方法，这两种质谱电离技术还可以直接用于多组分混合物的分析、非共价复合体分析、生物活性小分子与生物大分子的相互作用与识别分析等。目前，生物质谱已成为分析科学中最为活跃、最具发展潜力和应用前景的研究领域。

1. 基质辅助激光解吸电离飞行时间质谱应用实例

1）测定蛋白质的相对分子质量

图 5-60 是基质辅助激光解吸电离飞行时间质谱测定牛血清白蛋白的质谱图。图 5-60 中的最强峰 M^+ 是牛血清白蛋白的分子离子峰，由该峰的 m/z 值可知，牛血清白蛋白的分子质量约为 m/z 66 000u。谱图中的 $2M^+$、$3M^+$ 和 $4M^+$ 分别为牛血清白蛋白的二、三、四聚体的单电荷分子离子峰；M^{2+} 为牛血清白蛋白的双电荷分子离子峰。

2）测定混合多肽样品的分子质量

基质辅助激光解吸软电离技术可使被测化合物分子在几乎不发生碎裂的情况

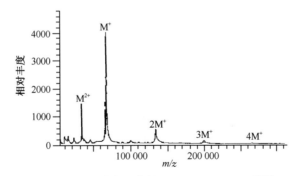

图 5-60　牛血清白蛋白的 MALDI-TOF MS 谱图

下完整地电离，因此，具有对多组分混合样品直接进行测定的优越性。图 5-61
是基质辅助激光解吸电离飞行时间质谱测定含血管紧张肽Ⅲ（Angiotensin Ⅲ）、
血管紧张肽Ⅱ（Angiotensin Ⅱ）、P 物质（Substence P）、铃蟾肽（Bombesin）4
种多肽混合物样品的 MALDI-TOF MS 谱图。由图中 4 种多肽的分子离子峰对应
的 m/z 值可知，它们的分子质量分别为 931u、1046u、1347u、1619u。

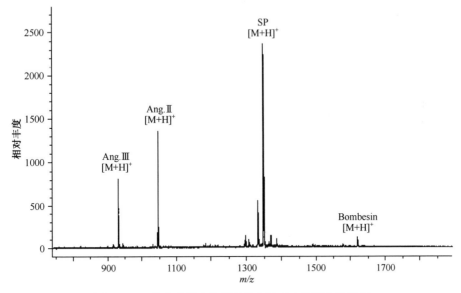

图 5-61　4 种多肽混合物样品的 MALDI-TOF MS 谱图

3）分析混合 DNA 样品

图 5-62 是基质辅助激光解吸电离飞行时间质谱测定混合 DNA 样品的质谱
图。图 5-62 中的 23-mer-1、23-mer-2 和 23-mer-3 代表 3 个序列分别为 5′TCC
ACC ATT TGC ACC CAA AGC TA 3′（6921.6u）、5′TCC ACC ATT AGC

ACC CAA AGC TA 3′(6912.6u)、5′TCC ACC ATT AAC ACC CAA AGC
TA 3′(6905.6u) 的 DNA 片段。23-mer-1 和 23-mer-2 的碱基组成和排列仅在第
10 位存在 T 和 A 的差别。图 5-62(a)、(c) 清晰地显示了这两种质量仅相差 9u
的 DNA 分子各自的分子离子同位素质谱峰。此结果表明，基质辅助激光解吸电
离飞行时间质谱可应用于鉴别 DNA 分子的单碱基变异、进行单核苷酸多态性基
因分型的分析。图 5-62(b)、(c) 显示，MALDI-TOF MS 已经具备了分析分子
质量接近 7000、质量差仅为 7u 的 DNA 混合物的能力。

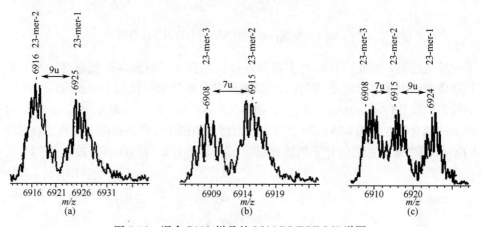

图 5-62 混合 DNA 样品的 MALDI-TOF MS 谱图

4) 多肽测序

利用基质辅助激光解吸电离飞行时间质谱的串联质谱功能，可获得样品分子
的碎片离子信息，从而进行样品结构分析。图 5-63 是序列为 DRVYIHPF 的多
肽样品 Angiotensin Ⅱ 的基质辅助激光解吸电离飞行时间质谱源后裂解（post

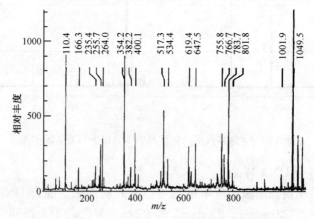

图 5-63 Angiotensin Ⅱ 的 MALDI-PSD-TOF MS 谱图

source decay，PSD）质谱图，图中有多个 Ang. Ⅱ 的碎片离子峰。表 5-6 列出了将 Ang. Ⅱ 碎片离子质谱图数据输送到国际互联网蛋白质质谱数据库（http://prospector. ucsf. edu）进行检索的结果，由表 5-6 可知，检索得到的多肽名称及序列与实际样品完全相符。

表 5-6　Angiotensin Ⅱ 串联质谱数据检索结果

Sequence	MH＋(Da)Calculated	NCBInr. 06. 03. 99 accession number	Fragment-ion (m/z)	Protein name
（一）DRVYIHPF（一）	1046. 5423	1 703 308	y1 166. 30	Angiotensin Ⅱ
			y3 400. 10	
			b5 647. 50	
			b6 783. 70	

5）测定蛋白质的肽质量指纹图谱，进行蛋白质测序分析

基质辅助激光解吸电离飞行时间质谱应用于大分子量蛋白质测序时，通常是先采用对作用位点具有选择性的酶将蛋白质酶解，然后用 MALDI-TOF MS 测定得到的混合多肽酶解液，获得蛋白质的肽质量指纹图谱（peptide mass finger-printing，PMF），再对 PMF 谱图数据进行检索，从而获得蛋白质的序列、即一级结构信息。图 5-64 是牛血清白蛋白（BSA）经胰蛋白酶酶解得到的 PMF 谱图，质谱数据库搜索的结果与所得 PMF 谱图吻合。

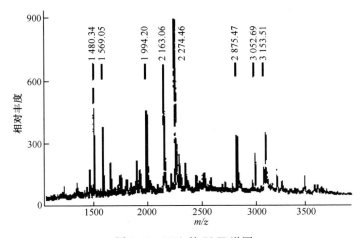

图 5-64　BSA 的 PMF 谱图

6）鉴定糖基化蛋白质

图 5-65 是 MALDI-TOF MS 测定人血清蛋白（66 477u）半乳糖苷化产物的

质谱图。由图 5-65 可知，人血清蛋白半乳糖苷化后，分子质量增加到 78 430u。根据人血清蛋白半乳糖苷化前后的质量差和半乳糖偶联剂的分子质量（236u），计算得出每个人血清蛋白分子偶合的半乳糖残基数为 50。能够从图 5-65 中得到的信息还包括：糖苷化人血清蛋白产物经纯化后已基本不含人血清蛋白原料，具有很高的纯度。

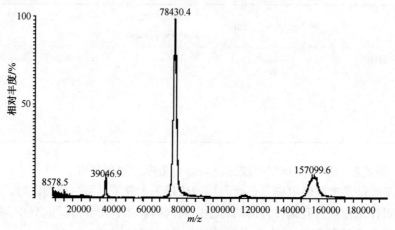

图 5-65　半乳糖苷化人血清蛋白的 MALDI-TOF MS 谱图

7）测定糖类物质的分子质量

基质辅助激光解吸电离飞行时间质谱可以直接测定未经衍生化的糖类化合物。图 5-66 是 β-环糊精的 MALDI-TOF MS 质谱图。图中的 m/z 1157 和 m/z 1173，分别为 β-环糊精与钠、钾的加成离子（$[M+Na]^+$、$[M+K]^+$）质谱峰。图 5-67 是葡聚糖的 MALDI-TOF MS 质谱图。图中等间距的质谱组峰由聚合度不同的葡聚糖分子离子所产生，相邻峰之间的质荷比之差为 162，为 1 个葡萄糖残基的质量。均聚物的 MALDI-TOF MS 谱图与葡聚糖的相似，都会呈现出等间

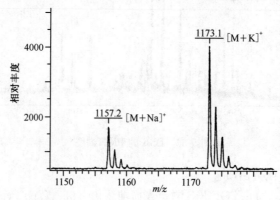

图 5-66　β-环糊精的 MALDI-TOF MS 谱图

距的质谱组峰。由均聚物 MALDI-TOF MS 谱图中相邻峰之间的质荷比差值，可得知聚合物中重复单元结构的质量。

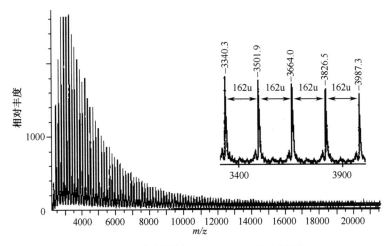

图 5-67 葡聚糖的 MALDI-TOF MS 谱图

8）测定其他类型化合物的分子质量

图 5-68 是聚(5-桃金娘烷基-1,3-苯乙烯撑) 的 MALDI-TOF MS 谱图。由图可知，聚(5-桃金娘烷基-1,3-苯乙烯撑) 的重复单元结构的质量是 254u；最大聚合度为 11。

图 5-69 是 C_{60} 并吡咯烷衍生物的 MALDI-TOF MS 谱图。由图可知，该 C_{60} 衍生物以自由基离子的形式电离，且样品纯度相当高。

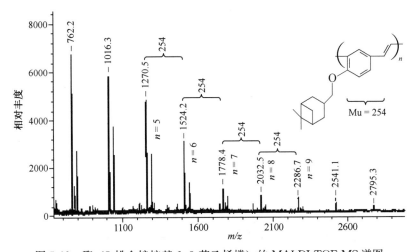

图 5-68 聚（5-桃金娘烷基-1,3-苯乙烯撑）的 MALDI-TOF MS 谱图

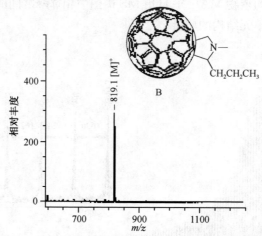

图 5-69 C_{60} 并吡咯烷衍生物的 MALDI-TOF MS 谱图

除以上类型的化合物之外，MALDI-TOF MS 还可应用于其他一些具有杂原子或双键的大分子化合物、寡聚物和高分子聚合物的分子质量测定和结构分析。

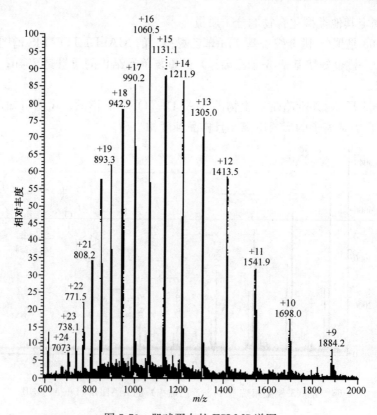

图 5-70 肌球蛋白的 ESI MS 谱图

2. 电喷雾电离质谱应用实例

1）测定蛋白质的分子质量

蛋白质大分子在采用 ESI 方法电离时，会产生一系列带不同电荷数的多电荷分子离子峰 $[M+nH]^{n+}$。通常，蛋白质分子越大，分子中的质子化位点越多，越容易电离形成带高电荷数的离子（ESI 方法电离质量为 66 431u 的蛋白质时，可产生带高达 40 多个电荷的分子离子）。图 5-70 是肌球蛋白的 ESI MS 质谱图。图 5-70 中的一系列质谱峰是带不同电荷数的肌球蛋白的分子离子峰，由这些多电荷质谱峰的 m/z 值，可计算得到肌球蛋白的分子质量为 16 951u。质谱图中有一系列带不同电荷数的多电荷分子离子峰是蛋白质 ESI MS 质谱图的一个显著特征。

2）测定小分子化合物的分子质量

除了能够测定大分子蛋白质的质量之外，ESI 还广泛地应用于各种极性小分子化合物的分析，其应用包括：监测化学反应过程、检测反应中间体、鉴定目标化合物及副产物、鉴定药物中的杂质和降解产物、确定药物代谢产物、进行药代动力学研究等。与蛋白质 ESI 电离产生大量多电荷离子的情况不同，小分子化

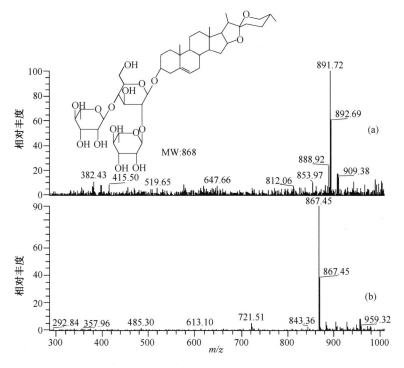

图 5-71　薯蓣皂苷的 ESI MS 谱图

（a）正离子谱图；（b）负离子谱图

合物的 ESI 电离，大多是生成带一个电荷的分子离子。图 5-71 是薯蓣皂苷的 ESI MS 正、负离子质谱图。薯蓣皂苷的分子质量为 868u，其 ESI MS 正离子质谱图 [图 5-71(a)] 中的 m/z 891.72 质谱峰是薯蓣皂苷加钠的分子离子峰（有些样品在采用 ESI 或 MALDI 方法电离时，易产生加纳或加钾的分子离子峰）；负离子谱图 [图 5-71(b)] 中的 m/z 867.45 质谱峰是薯蓣皂苷失去一个质子的分子离子峰。

3）分析分子间的相互作用

图 5-72 和图 5-73 是反映 β-环糊精（1134u）分别与 2,5-二羟基苯甲酸（154u）和 α-腈基-4-羟基肉桂酸（189u）相互作用情况的 ESI 质谱图。图 5-72（a）是 β-环糊精和 2,5-二羟基苯甲酸混合物的一级负离子质谱图，图中可见 β-环糊精和 2,5-二羟基苯甲酸非共价结合物的分子离子峰 m/z 1287；图 5-72(b) 是 β-环糊精和 2,5-二羟基苯甲酸非共价结合物的二级质谱图，由图可知，在遭受惰性气体碰撞的情况下，β-环糊精和 2,5-二羟基苯甲酸之间的作用力受到削弱，非

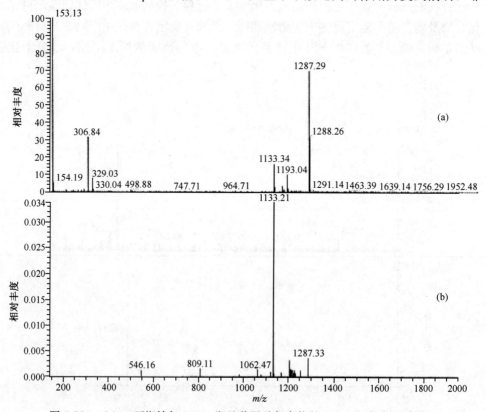

图 5-72 （a）β-环糊精与 2,5-二羟基苯甲酸复合物的 ESI 一级负离子质谱图

（b）β-环糊精与 2,5-二羟基苯甲酸复合物的 ESI 二级负离子质谱图

（母离子：m/z 1287.33）

共价结合物的质谱峰强度降低，游离 β-环糊精的分子离子峰 m/z 1133 明显增强。图 5-73 中，β-环糊精与 α-腈基-4-羟基肉桂酸相互作用的情况也是如此。

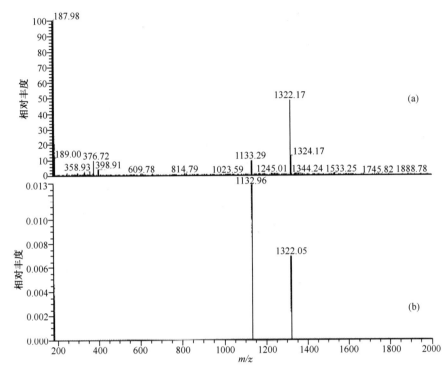

图 5-73 （a）β-环糊精与 α-腈基-4-羟基肉桂酸复合物的 ESI 一级负离子质谱图
（b）β-环糊精与 α-腈基-4-羟基肉桂酸复合物的 ESI 二级负离子质谱图
（母离子：m/z 1322.05）

ESI 离子源属于大气压电离源，该特点使 ESI MS 能够与液相色谱联用。下节将继续介绍电喷雾电离质谱在 HPLC-ESI MS 中的应用。

5.6.2 色谱-质谱联用仪及其应用

随着质谱和色谱接口技术的不断进步和完善，计算机技术、色谱分离技术以及质谱仪灵敏度、准确度的大幅度提高，质谱与色谱联用的分析仪器近年来得到了空前的发展。集分离和鉴定于一体的高效液相色谱-电喷雾质谱联用仪（HPLC-ESI MS）的推出，进一步促进了质谱在蛋白质组学、组合化学、药学和药物分析学、药物代谢和药代动力学中的应用，大大提高了质谱仪对生物体内极微量生物活性物质、药品中极微量杂质进行快速分离及分析鉴定的能力。同时，能够对可汽化混合物进行快速分离、结构鉴定以及定量分析的气相色谱-质谱联用仪，也已广泛应用于有机化学、环境化学、石油化学、毒物学、药物学等领域中的天然产物、大气及水质污染物、农药残留物、原油挥发性组分、毒品、挥发性药物的分析以及药代动力学研究。

1. 液-质联用仪

液-质联用仪的质谱部分一般都同时配有电喷雾电离（ESI）和大气压化学电离（APCI）离子源。类型按质谱分析器不同分为：液相色谱-单四极质谱联用仪、液相色谱离子阱质谱联用仪、液相色谱-三重四极杆质谱联用仪、以及液相色谱-飞行时间质谱联用仪和液相色谱-扇形磁场质谱联用仪等。

单四极质谱分析器具有全扫描（full scan）和选择离子检测（SIM）模式。全扫描是任何质量检测器都能够采用的一种最常用的扫描方式，该方式可扫描较大质量范围内所有的离子信号，一般用于目标化合物分子质量的鉴定和未知化合物分子质量的测定。选择离子检测扫描是专门对选定的离子质量进行扫描的一种方式，由于目的是检测某个特定质量 m 的离子，SIM 扫描的质量范围通常设为 $m \pm (0.1 \sim x)$ u。x 值的大小决定扫描质量窗口的大小，窗口设置太宽可能会遇到其他离子干扰，太窄则会影响灵敏度。

离子阱质谱分析器除了可进行全扫描和 SIM 之外，还可以进行多级质谱扫描（MS^n）。从化合物的一级质谱（MS 或 MS^1）中选择一个离子使其发生碎裂，扫描碎片离子即得到的该化合物的二级图谱（MS^2）。按上述方法可获得多级质谱（MS^n）。采用 MS^n 技术可以得到化合物的分子结构信息。

三重四极杆质量分析器可以组成多种扫描方式：子离子扫描、母离子扫描、中性丢失选择检测和多反应选择监测（SRM、MRM）。这些扫描由于都经过 2 个质量分析器的选择检测，专属性和抗干扰能力强，不仅利于明确母离子、子离子的关系，而且适合进行定量分析。

除此之外，近代 LC-MS 还有一些杂交的分析器，如 QTOF 分析器（四极和飞行时间分析器结合的分析器）等。

2. 液-质联用仪应用实例

LC-ESI MS 适于分析难挥发、极性，热不稳定的化合物，可用于复杂中草药和天然产物的组分分析、合成产物的鉴定、药物代谢物及药代动力学研究、多肽、蛋白质的分子质量测定、序列分析，以及蛋白质的磷酸化和糖基化分析等。而 LC-APCI MS 则适用于分析非极性化合物。

1) LC-ESI MS 鉴别饲料中微量碘化酪蛋白

碘化酪蛋白是已经被禁用的药物，3,5,3′-三碘甲腺原氨（T3）、3,3′,5′-三碘甲腺原氨（γT3）和3,3′,5,5′-四碘甲腺原氨（T4）是该蛋白的特征水解产物，可用作鉴别碘化酪蛋白的标志物。图 5-74、图 5-75、图 5-76 分别为 T3、γT3 和 T4 标准品的 ESI MS 谱图，图 5-74、图 5-75 中的 m/z 652、m/z 606，图 5-76 中的

m/z 778 和 m/z 732 具有较高的丰度，可作为鉴别 T3、γT3 和 T4 的特征离子。图 5-77 是采用选择离子扫描方式检测饲料中上述 4 种特征离子的离子流色谱图，图中的 1，2，3 号峰分别为 T3，γT3，T4。此结果表明饲料中存在碘化酪蛋白。

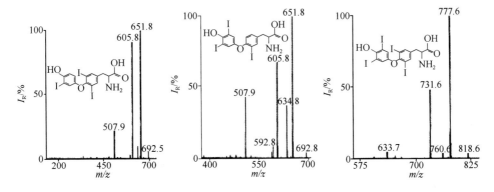

图 5-74　T3 的 ESI MS 谱图　　图 5-75　γT3 的 ESI MS 谱图　　图 5-76　T4 的 ESI MS 谱图

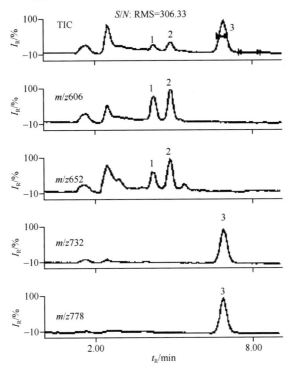

图 5-77　T3，γT3，T4 的特征离子的 SIM 离子流色谱图

2）HPLC-ESI MS 确证环肽中氨基酸的连接顺序

图 5-78 是 HPLC-ESI MS 分析海洋微生物产生的两种新环肽混合物的离子

流色谱图。图 5-79 是保留时间为 23min 组分的 1～5 级 ESI MS 谱图（2、3、4、5 级的母离子分别为 $m/z\ 600$、$m/z\ 487$、$m/z\ 374$、$m/z\ 261$）；图 5-80 是保留时

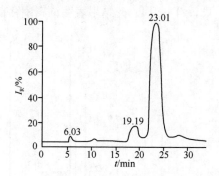

图 5-78　HPLC-ESI MS 分析两种环肽混合物的离子流色谱图

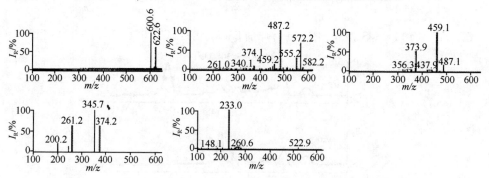

图 5-79　保留时间为 23min 组分的 1～5 级 ESI MS 谱图

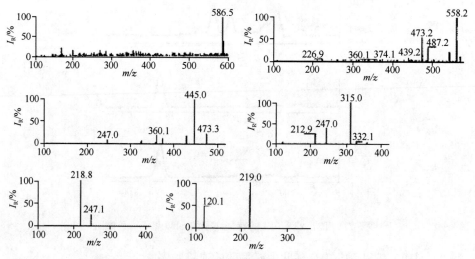

图 5-80　保留时间为 19min 组分的 1～6 级 ESI MS 谱图

间为 19min 组分的 1~6 级 ESI MS 谱图（2、3、4、5、6 级的母离子分别为 m/z
586、m/z 473、m/z 360、m/z 247、m/z 219）。分析图 5-79、图 5-80 谱图数据可
知，两个环肽的分子质量分别为 599u 和 585u；质量为 599 环肽的结构为 cyclo
（Phe-Leu-Leu-Leu-Ile）；质量为 585u 环肽的结构为 cyclo（Phe-Val-Leu-Leu-
Leu）。图 5-81 和图 5-82 分别为两个环肽分子的裂解途径。以上测定数据确证了
两个环肽中氨基酸的连接顺序，即它们的分子结构（图 5-83）。

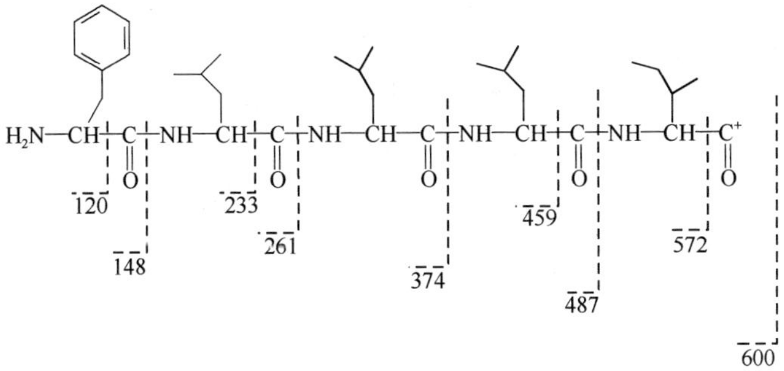

图 5-81　环肽 cyclo（Phe-Leu-Leu-Leu-Ile）的裂解途径

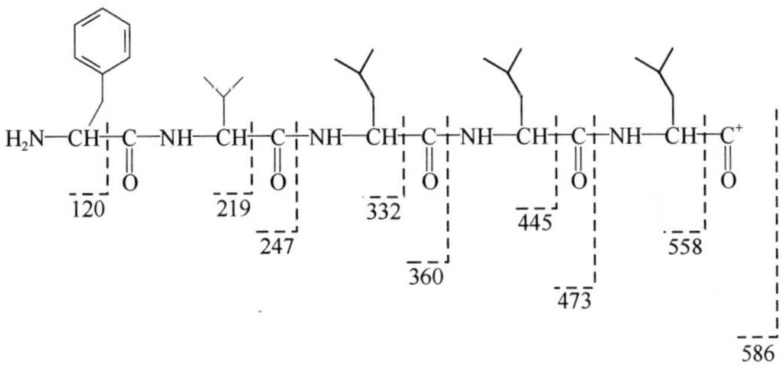

图 5-82　环肽 cyclo（Phe-Val-Leu-Leu-Leu）的裂解途径

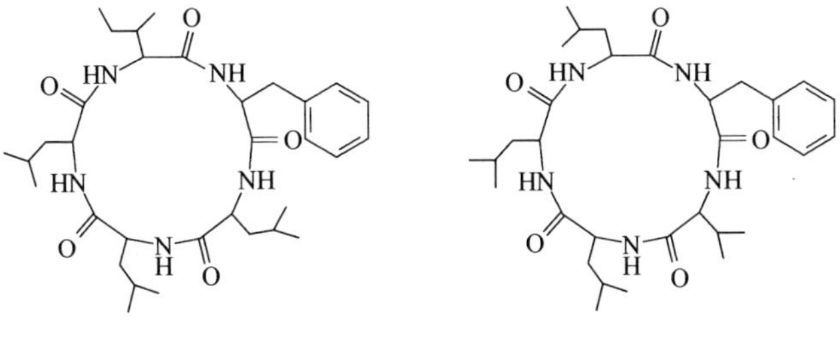

1　　　　　　　　　　　2

图 5-83　环肽 cyclo(Phe-Leu-Leu-Leu-Ile)(1)和 cyclo(Phe-Val-Leu-Leu-Leu)(2)的结构

3）LC-ESI MS 研究溶液中头孢吡肟的光异构化现象

头孢吡肟的 0.9％NaCl 水溶液未经紫外光照射时，HPLC-ESI MS 分析得到的液相色谱图中只出现 1 个峰（12min），该峰的一级全扫描质谱图中有头孢吡肟的 $[M+H]^+$（m/z 481）、$[M+Na]^+$（m/z 503）、$[M+K]^+$（m/z 519）准分子离子峰。经紫外光照射后，该头孢吡肟溶液的离子流图中除了 12min 处的峰之外，在 16min 处又多出 1 个色谱峰（图 5-84）。质谱分析结果显示，保留时间为 12min 和 16min 处的两个峰不仅准分子离子均为 m/z 481 ［图5-85(a)、图5-85(c)］，而且二级质谱图也出现相同的子离子 m/z 396 质谱峰 ［图5-85(b)、图5-85(d)］。根据上述谱图结果推测：经紫外光照射后，0.9％NaCl 水溶液中的头孢吡肟发生了光异构化，16min 处的组分是头孢吡肟的光异构化产物。图 5-85 是两种异构体的一级和二级质谱图。图 5-86 是头孢吡肟可能的裂解途径。

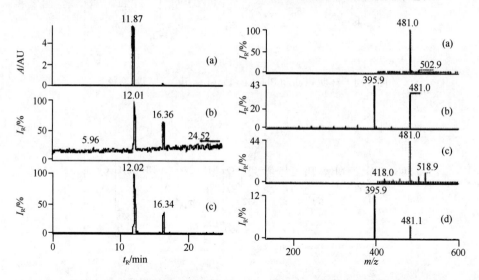

图 5-84　头孢吡肟 0.9％NaCl 水溶液经　　图 5-85　两种头孢吡肟异构体的一级
紫外光照射后的 HPLC-ESI-MS 谱图　　　　　和二级质谱图
（a）紫外光谱图；（b）MS 总离子流图；　　　（a）、（c）一级质谱
（c）MS^2 总离子流图　　　　　　　　　　　（b）、（d）二级质谱

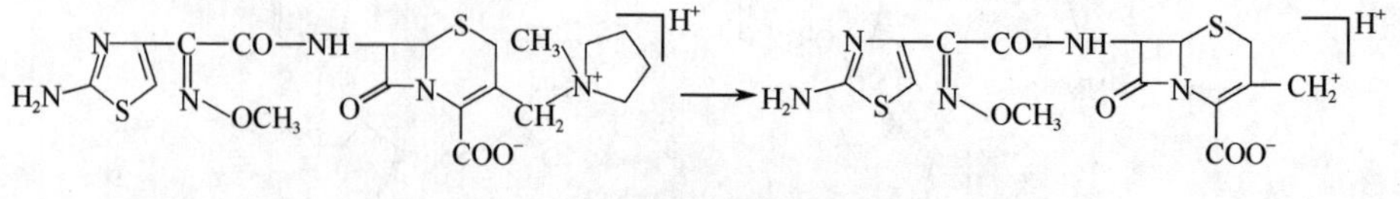

图 5-86　头孢吡肟可能的裂解途径

3. 气-质联用仪

气-质联用仪 （GC-MS） 一般配置 EI 和 CI 两种电离源，与液质联用仪 （LC-MS） 的情况相似，气-质联用仪的分析器也包括单四极杆分析器、三重四极分析器、扇形磁场、离子阱、飞行时间分析器等类型。由于已经建立了化合物的标准 EI 质谱图库，采用 EI 电离源进行 GC-MS 分析时，可通过即时检索迅速确证被测物的分子质量和结构。

4. 气-质联用仪应用实例

GC-MS 的主要应用是解决复杂混合物中挥发性组分的成分分析、目标成分的鉴定以及定量分析问题。植物如中草药、烟草、花草、水果、蔬菜、茶叶中的成分；动物或人体中的性激素、兴奋剂、药物及毒品代谢产物，血液中的有毒物质；环境或土壤中的有害气体、河流底泥沉积物；食品中的添加剂；蔬菜水果中农药残留物等；都可以采用 GC-MS 进行快速准确地定性定量分析。

1） 糖蜜中挥发性有机物的 GC-MS 分析

糖蜜是三级煮糖最后工序丙糖的母液，成分复杂。图 5-87 是 GC-MS 分析某糖蜜中挥发性物质的总离子流色谱图。表 5-7 列出了 GC-MS 分析这些挥发性组分的鉴定结果和相对含量。图 5-88～图 5-91 为图 5-87 中编号为 3、5、7、9 色谱峰的 EI 质谱图，检索结果表明，这四种挥发性物质为糠醛、5-甲基糠醛、2,3-二氢化-3,5-二羟基-6-甲基-4H-吡喃酮和 5-羟甲基糠醛。

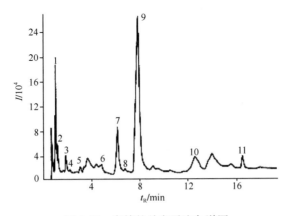

图 5-87 蜜糖的总离子流色谱图

表 5-7　糖蜜中挥发性物质的化学组分及相对含量

峰号	组分名称	分子式	相对分子质量	相对含量/%
1	乙酸	$C_2H_4O_2$	60	5.45
2	1-羟基-2-丙酮	$C_3H_6O_2$	74	1.42
3	糠醛	$C_5H_4O_2$	96	2.68
4	2-呋喃甲醇	$C_5H_6O_2$	98	0.49
5	5-甲基糠醛	$C_6H_6O_2$	110	1.30
6	2-呋喃甲酸甲酯	$C_6H_6O_3$	126	2.09
7	2,3-二氢化-3,5-二羟基-6-甲基-4H-吡喃酮	$C_6H_8O_4$	144	11.96
8	5-乙酰氧基-2-呋喃甲醛	$C_8H_8O_4$	168	0.72
9	5-羟甲基糠醛	$C_6H_6O_3$	126	61.65
10	左旋葡聚糖	$C_5H_6O_2$	162	9.28
11	5,5′-氧代-二亚甲基-双(2-呋喃甲醛)	$C_5H_6O_2$	234	2.96

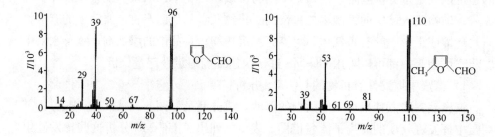

图 5-88　糠醛的 EI 质谱图　　　　图 5-89　5-甲基糠醛的 EI 质谱图

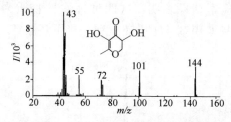

图 5-90　2,3-二氢化-3,5-二羟基-6-甲基-4H-吡喃酮的 EI 质谱图

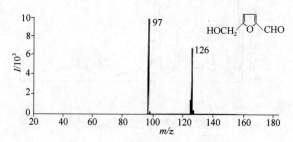

图 5-91　5-羟甲基糠醛 EI 质谱图

2）环己烷氧化产物的 GC-MS 分析

GC-MS 分析某环己烷氧化液，分离出 25 个成分，其中，保留时间为 14.96min、相对含量为 58.72%组分的 EI 质谱图（图 5-92）无法通过 EI 标准谱库检索确定结构，人工解析谱图推测，该组分可能为过氧环己烷。图 5-93 是采用 GC-MS 跟踪已知过氧环己烷还原反应得到的总离子流色谱图。由图可见，随着还原反应时间的增加，代表过氧环己烷、保留时间为 14.96min 的色谱峰逐渐减弱以至最后消失；代表环己醇、保留时间为 7.64min 处的色谱峰则不断增强。此研究结果证实保留时间为 14.96min 的组分为过氧环己烷。

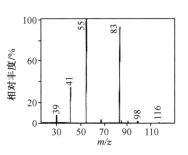

图 5-92　t_R＝14.96 组分的质谱图

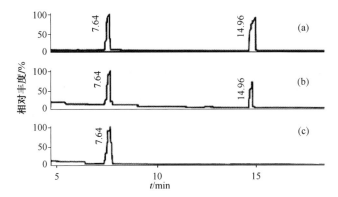

图 5-93　过氧环己烷还原反应的总离子流色谱图

还原反应时间：（a）＜30min；（b）30min；（c）＞180min

3）GC-MS 测定葡萄中的 5 种残留农药

图 5-94 是 GC-MS 分析葡萄中 5 种残留农药的全扫描总离子流色谱图。图

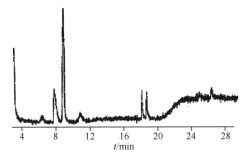

图 5-94　5 种残留农药的全扫描色谱图

5-95是对每种残留农药选择 3 个特征离子分组进行扫描的选择离子色谱图。对比图 5-94 和图 5-95 可知，采用选择离子扫描（SIM）方式，可显著提高对目标分析物的检测灵敏度，增加分析结果的确定度。

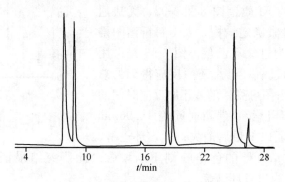

图 5-95　5 种残留农药的 SIM 色谱图

5.6.3　傅里叶变换离子回旋共振质谱

傅里叶变换离子回旋共振质谱（FT-ICR MS）近 20 年也取得了十分迅速地发展。这种质谱仪最突出的优点是可达到超高的分辨率（质量为 1000u 时，测定的分辨率可达 1×10^6），因而能对样品离子进行精确质量确定从而得到元素组成信息。FT-ICR MS 具备的多级串联质谱功能，对分析确定化合物的结构十分有利。由于可以配用 EI、FAB、MALDI 和 ESI 等多种不同的离子源，FT-ICR MS 对有机小分子和生物大分子都能进行分析，应用 FT-ICR MS 还可进行化学反应跟踪、分子离子反应机理、多肽及蛋白质测序等多方面的研究。

习　题

1. 用 Stevenson 规则判断以下裂解反应生成的两种碎片中，哪种更容易成为正离子，并在括号中填入正确的符号（"+"或"·"）。

(1) 反应式中碎片：

（　）　$I=9.0\mathrm{eV}$　　（　）　$I=10.2\mathrm{eV}$（H_3C—CHO）

(2) $HO\!-\!CH_2\!-\!CH_2\!-\!NH_2\big]^{+}\!\cdot\ \longrightarrow\ HO\!-\!CH_2\ （　）\ +\ H_2C\!-\!NH_2\ （　）$

$I=7.6\mathrm{eV}$　　　　　　$I=6.2\mathrm{eV}$

2. 写出下列各质谱中主要离子的形成过程：

(1) 甘油 （图 5-96）；

(2) 3-硝基苄醇 （图 5-97）；

(3) 2-乙基丁酸甲酯 （图 5-98）。

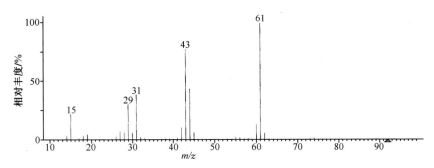

图 5-96　甘油的质谱图

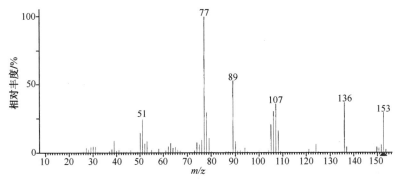

图 5-97　3-硝基苄醇的质谱图

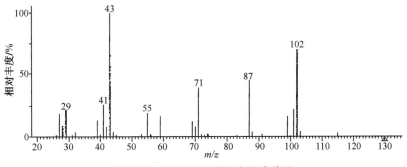

图 5-98　2-乙基丁酸甲酯的质谱图

3. 图 5-99 是某 α-氨基酸的 EI 质谱图，由 FBA 软电离方法得知该氨基酸的分子离子质量为 131u。试推断该氨基酸的分子结构并写出 m/z 86、74、44 三个离子的产生过程。

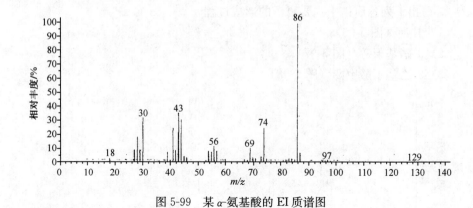

图 5-99　某 α-氨基酸的 EI 质谱图

4. 1-环戊烷基环戊烯的质谱（图 5-100）中基峰为 m/z 67。请写出该化合物可能经 σ 电子和 π 电子电离产生 m/z 67 离子的两种裂解反应过程。

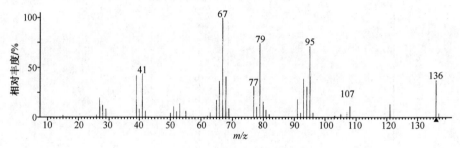

图 5-100　1-环戊烷基环戊烯的质谱

5. EI 法获得一个未知物谱图 5-101，经计算机在 NIST、EPA1NIH 谱库中检索得到三张与图 5-101 最接近的谱图：图 5-102、图 5-103、图 5-104。试根据

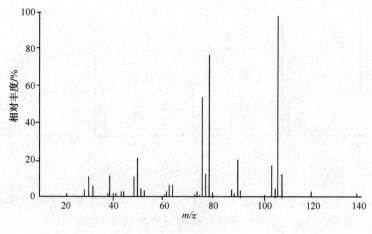

图 5-101

检索结果讨论确定该未知物。

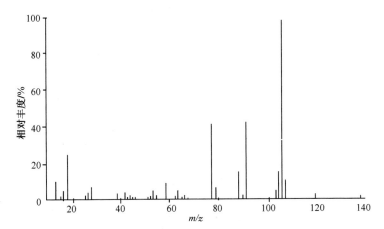

图 5-102　1,6-二甲基-4-环己烯-1,2-二羧酸二甲酯的质谱图

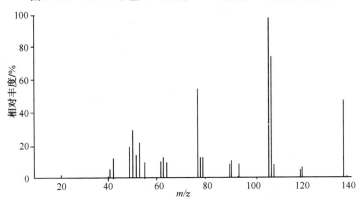

图 5-103　3-羟基苯乙醇的质谱图

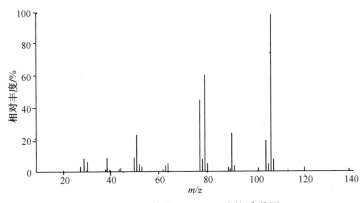

图 5-104　1-苯基-1,2-乙二醇的质谱图

6. 以下 2 个质谱图 5-105、图 5-106 都是相对分子质量为 87 的胺类化合物，其中一个为伯胺，一个为仲胺。仲胺的 NMR 碳谱显示分子中无叔碳。试推出它们的结构。

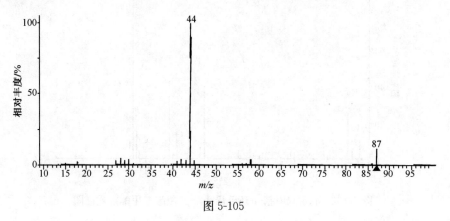

图 5-105

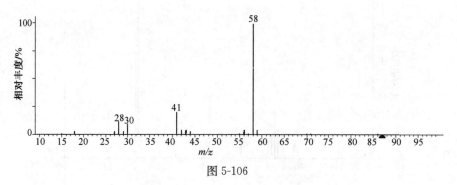

图 5-106

7. 未知物的 IR 谱在 $1700 \sim 1680 \text{cm}^{-1}$ 有极强的吸收，试根据其质谱图 5-107 推测其有哪几种可能的结构。

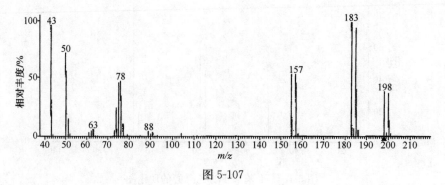

图 5-107

8. 甲基四氢呋喃（$M=100$）的质谱图 5-108 中 m/z 55 为基峰，下面哪个化合物与该谱图相符？

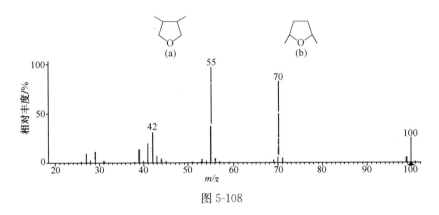

图 5-108

9. 指出图 5-109、图 5-110 各自对应哪一种紫罗酮？

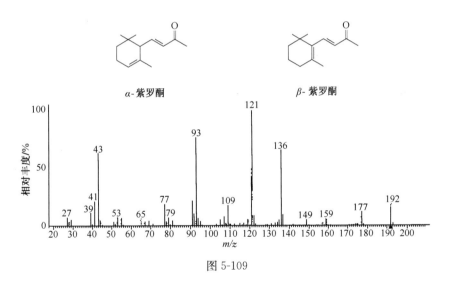

图 5-109

10. 未知物分子中只含 C、H、O 三种元素，其质谱图见 5-111。该未知物的 ¹H NMR 谱中有三个峰组，各峰组中氢原子数之比为 1∶1∶1；红外光谱显示该未知物在 1780～1760cm⁻¹ 有极强的吸收。试确定其结构。

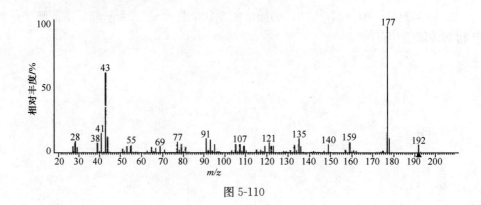

图 5-110

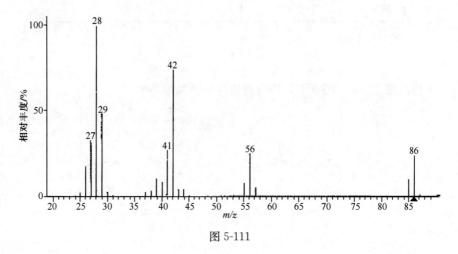

图 5-111

参 考 文 献

陈平, 谢锦云, 梁宋平. 2000. 双向凝胶电泳银染蛋白质点的肽质谱指纹图分析. 生物化学与生物物理学报, 32(4): 387~391

陈耀祖, 涂亚平. 2001. 有机质谱原理及应用. 北京: 科学出版社

丛浦珠. 1987. 质谱学在天然有机化学中的应用. 北京: 科学出版社

丛浦珠, 苏克曼. 2000. 分析化学手册（第九分册, 质谱分析）. 北京: 化学工业出版社

邓慧敏, 赖志辉, 黎军等. 2000. 碎片结构分析在 MALDI-TOF MS 法测定多肽序列中的应用. 生物化学与生物物理学报, 32 (2): 179~182

李厚金, 蓝文键, 姚骏骅等. 2005. 高效液相色谱-电喷雾串联质谱法确证海洋微生物产生的新环肽的连接顺序. 分析测试学报, (24): 46~49

陆慧宁, 任三香. 2004. 环己烷氧化产物的气相色谱-质谱分析. 质谱学报, 25 (增刊): 73~74

宁永成. 2000. 有机化合物结构鉴定与有机波谱学. 北京: 科学出版社

秦曙, 乔雄梧, 王霞等. 2004. 应用 GC-MS 测定葡萄糖中 5 种农药残留. 分析测试学报, 23 (增刊):

242~243

王宗义，张丽英，李德发等. 2003. LC-MS 鉴别饲料中微量碘化酪蛋白. 分析测试学报，22（增刊）：264~265

吴惠勤，林晓珊，黄芳. 2002. 糖蜜中挥发性有机物的气相色谱-质谱分析. 分析测试学报，21（增刊）：224~225

邢其毅，徐瑞秋，周政. 1983. 基础有机化学. 北京：人民教育出版社

姚骏骅，陈振阳，任三香等. 2003. 液相色谱-质谱法研究溶液中头孢吡肟的光异构化现象. 分析测试学报，22（增刊）：67~68

张友杰，李念平. 1990. 有机波谱学教程. 武汉：华中师范大学出版社

Cai C，Zhou K Y，Wu Y et al. 2006. Enhanced liver targeting of 5-fluorouracil using galactosylated human serum albumin as a carrier molecule. Journal of Drug Targeting，14（2）：55~61

Lambert J B，Shurvell H F，Lightner D A et al. 1998. Organic structural spectroscopy，Prentice Hall，Upper Saddle River，New Jersey 07458

Mclofferty F W. 1980. Interpertation of mass spectra. 3th ed. California：University Science Books Mill Valley

Zhang Z Y，Deng H M，Deng Q Y et al. 2004. Effect of matrix and solvent on the analysis of novel poly （phenylenevinylene） derivatives by matrix-assisted laser desorption/ionization time-of-flight mass spectrometry. Rapid Commun. Mass Spectrom，18：2146~2154

Zhang Z Y，Zhou L H，Zhao S K et al. 2006. 3-Hydroxycoumarin as a new matrix for matrix-assisted laser desorption/ionization time-of-flight mass spectrometry of DNA. J. Am Soc. Mass Spectrom，17：1665~1668

Zhou L H，Deng H M，Deng Q Y et al. 2004. A mixed matrix of 3-hydroxypicolinic acid and pyrazinecarboxylic acid for marix-assisted laser desorption/ionization time-of-flight mass spectrometry of oligodeoxynucleotides. Rapid Commun. Mass Spectrom，18：787~794

Zhou L H，Deng H M，Deng Q Y et al. 2005. Analysis of three different types of fullerene derivatives by laser desorption/ionization time-of-flight mass spectrometry with new matrices. Rapid Commun. Mass Spectrom，19：3523~3530

第 6 章　多谱综合解析

前面已分别介绍了紫外光谱、红外光谱、核磁共振谱及质谱在化合物结构分析中的应用。对于结构比较复杂的化合物，仅凭一种谱图往往难以确定其化学结构，而需要同时运用多种波谱技术进行综合分析，互相印证，才能得出正确的结论。

6.1　综合解析谱图的一般程序

综合运用多种波谱数据解析化合物的结构，并没有固定的步骤和方法，通常根据各谱提供的信息，灵活运用，找出各种信息的相互关系，逐步推导未知物的结构式。下面是多谱综合分析的一般步骤。

(1) 确定样品的纯度。在进行波谱分析前，分析者要对样品的来源、纯度有尽可能多的了解。可用熔点、折光率和各种色谱法判断样品的纯度。如果样品不是纯物质，必须进行分离提纯。

(2) 确定分子式。确定分子式的方法有：

① 用质谱法或冰点下降法等测定未知物的相对分子质量，结合元素分析结果可以计算出化合物的分子式。

② 根据高分辨质谱给出的分子离子的精确质量数，查 Beynon 表或 Lederberg 表计算得出，也可根据低分辨质谱中的分子离子峰和 $M+1$、$M+2$ 同位素峰的相对丰度比，查 Beynon 表来推算分子式。

③ 由核磁共振 ^{13}C NMR 宽带质子去偶谱的峰数和峰的强度估算碳原子数，结合相对分子质量，判断分子对称性。由偏共振去偶谱或 DEPT 谱得到各种碳的类型（如 CH_3、CH_2、CH、季碳等）及数目，由 ^{1}H NMR 的积分曲线高度比也可计算各基团含氢数目比，确定化合物分子式。

可通过元素定性分析确定分子中是否含有杂原子，如含有 N、S、X（卤素）等元素，还需测定其含量。分子是否含氧，可从红外光谱含氧基团（—OH、C—O、C—O 等）的吸收峰判断。

(3) 计算化合物的不饱和度。计算不饱和度对判断化合物类型很有必要，如不饱和度在 1~3，分子中可能含有 C—C、C—O、C—N 或环，如不饱和度大于或等于 4，分子中可能有苯环。

(4) 结构单元的确定。仔细分析 UV、IR、^{1}H NMR、^{13}C NMR 和 MS 谱

图，推出分子中含有的官能团和结构单元及其相互关系。例如，由 UV 可确定分子中是否含有共轭结构，如苯环，共轭烯，α，β-不饱和羰基化合物等。由 IR 可确定是否含有羰基（$1870 \sim 1650 cm^{-1}$）、苯环（$3100 \sim 3000 cm^{-1}$、$1600 \sim 1450 cm^{-1}$）、羟基（$3600 \sim 3200 cm^{-1}$）、腈基（$\sim 2220 cm^{-1}$）等。由 ^1H NMR 可知分子是否含有羧基（$\delta 10 \sim 13 ppm$）、醛基（$\delta 9 \sim 10 ppm$）、芳环（$\delta 6.5 \sim 8.5 ppm$）、酰胺基（$\delta 6 \sim 8 ppm$）、烯氢（$\delta 5 \sim 7 ppm$）等。由 ^{13}C NMR 可知分子是否含有烯烃或芳烃的 sp^2 杂化碳（$\delta 100 \sim 160 ppm$）、羰基碳（$\delta 160 \sim 230 ppm$）、季碳（强度较小），腈基碳（$\delta 110 \sim 130 ppm$）、炔碳（$\delta 70 \sim 90 ppm$）等。质谱则能提供化合物的相对分子质量或分子式和许多特征的碎片离子，根据裂解规律得到各基团的连接关系、取代基位置等。

（5）可能结构式的推导。比较分子式和已确定的结构单元，推出分子的剩余部分，从各结构单元的可能结合方式推导出化合物可能的结构式。对于结构比较复杂的物质，还需要测定二维核磁共振谱。

（6）化合物的确定。核对各谱数据和各可能化合物的结构，排除有矛盾者，如果某一结构式与各谱图的指认均相吻合，即可确定该结构式为未知物的结构。如仍有疑问或文献上还未有记载的新化合物，必要时还可测定该未知物的单晶 X 射线衍射光谱加以证实。

6.2 综合解析实例

【例 6.1】 某未知物 $C_{11}H_{16}$ 的 UV、IR、^1H NMR、^{13}C NMR、MS 谱图如图 6-1 所示，确定其化学结构。

解 从分子式 $C_{11}H_{16}$，计算未知物的不饱和度为 4。MS 中最高质量的离子 $m/z 148$ 为分子离子峰，其合理失去一个碎片，得到苄基离子 $m/z 91$。说明分子中存在苄基 ⬡—CH_2— 结构单元。UV、IR、^1H NMR、^{13}C NMR 均表明分

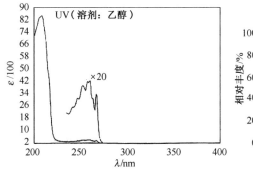

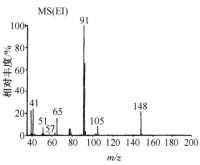

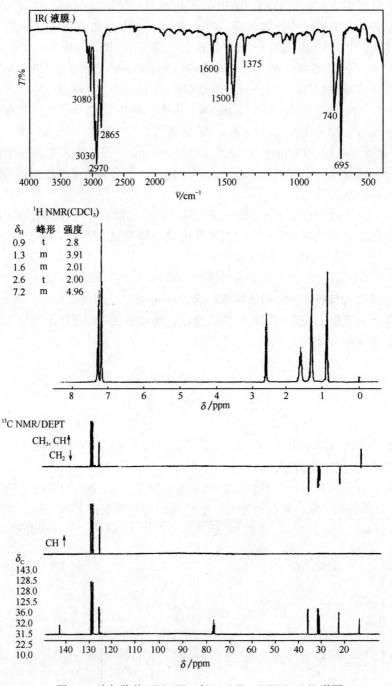

图 6-1 未知物的 UV、IR、^{1}H NMR、DEPT、MS 谱图

子中含有单取代苯环。^{13}C NMR 表明在 $\delta 40\sim 10$ppm 的高场区有 5 个 sp^3 杂化碳原子，从 ^{1}H NMR 的积分高度比也表明分子中有 1 个 CH$_3$ 和 4 个—CH$_2$—，其中 $\delta 1.4\sim 1.2$ppm 为 2 个 CH$_2$ 的重叠峰，因此化合物应含有一个苯环和一个 C$_5$H$_{11}$ 的烷基。UV 中 $\lambda_{max}240\sim 275$nm 吸收带具有精细结构，也表明化合物为芳烃。从 ^{1}H NMR 谱中各峰裂分情况分析，取代基为正戊基，即化合物结构为

$\overset{3}{\underset{4}{\overset{2}{\bigcirc}}}$—$\overset{\alpha}{C}H_2\overset{\beta}{C}H_2\overset{\gamma}{C}H_2\overset{\delta}{C}H_2CH_3$，各谱数据的归属如下：

UV　λ_{max} 208nm（苯环 E_2 带），265nm（苯环 B 带）。

IR(液膜，cm^{-1}) 3080，3030（苯环的 ν_{C-H}），2970，2865（烷基的 ν_{C-H}），1600，1500(苯环骨架)，740，690（苯环 δ_{C-H}，单取代），1375(CH$_3$ 的 δ_{C-H})，1450(CH$_2$ 的 δ_{C-H})。

^{1}H NMR 和 ^{13}C NMR

结构单元	苯环				CH$_2$				CH$_3$
	1	2	3	4	α	β	γ	δ	
δ_H/ppm		7.15	7.25	7.15	2.6	1.6	1.3	1.3	0.9
δ_C/ppm	143	128	128.5	125.5	36.0	32.0	31.5	22.5	10.0

MS：MS 中主要离子峰可由以下反应得到

m/z 91　　　　　　　　　*m/z* 65　　*m/z* 39

m/z 92

m/z 105

各谱数据与结构式均相符合，可以确定未知物是正戊基苯。

【例 6.2】　某未知物的 IR、^{1}H NMR、^{13}C NMR、MS 谱图如图 6-2 所示，紫外光谱在 210nm 以上无吸收峰，推导其结构。

解

(1) 分子式的推导

由 MS 得到分子离子峰为 *m/z* 125，根据 N 规律，未知物分子含有奇数个 N

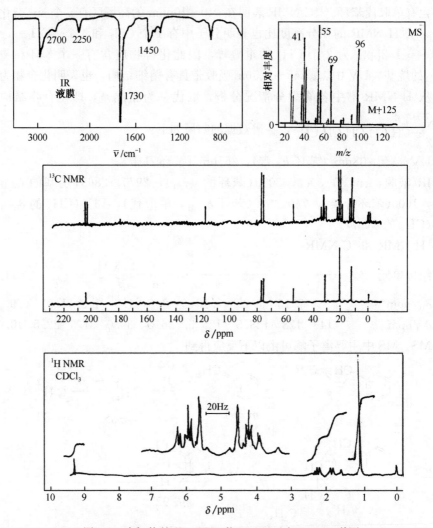

图 6-2 未知物的 IR、MS、^{13}C NMR 和^{1}H NMR 谱图

原子。^{1}H NMR 谱中各组质子的积分高度比从低场到高场为 1∶2∶2∶6，以其中 δ9.50ppm 1 个质子作基准，可算出分子的总氢数为 11。由^{13}C NMR 全去偶谱可知，分子中有 6 条谱线，其中 δ21.7ppm 的谱线很强，结合氢谱 δ1.15ppm 处

有代表 6H 的单峰，表明分子中含有 —C(CH$_3$)(CH$_3$) 基团，所以分子中有 7 个 C 原子。IR 谱中 1730cm^{-1} 强峰结合氢谱中 δ9.5ppm 峰和碳谱中 δ204ppm 峰，可知分子中含有一个—CHO。

由相对分子质量 $125-C\times7-H\times11-O\times1=14$，即分子含有 1 个 N 原子，所以分子式为 $C_7H_{11}NO$，算出不饱和度 $U=3$。

（2）结构式推导

IR 中 2250cm^{-1} 有 1 个小而尖的峰，结合 ^{13}C NMR 谱中 $\delta119ppm$ 处有一个季碳信号，可确定分子中含一个 —CN 基团。不饱和度与计算值相符。

^{1}H NMR 的数据分析如下：

δ/ppm	H 数	峰型	结构单元
1.15	6	单峰	$\begin{matrix}CH_3\\ \mid\\ -C-\\ \mid\\ CH_3\end{matrix}$
~1.95	2	多重峰 ⎱对称	$-CH_2-CH_2-$
~2.30	2	多重峰 ⎰	（A_2B_2 系统）
9.50	1	单峰	—CHO

可能组合的结构有

$$
\begin{array}{c}
CH_3\\
\mid\\
H_3C\overset{d}{-}\overset{}{C_c}\overset{b}{-}CH_2\overset{a}{-}CH_2-CHO\\
\mid\\
CN\\
A
\end{array}
\qquad
\begin{array}{c}
CH_3\\
\mid\\
H_3C\overset{d}{-}\overset{}{C_c}\overset{b}{-}CH_2\overset{a}{-}CH_2-CN\\
\mid\\
CHO\\
B
\end{array}
$$

计算两种结构中各烷基 C 原子的化学位移，并与实例值比较：

		a	b	c	d
计算值	A	37.4	34.5	28.5	24.1
	B	10.9	34.0	56.5	21.6
测定值		12.0	32.0	54.5	21.7

可见，A 结构式的计算值与测定值差别大，未知物的正确结构式应为 B。

（3）各谱数据的归属

IR：$\sim$ 2900cm^{-1} 为 CH_3、CH_2 的 ν_{C-H}，$\sim$ 1730cm^{-1} 为醛基的 $\nu_{C=O}$，$\sim$2700cm^{-1} 为醛基的 ν_{C-H}，$\sim$1450cm^{-1} 为 CH_3、CH_2 的 δ_{C-H}，$\sim$2250 cm^{-1} 为 $\nu_{C\equiv N}$。

^{1}H NMR：δ_H/ppm

$$
\begin{array}{c}
\overset{1.12}{CH_3}\\
\mid\\
H_3C-C-\overset{1.90}{CH_2}-\overset{2.30}{CH_2}-CN\\
\mid\\
\underset{9.50}{H-C=O}
\end{array}
$$

MS：各碎片离子峰为：$m/z96$ 为（M－CHO）$^+$、$m/z69$ 为（M－CHO－

HCN）$^+$、基峰 $m/z55$ 为 $\begin{matrix} H_3C—C=CH_2 \\ | \\ {}^+CH_2 \end{matrix}$ 、$m/z41$ 为 $H_3C—\overset{+}{C}=CH_2$。

UV：210nm 以上没有吸收峰，说明腈基与醛基不相连，也与结构式相符。

【例 6.3】 从中国南海红树林植物 Avicennia plarina 的嫩叶中分离得到一个内源真菌，在此真菌的培养液中分离出多个化合物，其中之一命名为 Avicennin-A$_1$，为一白色固体，熔点为 197～199℃。元素分析为 C：52.18%，H：4.01%，不含 N，其 ^{1}H NMR、^{13}C NMR、IR 谱图如图 6-3 所示，紫外光谱 $\lambda_{max}260nm$（强），359nm（弱），FABMS 谱显示，准分子离子峰（M＋1）为 m/z 257，相对强度为 42%，其同位素峰（M＋3）为 $m/z259$，相对强度为 15%。推导 Avicennin-A$_1$ 的结构。

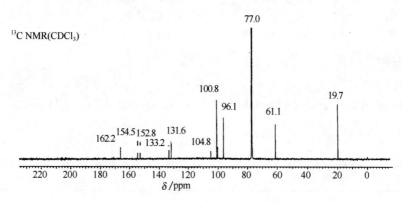

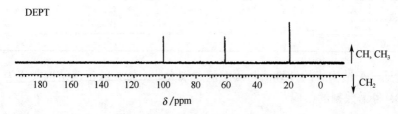

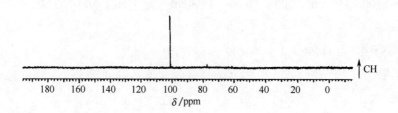

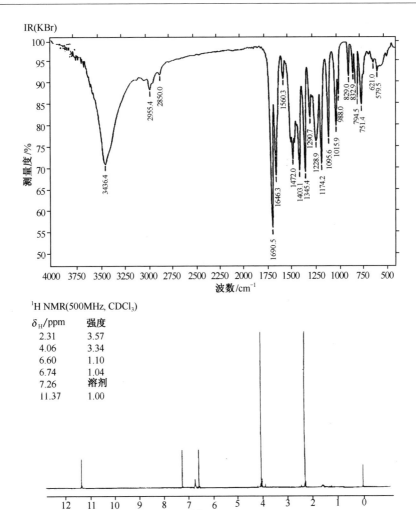

图 6-3　Avicennin-A$_1$ 的 ^{1}H NMR、^{13}C NMR、IR 谱图

解

（1）分子式的确定。从 MS 可知 Avicennin-A$_1$ 的相对分子质量为 256，同位素峰的相对强度比为：（M+3）∶（M+1）=42%∶15% ≈ 3∶1，表明分子中含有一个氯原子。

从相对分子质量和元素分析结果（C：52.18%，H：4.01%，不含 N，含 1 个 Cl）可推出分子式为 C$_{11}$H$_9$ClO$_5$，不饱和度为 7。

（2）官能团的确定。羟基：IR 中 3436.4cm^{-1} 为 $\bar{\nu}_{OH}$ 吸收峰，^{1}H NMR 在低场有 δ6.74ppm 和 11.37ppm 各相当一个质子的吸收峰，从 DEPT 谱可知这 2 个

质子不与碳相连，是羟基质子。

甲基和甲氧基：^{1}H NMR 中 δ2.30ppm（3H，d，1Hz）为一个与双键或苯环相连的 CH_3 信号，δ4.0ppm（S，3H）有一个取代甲基质子，从 DEPT 谱图上可见两个甲基信号（δ_C 为 19.6ppm 和 61.1ppm），其中 δ61.1ppm 为与氧原子相连的 CH_3。因此分子中存在一个甲基和一个甲氧基。

（3）分子骨架的确定。IR 中 1560cm^{-1}、1472cm^{-1} 表明分子中有芳环骨架，^{13}C NMR 谱中有 8 个不饱和碳，也说明分子中含有苯环。δ_C166ppm 为羰基碳信号，IR 的 1690cm^{-1} 为 $\bar{\nu}_{C=O}$ 吸收峰，吸收频率低说明此 C=O 与苯环处于共轭位置。

^{13}C NMR 中有 9 个 sp^2 杂化碳，除苯环和一个羰基外，还有一个双键碳。分子中有 7 个不饱和度，一个苯环（4），一个羰基（1），一个双键（1），共占去 6 个不饱和度，还剩一个不饱和度应该为环，即分子是二环化合物。根据分子式和上述结构单元可推出该化合物具有异香豆素骨架结构

（4）取代基位置的确定。低场酚羟基（δ_H11.37ppm），因其与 1 位的羰基形成分子内氢键，使其化学位移处于较低场，故应在 8 位。DEPT 谱显示分子中只有一个 CH 碳（δ_C100.8ppm），氢谱显示该氢和甲基取代基有一个远程偶合（d，1Hz），表明 CH 与 CH_3 处于相邻位置。从二维谱（HMBC 谱）得知甲基与 C—3 相关，8 位羟基与 C—7 相关，C—7 与甲氧基相关。因此可推出甲基处于 3 位，CH 处于 4 位，甲氧基处于 7 位，另一个羟基和氯原子处于 5 位和 6 位。

通过经验公式计算 C—7 化学位移：把 C—9 取代基看成酯基，C—10 取代基视为乙烯基。

设 Cl 处于 6 位上，OH 在 5 位：

δ_{C-7}=128.5+30.2-12.6+0.2+1.8-0.5-0.5=147.1ppm

设 Cl 在 5 位，OH 在 6 位：

δ_{C-7}=128.5+30.2-12.6-12.6-0.5-0.5+1.0=135.5ppm

实际测定值 133.3ppm. 因此，OH 应处于 6 位，Cl 应取代在 5 位上，化合物 Avicennin-A_1 的结构为

其氢谱和碳谱数据的归属如下：

编号	^{13}C NMR	^1H NMR
C—1	166.2	
C—3	154.5	
C—4	100.8	6.74 (d, 1Hz)
C—5	131.6	
C—6	152.7	
C—7	133.2	
C—8	152.8	
C—9	100.2	
C—10	104.8	
CH_3	19.7	2.31 (d, 1Hz)
OCH_3	61.6	4.06 (s)
OH—6		6.60 (s)
OH—8		11.37 (s)

习　题

根据各题给出的实验数据和谱图，解析谱图和推导未知物的结构。

1. 图 6-4 是 3-醛基芴的波谱图，请解析各谱主要数据与化合物结构的关系：

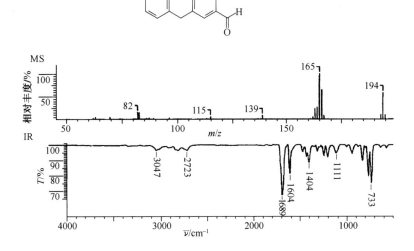

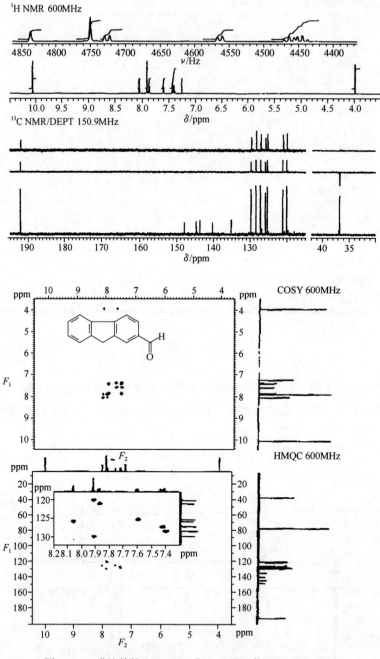

图 6-4　3-醛基芴的 MS、IR、¹H NMR、¹³C NMR/DEPT、
¹H，¹H COSY 和 HMQC 谱

2. 分子式为 C_4H_7N，UV（溶剂：乙醇）：200nm 以上没有吸收峰。MS、^1H NMR、^{13}C NMR、IR 谱如图 6-5 所示。

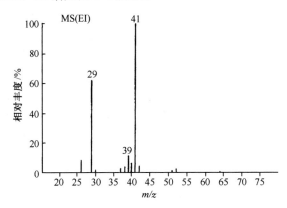

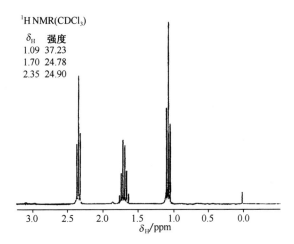

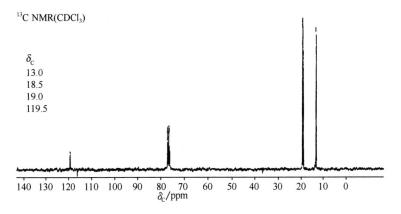

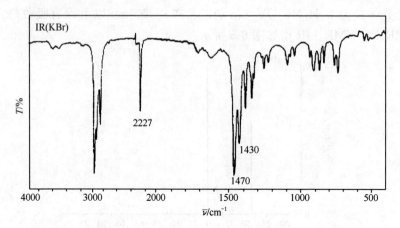

图 6-5 化合物 C_4H_7N 的 MS、^1H NMR、^{13}C NMR、IR 谱图

3. 某未知物的波谱如图 6-6 所示。

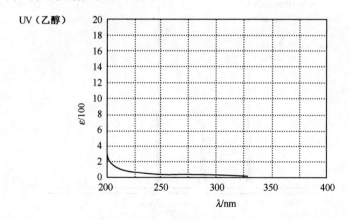

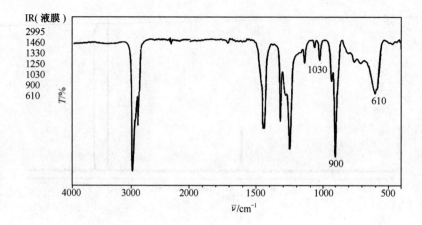

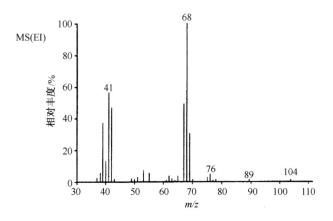

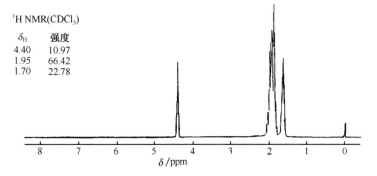

图 6-6　未知物的 UV、IR、MS、^{1}H NMR 谱图

4. 化合物 C_9H_{10} 的紫外光谱（溶剂：乙醇），λ_{max} 243nm（$A0.37$），其 IR、^{1}H NMR、MS 谱如图 6-7 所示。

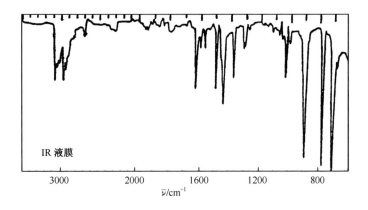

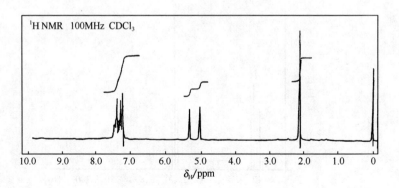

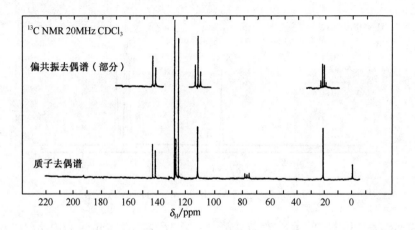

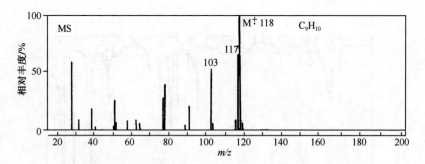

图 6-7 化合物 C_9H_{10} 的 IR、^1H NMR、^{13}C NMR、MS 谱图

5. 某未知物的波谱如图 6-8 所示。UV（乙醇）：λ_{max} 225nm，255nm，322nm。

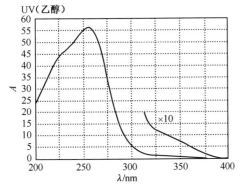

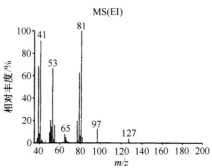

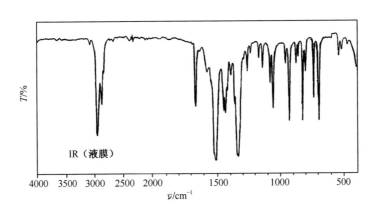

δ_H	强度比
7.32	1.00
2.57	2.09
2.35	2.09
1.78	2.09
1.65	2.00

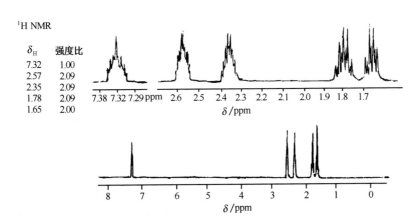

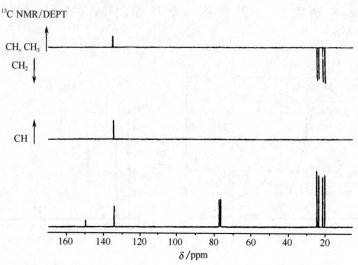

图 6-8　未知物的 UV、MS、IR、^{1}H NMR 和 ^{13}C NMR/DEPT 谱图

6. 某化合物的波谱如图 6-9 所示。

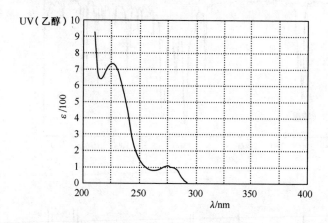

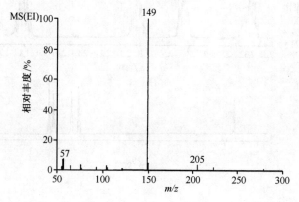

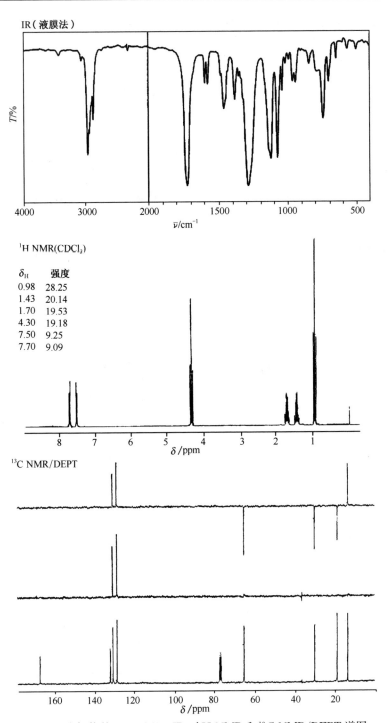

IR（液膜法）

^{1}H NMR(CDCl$_3$)

δ_H	强度
0.98	28.25
1.43	20.14
1.70	19.53
4.30	19.18
7.50	9.25
7.70	9.09

^{13}C NMR/DEPT

图 6-9　未知物的 UV、MS、IR、^{1}H NMR 和 ^{13}C NMR/DEPT 谱图

7. 未知物的波谱如图 6-10 所示。

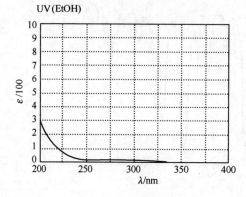

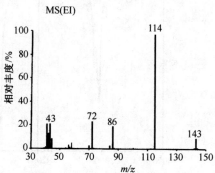

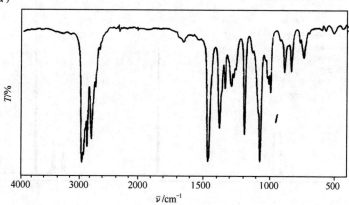

¹H NMR(CDCl₃)

δ_H	强度
0.88	52.76
1.45	35.56
2.37	35.84

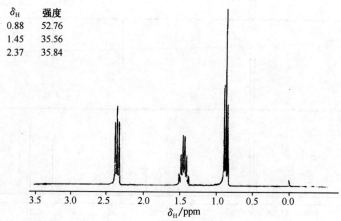

¹³C NMR (CDCl₃)

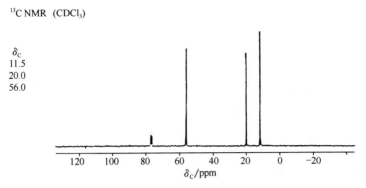

δ_C
11.5
20.0
56.0

δ_C/ppm

图 6-10 未知物的 UV、MS、IR、¹H NMR 和¹³C NMR 谱图

8. 未知物的波谱如图 6-11 所示。

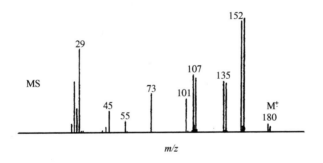

MS

m/z

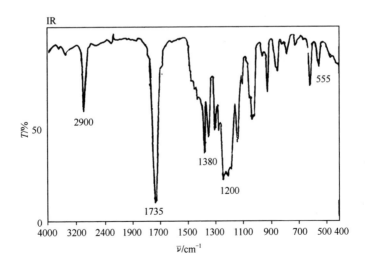

IR

$T/\%$

$\bar{\nu}$/cm⁻¹

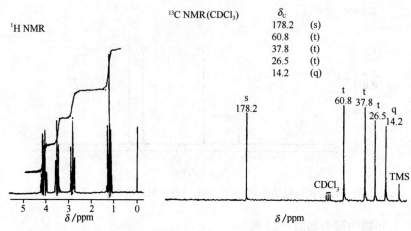

图 6-11　未知物的 MS、IR、^{1}H NMR 和^{13}C NMR 谱图

9. 未知物的波谱如图 6-12 所示。

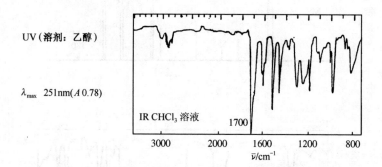

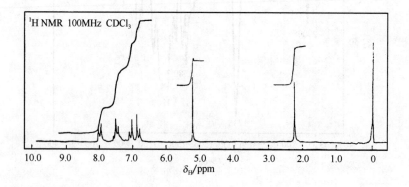

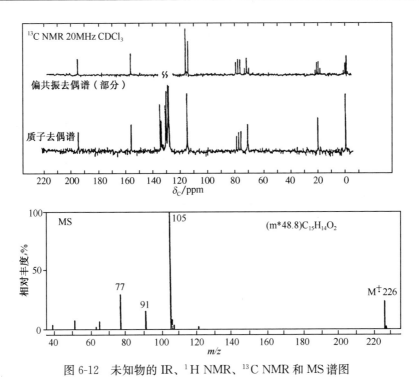

图 6-12 未知物的 IR、^{1}H NMR、^{13}C NMR 和 MS 谱图

10. 化合物 $C_{12}H_{14}O$ 的波谱数据如图 6-13 所示。

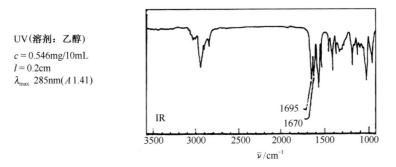

UV(溶剂：乙醇)

$c = 0.546$mg/10mL

$l = 0.2$cm

λ_{max} 285nm(A 1.41)

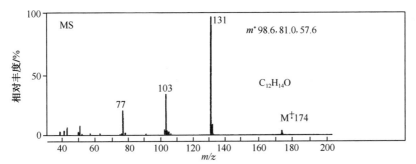

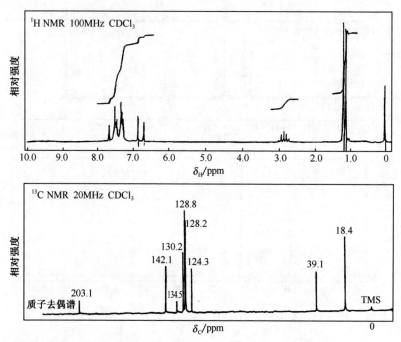

图 6-13　化合物 $C_{12}H_{14}O$ 的 UV、IR、MS、^1H NMR 和 ^{13}C NMR 谱图

11. 化合物 $C_{14}H_{14}S_2$ 的波谱如图 6-14 所示。

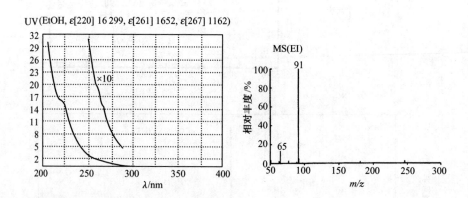

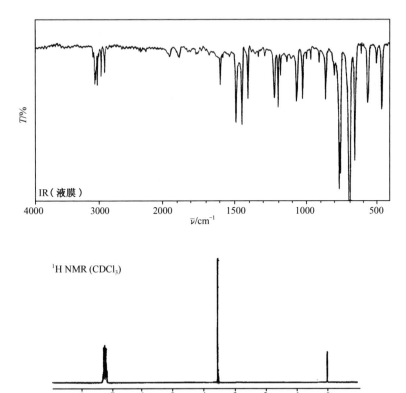

图 6-14　化合物 $C_{14}H_{14}S_2$ 的 UV、MS、IR、^{1}H NMR 谱图

12. 未知物的波谱数据如图 6-15 所示。

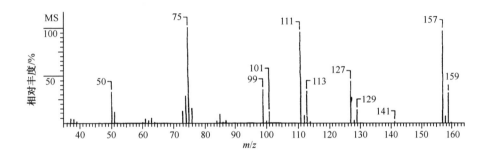

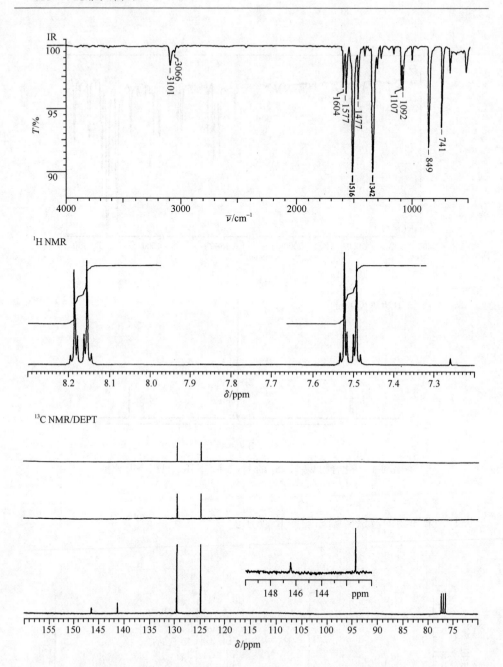

图 6-15 未知物的 MS、IR、^{1}H NMR 和^{13}C NMR/DEPT 谱

13. 未知物的波谱数据如图 6-16 所示。

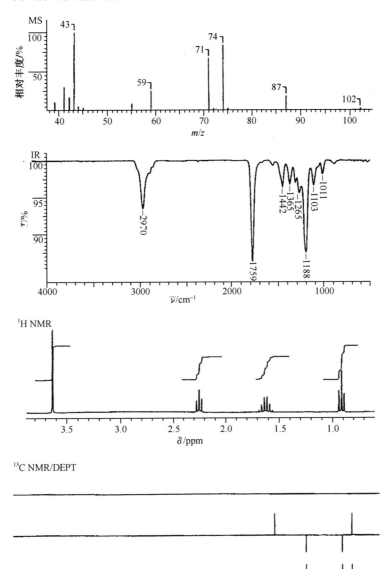

图 6-16 未知物的 MS、IR、^{1}H NMR 和^{13}C NMR/DEPT 谱

参 考 文 献

陈德恒. 1985. 有机结构分析. 北京：科学出版社

陈耀祖. 1981. 有机分析. 北京：高等教育出版社

洪海山. 1980. 光谱解析法在有机化学中的应用. 北京：科学出版社

孟令芝，何永炳. 1996. 有机波谱分析. 武汉：武汉大学出版社

宁永成. 2000. 有机化合物结构鉴定与有机波谱学. 第二版. 北京：科学出版社

施耀曾等. 1988. 有机化合物光谱和化学鉴定. 南京：江苏科学技术出版社

张华等. 2005. 现代有机波谱分析. 北京：化学工业出版社

张友杰，李念平. 1990. 有机波谱学教程. 武汉：华中师范大学出版社

朱淮武. 2005. 有机分子结构波谱解析. 北京：化学工业出版社

Abraham R J, Fisher J P, Loftus P. 1992. Introduction to NMR Spectroscopy. New York：John Wiley

Chapman J R. 1993. Practical Organic Spectrometry. Chichester：Wiley

Field L D, Sternhell S, Kalman J R. 2002. Organic Structures from Spectra. 3th ed. New York：John Wilry & Sons Ltd

Hollas J M. 1996. Modern Spectriscopy, 3th ed. New York：John Wiley

Holme D J, Peck H. 1998. Analytical Biochemistry, 3th ed. New York：Addison Wesley Longman

Lambert J B, Shurvell H F, Lightner D A et al. 1998. Organic Structural Spectroscopy. New Jersey：Prentice-Hall Inc

Silverstein R M, Bassker G C, Morrill T C. 1991. Spectrometric Identification of Oganic compounds. 5th ed. New York：John Wiley & Sons Inc

Silverstein R M, Webster F X, Kiemle D J. 2005. Spectrometric Identification of Organic Compounds. 7th ed. New York：John Wiley & Sons Inc

Thomas M J K. 1992. Ultraviolet and Visible Spectroscopy. New York：John Wiley

Williams D H, Fleming I. 1995. Spectroscopic Methods in Organic Chemistry. Berkshire：McGraw-Hill Publishing Com

部分习题参考答案

第1章

1. 在200～400nm区域

   (1) 无吸收峰　(2) 无吸收峰　(3) 有 $\pi \rightarrow \pi^*$ 跃迁，产生K带和B带吸收

   (4) 有 $\pi \rightarrow \pi^*$ 和 $n \rightarrow \pi^*$ 跃迁，产生K带、B带和R带吸收

   (5) 有 $\pi \rightarrow \pi^*$ 跃迁，产生K带和B带吸收

   (6) 有 $n \rightarrow \pi^*$ 跃迁，产生R带，产生烯醇式互变异构体时，还有K带吸收

   (7) 有 $\pi \rightarrow \pi^*$ 和 $n \rightarrow \pi^*$ 跃迁，产生K带和R带吸收

2. (1) c>b>a　(2) a>c>b　(3) a>c>b

3. 计算最大吸收波长：

   (1) 283nm　(2) 244nm　(3) 273nm　(4) 225nm　(5) 246nm　(6) 249nm

   (7) 299nm　(8) 无吸收　(9) 268nm　(10) 256nm　(11) 255nm

4. 用UV区别化合物：

   (1) a. 232nm, b. 242nm　(2) a. 284nm, b. 353nm

   (3) a. 237nm, b. 249nm　(4) a. 247nm, b. 217nm

第2章

1. 略

2. (1) 非活性　(2) 活性　(3) 非活性，碳　(4) 活性　(5) 非活性

3. (1) 丁醇在 3300cm^{-1} 有强吸收

   (2) 丁酸在 $2500\sim3300\text{cm}^{-1}$ 有强吸收

   (3) 前者羰基吸收在较高波数

   (4) 醛在 2720cm^{-1} 和 2820cm^{-1} 有特征吸收

   (5) 前者找不到烯烃碳氢弯曲振动吸收，后者在 $895\sim885\text{cm}^{-1}$ 处有碳氢弯曲振动吸收

4. 略

5. 略

6. 苯甲酸甲酯

7.

8.

9.

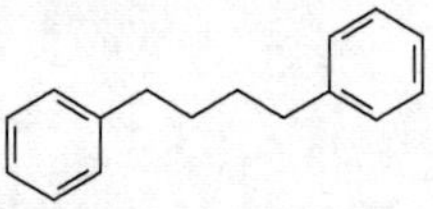

10. 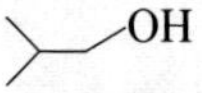 —OH

11.

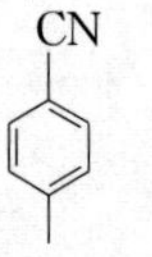

12.

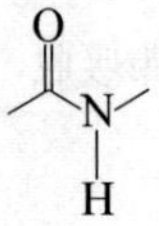

第3章

6. $CH_3CH_2OCH_2CH_2CN$

7.

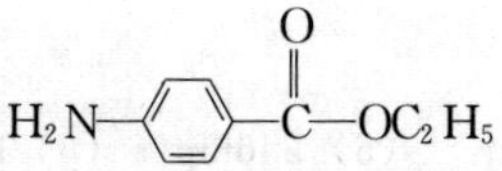

8. (a) 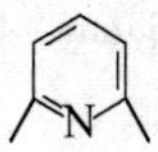 　　(b) 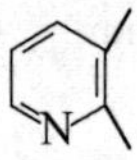 　　(c) 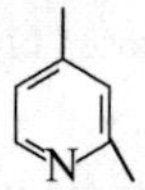 　　(d)

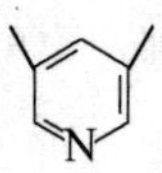

10. A.　$CH_3CH_2O—CH_2—COOH$

B.　$CH_3—CH—CH_2COOH$
　　　　　　|
　　　　　　OH

C.　

11.　

12. 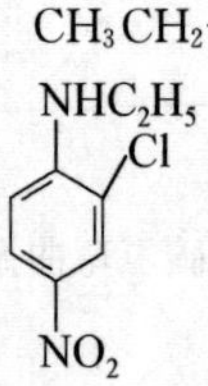　

第4章

4.

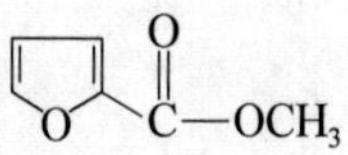

5.

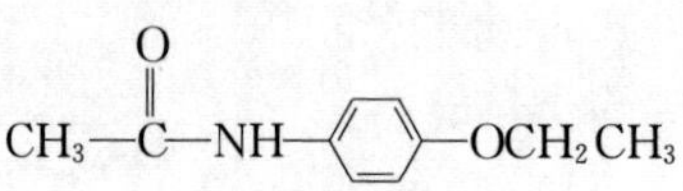

6. $Br-CH_2CH_2-\overset{\displaystyle O}{\overset{\displaystyle \|}{C}}-OCH_2CH_3$

7. a

8. $NC-\underset{}{\bigcirc}-COOH$

9. $CH_3CH_2CH_2CH_2-CH\overset{\displaystyle COOC_2H_5}{\underset{\displaystyle COOC_2H_5}{<}}$

10. $CH_3CH_2CH_2CH_2-\overset{\displaystyle O}{\overset{\displaystyle \|}{C}}-CH_3$

11. （哌啶-2-酮结构）

12. $CH_3-\underset{}{\bigcirc}-Br$

第 5 章

3. $CH_3CH_2CH_2CH_2CH(NH_2)COOH$

5. 1-苯基-1,2-乙二醇

6. 伯胺：$CH_3CH_2CH(NH_2)CH_2CH_3$；仲胺：$CH_3CH_2CH_2CH_2NHCH_3$

7. $CH_3COC_6H_4Br$（溴苯乙酮的邻、间、对三种异构体）

8. (A)

9. 图 5-109 对应 α-紫罗酮；图 5-110 对应 β-紫罗酮

10. γ-丁内酯

第 6 章

2. $CH_3CH_2CH_2CN$

3. $\square-Cl$（环戊基氯）

4. （异丙烯基苯结构）

5. （1-硝基环己烯结构）

6. $\underset{}{\bigcirc}\overset{\displaystyle COOC_4H_9}{\underset{\displaystyle COOC_4H_9}{<}}$

7. $N(CH_2CH_2CH_3)_3$

8. $Br-CH_2CH_2COOC_2H_5$

9. CH_3—⟨benzene⟩—CH_2—O—$\overset{\overset{\displaystyle O}{\|}}{C}$—⟨benzene⟩

10. ⟨benzene⟩—$CH=CH-\overset{\overset{\displaystyle O}{\|}}{C}-\underset{\underset{\displaystyle CH_3}{|}}{\overset{\overset{\displaystyle CH_3}{|}}{CH}}$

11. ⟨benzene⟩—CH_2—S—S—CH_2—⟨benzene⟩

12. Cl—⟨benzene⟩—NO_2

13. $CH_3CH_2CH_2$—$\overset{\overset{\displaystyle O}{\|}}{C}$—$OCH_3$